国家骨干高职院校工学结合创新成果系列教材

传感器与测控技术

主　编　宁爱民　张存吉

副主编　廖　威　钟景洲

U0291642

中国水利水电出版社
www.waterpub.com.cn

内 容 提 要

  本教材以"项目引导、做学教一体化"为编著原则，涵盖传感器、测量与控制的内容，共分 7 个项目。内容包括：认识传感器与测控系统，热工量传感器及应用，机械量传感器及应用，光学量传感器及应用，环境量传感器及应用，无线传感器网络，测控系统设计的几个关键技术与综合实训。项目中的任务来自于实际工程项目，实用性极强。

  本书可作为高职高专电子、电气、自动化、机电一体化等专业的教材，也可作为大学生电子设计竞赛的训练教材，以及从事传感器设计和应用工程技术人员的参考用书。

图书在版编目（ＣＩＰ）数据

传感器与测控技术 / 宁爱民，张存吉主编. -- 北京：
中国水利水电出版社，2014.8
 国家骨干高职院校工学结合创新成果系列教材
 ISBN 978-7-5170-2424-8

 Ⅰ. ①传… Ⅱ. ①宁… ②张… Ⅲ. ①传感器－高等
职业教育－教材②自动检测系统－高等职业教育－教材
Ⅳ. ①TP212②TP274

 中国版本图书馆CIP数据核字(2014)第202132号

书　　名	国家骨干高职院校工学结合创新成果系列教材 **传感器与测控技术**	
作　　者	主编　宁爱民　张存吉　副主编　廖威　钟景洲	
出版发行	中国水利水电出版社 （北京市海淀区玉渊潭南路 1 号 D 座　100038） 网址：www. waterpub. com. cn E - mail：sales@ waterpub. com. cn 电话：(010) 68367658（发行部）	
经　　售	北京科水图书销售中心（零售） 电话：(010) 88383994、63202643、68545874 全国各地新华书店和相关出版物销售网点	
排　　版	中国水利水电出版社微机排版中心	
印　　刷	北京嘉恒彩色印刷有限责任公司	
规　　格	184mm×260mm　16 开本　16.75 印张　397 千字	
版　　次	2014 年 8 月第 1 版　2014 年 8 月第 1 次印刷	
印　　数	0001—2000 册	
定　　价	**38.00 元**	

前言

随着信息化技术的迅猛发展，传感器与测控技术得到了越来越广泛的应用，各高职院校开设的电子信息类、自动化类、机电类等专业都有传感器的专业课程。传感器与测控技术是一门多学科融合的技术，编者根据教育部最新的教学改革要求，结合多年的专业建设和课程改革实践与成果，以培养技能应用型人才为目标，采用项目引导，"教、学、做"一体化的形式编写了本书。

本书采取"项目载体、过程导向、任务驱动"的教学模式，培养学生的职业能力和职业素质。课程建设以测控系统以及传感器模块的设计为主线，贯穿整个课程教学的各个环节。以智能家居或智能小车为项目载体，按照测控系统设计的工作过程，安排认识传感器与测控系统、热工量传感器及应用、机械量传感器及应用、光学量传感器及应用、环境量传感器及应用、无线传感器网络、测控系统设计的几个关键技术与综合实训 7 个项目。

每个项目都以先做后学的方式来安排，做中学、学中做，在每个任务中都以学生作为主体，教师指导任务的设计和实施，主要从传感器选型、模块设计和调试三个环节完成。

本书由孙凯教授主审，广西水利电力职业技术学院宁爱民和张存吉主编，深圳市亿道电子技术有限公司工程师钟景洲、广西水利电力职业技术学院廖威担任副主编，具体编写分工为：宁爱民编写项目1、3、5；张存吉编写项目2、4、6；廖威编写项目7；龙祖连、梧州职业技术学院陈锦义参与了部分章节的编写，深圳亿道电子技术有限公司的钟景洲工程师制定项目实施规范并提供设备、技术支持，同时还参阅了同行专家们的著作及文献和相关网络资源，在此一并真诚致谢。

限于编者的学识水平和实践经验，书中不妥之处在所难免，敬请专家和读者批评指正。

编者

2014 年 5 月

目　录

项目1 认识传感器与测控系统

学习目标

1. 专业能力目标：能根据应用要求正确设计测控系统框图。
2. 方法能力目标：掌握绘制测控系统框图的要点。
3. 社会能力目标：具备良好的职业道德修养和良好的心理素质，能遵守职业道德规范；具有分析问题、解决问题的能力，善于创新和总结经验。

项目导航

本项目主要讲解传感器基本知识、误差处理，阐述测控系统的概念与组成。

任务1.1 认识传感器

任务目标：

（1）掌握传感器的概念及分类。
（2）掌握传感器校准与误差处理方法。

任务导航：

以智能家居为载体，介绍传感器的基础知识。

1.1.1 传感器基本知识

1. 什么是传感器

当今的社会是信息化的社会，若将信息化社会与人体相比拟就可以看出传感器在信息化社会中的作用，在图1.1中，电子计算机便相当于人的大脑。大脑是通过人的五种感觉器官（视觉、听觉、嗅觉、味觉和触觉）感受外界刺激并作出反响的，与"感官"这种受刺激的元件相对应的就是传感器，故传感器又称为"电五官"。

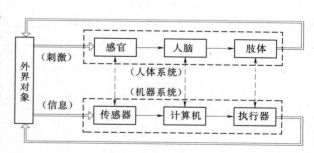

图1.1 传感器的作用

所以传感器是人机接口（外部真实世界与计算机的接口，另一接口是执行器），它能感受或响应规定的被测量，如各种物理量、化学量、生物量或状态量，并按照一定规律转换成有用信号，便于远距离传输、处理、存储和控制。

国家标准《传感器通用术语》（7665—2005）中，对于传感器的定义作了如下规定：

1

"能感受（或响应）规定的被测量并按照一定规律转换成可用信号输出的器件或装置。传感器通常由直接响应于被测量的敏感元件和产生可用信号输出的转换元件以及相应的电子线路所组成。"

2. 传感器的作用

近来传感器引起人们极大的关注。现代信息技术的三大基础是信息的获取、传输和处理，即传感器技术、通信技术和计算机技术，它们分别构成了信息技术系统的"感官"、"神经"和"大脑"。现代计算机技术和通信技术由于超大规模集成电路的飞速发展取得了极大进展，以微处理器为中心的信息处理能力及通信能力已大大提高，成本显著下降，而作为信息获取源头的信息获取装置——传感器的发展相对落后，没有跟上信息技术的发展，成为影响产业发展的瓶颈。

传感器面临着迫切改变信息获取能力落后现状的挑战，同时技术进步又为传感器技术加速发展提供了保证和机遇，从 20 世纪 80 年代起，在世界范围内逐步掀起了一股"传感器热"。在过去的 15 年中传感器技术及其应用取得了巨大的进步，新的技术不断出现，传感器技术成为新技术革命的关键因素。人们不仅对传感器的精度、可靠性、响应速度、获取的信息量要求越来越高，还要求其成本低廉且使用方便。

传感器是实现自动检测和自动控制的首要环节，如果没有传感器对原始参数进行精确可靠的测量，那么无论是信号转换、信息处理或者数据的显示与控制，都将成为一句空话。可以说，没有精确可靠的传感器，就没有精确可靠的自动检测和控制系统。现代微电子技术和计算机为信息的转换与处理提供了极其完善的手段，近代检测与控制系统正经历着重大的变革，但是，如果没有各种传感器去检测大量原始数据并提供信息，电子计算机也无法发挥其应有的作用。

传感器已经广泛应用于生产、生活和科学研究的各个领域，在航空、航天技术领域，传感器应用得最早也应用得最多。在现代飞机上，装备着繁多的显示与控制系统，以保证各种飞行任务的完成。在这些系统中，传感器首先对反映飞行器飞行参数和姿态、发动机工作状态的各个物理参数加以检测，并显示在各类显示器上，提供给驾驶员和领航员去控制和操纵飞行器。如飞机三个轴向的偏转角度有角度传感器和方向传感器敏感，速度有速度传感器敏感，高度或高度偏差也有相应的传感器敏感，以获得飞行器的速度、位置、姿态、航向、航程等参数，并由飞行控制系统以此自动引导飞行器按规定的航向和航线飞行。另外，在新型飞行器的研制过程中，必须进行风洞实验、发动机实验，以及样机的静、动力实验和飞行实验。在各种实验中，自动巡回检测系统通过传感器敏感各种力、压力、应变、位移、温度、流量、转速、速度等物理量，经过计算机处理得到检测结果。现在大型飞机使用的传感器多达上百种，而洲际导弹、宇宙飞船和航天飞机等复杂飞行器需要敏感的飞行参数更多。在美国航天飞机上就安装有超过 2000 个各种各样的传感器，时刻监测航天飞机的工作状态。

在化工、炼油、钢铁冶炼、电力、煤气等现代化工业生产过程中，传感器的应用就更多了。现代化的工业生产自动化程度很高，通常不能直接观察装置中的生产过程，只能通过传感器检测物理、化学和机械参数，从而了解和控制装置的运转状态。因此，传感器在工业控制中极为重要。自动化工业生产工艺复杂、装置庞大，传感器分布在装置内的各个检测点。检测数据由传感器所在地点传送到控制室，自动控制系统发出的控制信号和指令信号又传送到现场，从而实现远距离控制。温度、压力、流量和液面是经常需要检测的参数，被称为生产过程的"四大参数"。影响产品性能的参数还有许多，如表征产品物理性质的密度、黏度等参数，这些参数的检测和控制更困难。

仪器仪表是科学研究和工业技术的"耳目"，在基础科学和尖端技术的研究中，大到上千光年的茫茫宇宙，小到 10^{-13} cm 的粒子世界；长到数十亿年的天体演变，短到 10^{-24} s 的瞬间反应；高达 5×10^8 ℃的超高温，低到 0.01K 的超低温，这些极端量的检测是人的感官或一般检测设备无能为力的，必须有相应的高精度传感器以及大型检测系统才能奏效。因此，传感器的发展，越来越成为一些边缘科学研究和高新技术开发的推动力量。

传感器在生物医学和医疗器械工程方面也显露出广阔的前景，它将人体内各种生理信息转换成工程上容易测定的量（一般是电量），从而正确地显示出人体生理状态。传感器还渗透到人们的日常生活中，如用于家庭电器中温度和湿度的测控、煤气泄漏报警等。一辆现代化小轿车上安装的传感器也多达几十个甚至上百个。

可见，传感器在科学研究、工业自动化、非电量电测仪表、医用仪器、家用电器、航空航天、军事技术等方面起着极为重要的作用。

3. 传感器的组成

传感器通常由直接响应被测量的敏感元件和产生可用信号输出的转换元件以及相应的电子线路所组成，如图 1.2 所示。

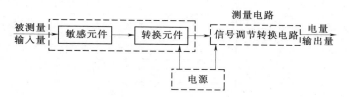

图 1.2　传感器的组成

例如，如图 1.3 所示膜盒气体压力传感器，敏感元件是膜盒，被测压力 P 的变化引起膜盒上半部分移动，带动磁心移动；转换元件是磁心与电感线圈，磁心的位移引起线圈电感量的变化；然后由转换电路将线圈电感的变化转换为变化的电压或电流信号输出，转换元件是传感器的核心。实际上很多传感器并不全包含上述三部分。转换元件也可以直接感受被测量，而输出与被测量成确定关系的电量，这时转换元件本身就可作为一个独立的传感器使用，例如，图 1.4 所示的热电偶是由两种不同导体组合而成，将温度差直接转换输出热电势，完成温度测量。

当传感器输出为规定的标准信号时，则称为变送器。传感器与变送器是两种不同功能的模块，变送器为输出标准信号的传感器。标准信号是物理量的形式和数值范围都符合国际标准的信号，如电流标准 4～20mA（DC），电压标准 1～5V（DC）。输出的标准化是技术发展的必然趋势，如目前国际上已出现了多种现场总线的变送器。

4. 传感器的分类

传感器的分类方法很多，国内外尚无统一的方法。最常用的分类方法是下面两种：第一种是按工作原理分类，如应变式、压阻式、压电式、光电式等传感器；第二种是按被测量分类，如力、位移、速度、加速度等传感器。这两种分类方法有共同的缺点，都只强调了传感器的一个方面，所以在许多情况下往往将上述两种分类方法综合使用，如应变式压力传感器、压电式加速度传感器等。

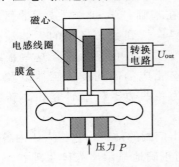

图 1.3　气压传感器示意图　　　　图 1.4　热电偶示意图

　（1）按工作原理分类。往往同一机理的传感器可以测量多种物理量，如电阻型传感器可以用来测温度、位移、压力、加速度等物理量。而同一被测物理量又可采用多种不同类型的传感器来测。如位移量，可用电容式、电感式、电涡流式等传感器来测。本书按测量原理来分，这种分类方法列于表1.1。

表 1.1　　　　　　　　　　　　传感器变换原理一览表

变换原理	传感器举例
变电阻	电位器式，应变式，压阻式，光敏，热敏
变磁阻	电感式，差动变压器式，涡流式
变电容	电容式，湿敏
变谐振频率	振动膜（筒、弦、梁）式
变电荷	压电式
变电势	霍尔式，感应式，热电偶

　（2）按被测量分类。这种分类方法列于表1.2，包括了输入的基本被测量和由此派生的其他量。

表 1.2　　　　　　　　　　　　传感器输入被测量一览表

基本被测量	派生的被测量	基本被测量	派生的被测量
热工量	温度，热量，比热，压力，压差，真空度，流量，流速，风速	物理量	黏度，温度，密度
		化学量	气体（液体）化学成分，浓度，盐度
机械量	位移，尺寸，形状，力，应力，力矩，振动，加速度，噪声，角度，表面粗糙度	生物量	心音，血压，体温，气流量，心电流，眼压，脑电波
		光学量	光强，光通量

　其他分类方法还有：按工作效应分有物理传感器、化学传感器、生物传感器；按输出

量分有模拟式（输出量为电压、电流等模拟信号）、数字式（输出量为脉冲、编码等数字信号）传感器；按能量关系分有：能量转换型（传感器输出量直接由被测量能量转换而来）、能量控制型（传感器输出的能量由外部能源提供，但受输入量控制）传感器等。

5. 传感器的发展

传感器的使用已有相当长的历史，过去人们把它叫做变换器或换能器，它既是技术产品中的老成员，又是科技发展中的新秀，其发展方兴未艾，前途无量。

早期以测量物理量为主的传感器，如电位器、应变式和电感式传感器等都是利用机械结构的位移或变形来完成非电量到电量的变换。由于新材料、新工艺、新原理的出现，机械结构型传感器在精度、稳定性方面有了很大提高，出现了谐振式、石英电容式这样一些稳定可靠的高精度结构型传感器。迄今为止，结构型传感器在国防、工业自动化、自动检测等许多领域中仍占有相当大的比例。

（1）新材料、新功能的开发与应用。传感器材料是传感器技术的重要基础，随着各种半导体材料、有机高分子功能材料等新材料的发展，人们可制造出各种新型传感器。利用材料的压阻、湿敏、热敏、光敏、磁敏及气敏等效应，可把温度、湿度、光量、气体成分等物理量变换成电量，由此研制出的传感器称为物性传感器。这种传感器具有结构简单、体积小、重量轻、反应灵敏、易于集成化、微型化等优点，引起传感器学术界的重视。而大量的半导体材料、功能陶瓷和有机聚合物的新发展，则为物性传感器的发展提供了坚实的基础。更由于宽广的市场需求，刺激了各类廉价物性传感器的发展，促进了传感器的小型化。但是，在要求高可靠性高稳定性的使用场合以及恶劣环境条件下，物性传感器还有不少问题有待解决，但是这类传感器的发展前途很好。

（2）微机械加工工艺的发展。在发展新型传感器中，离不开新工艺的采用。各种控制仪器设备的功能越来越强，要求各个部件所占体积越小越好，因而传感器本身体积也是越小越好。这就要求发展新的材料及加工技术，主要是指各种微细加工技术，又称微机械加工技术。微机械加工技术是随着集成电路工艺发展起来的。半导体技术中的氧化、光刻、扩散、沉积、平面电子工艺、各向异性腐蚀及蒸镀、溅射薄膜等加工方法，都已引进到传感器制造过程中，如利用半导体技术制造出硅微型传感器，利用薄膜工艺制造出快速响应的气敏、湿敏传感器，利用溅射薄膜工艺制造的压力传感器等。微型传感器是目前最为成功最具有实用性的微机电装置。

传统的加速度传感器是由重力块和弹簧等制成的，体积大、稳定性差、寿命短，而利用激光等各种微细加工技术制成的硅加速度传感器体积非常小，互换性和可靠性都较好。另外还有微型的温度、磁场传感器等，这种微型传感器面积大小都在 $1mm^2$ 以下。目前在 $1cm^2$ 大小的硅芯片上可以制作上千个压力传感器的阵列。

（3）传感器的集成化、多功能化发展。各种微机械加工工艺及新材料的发展为传感器集成提供了可能，使传感器从原来的单一元件、单一功能向集成化多功能化方向发展。传感器的集成化一般包含三方面含义：①将传感器与其后级的放大电路、运算电路、温度补偿电路等集成在一起，实现一体化；②将同一类的传感器集成于同一芯片上，构成二维阵列式传感器；③将几个传感器集成在一起，构成一种新的传感器。传感器的"多功能化"是与"集成化"相对应的一个概念，是指传感器能感知与转换两种以上的不同的物理量或化学量。例如，在同一硅片上制作应变计和温度敏感元件，制成能同时测量压力和温度的多功能传感器，将处理电路也制作在同一硅片上，还可实现温度补偿；将检测几种不同气体的敏感元件用厚膜制造工艺制作在同一基片上，制成可监测氧气、氨气、乙醇、乙烯四种气体的多功能传感器；一种温、气、湿三功能陶瓷传感器也已经研制成功。

（4）传感器的智能化发展。传感器与微电子技术和微处理器技术相结合，使之不仅具有检测功能，还具有信息处理、逻辑判断、自诊断以及"思维"等功能，称之为传感器的智能化。传感器与微电脑的"硬件"和"软件"集合于一体，特别是与"软件"的有机结合，可以对获得的信息进行存储、数据处理和控制，从而扩展了功能，提高了精度，而且在对环境条件的适应性，对信息的识别等方面大大优于传统的单功能传感器，此类传感器称为智能传感器。

综上所述，随着自动化生产程度的不断提高，对传感器的要求也在不断提高，人们正竞相发展小型化、集成化、智能化的传感器，并且为不断满足测试技术的各种需要而努力开发新型传感器。同时必须指出，高灵敏度、高精确度、高稳定性、响应速度快、互换性好始终是传感器发展所追求的目标，也是传感器发展的永久方向。

1.1.2　传感器校准与误差处理

1. 传感器标定与校准

新研制或生产的传感器需要对其性能进行全面的检定，经过一段时间储存或使用的传感器也需要对其性能进行复测。

所谓传感器的标定，是指在明确输入和输出的变换对应关系的前提下，利用某种标准或标准器具对传感器的静态特性指标或动态特性指标等进行标度。而将传感器在使用中或储存后进行的性能复测称为校准。校准的方法与标定方法本质相同。

标定的基本方法是，利用标准设备产生已知的非电量（如标准力、压力、位移等）作为输入量，输入待标定的传感器，然后将传感器的输出量与输入的标准量做比较，获得一系列标准数据或曲线。有时输入的标准量是利用一标准传感器检测而得到的，这时的标定实质是待标定传感器与标准传感器之间的比较。

传感器的标定系统一般由以下几个部分组成：

（1）被测非电量的标准发生器。如活塞式压力计、测力机、恒温源等。

（2）被测非电量的标准测试系统。如标准压力传感器、标准力传感器、标准温度计等。

（3）待标定传感器所配接的信号调节器和显示、记录器等。所配接的仪器亦作为标准测试设备使用，其精度是已知的。

为了保证各种量值的准确一致，标定应按计量部门规定的测试规程和管理办法进行。图1.5所示为标准装置部门规定的力值传递系统示意图。按此系统，只能用上一级标准装置检定下一级传感器及配套仪表。如果待标定传感器精度较高，可以跨级使用更高级的标准装置。

工程测试所用传感器的标定应在与其使用条件相似的环境下进行。有时为了获得较高的标定精度，可将传感器与配用的电缆、滤波器、放大器等测试系统一起标定。有些传感器在标定时还应十分注意规定的安装技术条件。

2. 测量误差与误差类型

在实际测量中，由于测量设备不准确、测量方法（手段）不完善、测量程序不规范及测量环境因素的影响，都会导致测量结果或多或少地偏离被测量的真值。测量结果与被测量真值之差就是测量误差。测量误差的存在是不可避免的，也就是说："一切测量都具有误差，误差自始至终存在于所有科学实验之中"，这就是误差公理。人们研究测量误差的目的就是寻找产生误差的原因，认

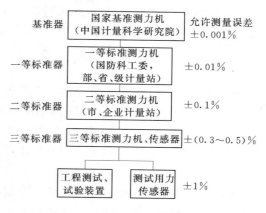

图 1.5　力值传递系统示意图

识误差的规律、性质，进而找出减小误差的途径与方法，以求获得尽可能接近真值的测量结果。下面介绍一些测量误差的基本术语。

（1）真值。被测量本身所具有的真正值称之为真值。真值是一个理想的概念，通常很难知道。

（2）指定真值。由于真值是一个理想值，通常很难知道，所以一般用指定真值来代替真值。指定真值指由国家设立各种尽可能维持不变的实物标准（或基准），以法令的形式指定其所体现的量值作为计量单位的指定值，指定真值也叫约定真值。

（3）实际值。实际测量中，不可能都直接与国家基准相比对，所以国家通过一系列的各级实物计量标准构成量值传递网，把国家基准所体现的计量单位逐级比较传递到日常工作仪器或量具上去。在每一级的比较中，都以上一级标准所体现的值作为准确无误的值，通常称为实际值，也叫相对真值。

（4）标称值。测量器具上标定的数值称为标称值。如标准砝码上标出的 1kg，标准电阻上标出的 1Ω，标准信号发生器度盘上标出的输出正弦波的频率 100kHz 等。由于制造和测量精度不够以及环境等因素的影响，标称值并不一定等于它的真值或实际值。为此，在标出测量器具的标称值时，通常还要标出它的误差范围或准确度等级。如 XD7 型低频信号发生器频率刻度的工作误差不大于 ±3％±1Hz。如果在额定工作条件下该仪器频率刻度是 100Hz，这就是它的标称值，而实际值是（100±100×3％±1）Hz，即实际值在 96Hz 到 104Hz 之间。

（5）示值。由测量器具指示的被测量值称为测量器具的示值，也称为测量值。它包括数值和单位。一般地说，示值与测量仪表的读数有区别，读数是仪器刻度盘上直接读到的数据。例如，以 100 分度表示 50mA 的电流表，当指针指在刻度盘上的 50 处时，读数是 50，而电流值是 25mA。为便于核查测量结果，在记录测量数据时，一般应记录仪表量程、读数和示值，对于数字显示仪表，通常示值和读数是统一的。

测量误差的分类有多种方法，以下是几种常用的分类方法。

测量误差按其性质可分为系统误差、随机误差和粗大误差。

（1）系统误差。系统误差是在一定的测量条件下，测量值中含有固定不变或按一定规

律变化的误差。主要由以下几方面因素引起：材料、零部件及工艺缺陷；环境温度、湿度、压力的变化以及其他外界干扰等。其变化规律服从某种已知函数，它表明了一个测量结果偏离真值或实际值的程度，系统误差越小，测量就越正确，所以经常用正确度来表征系统误差的大小。

（2）随机误差。随机误差又称偶然误差，是由很多复杂因素的微小变化的总和所引起的，其变化规律未知，因此分析起来比较困难。但是随机误差具有随机变量的一切特点，在一定条件下服从某一统计规律，一般为正态分布。因此，经过多次测量后，对其总和可以用统计规律来描述，可以从理论上估计对测量结果的影响。

（3）粗大误差。粗大误差是指在一定条件下测量结果显著地偏离其实际值所对应的误差。在测量及数据处理中，如果发现某次测量结果所对应的误差特别大或特别小时，应认真判断误差是否属于粗大误差，如果属于粗大误差，该值应舍去不用。

测量误差被测量随时间变化的速度可分为静态误差、动态误差。

（1）静态误差。静态误差是指在测量随时间变化很慢的过程中，被测量随时间变化很缓慢或基本不变时的测量误差。

（2）动态误差。动态误差是指在被测量随时间变化很快的过程中，测量所产生的附加误差。动态误差是由于有惯性、有纯滞后，因而不能让输入信号的所有成分全部通过；或者输入信号中不同频率成分通过时受到不同程度衰减时引起的。

测量误差按使用条件要分为基本误差、附加误差。

（1）基本误差。基本误差是指测试系统在规定的标准条件下使用时所产生的误差。所谓标准条件，一般是测试系统在实验室标定刻度时所保持的工作条件，如电源电压（220±5％）V，温度（20±5）℃，湿度小于80％，电源频率50Hz等。

基本误差是指测试系统在额定条件下工作时所具有的误差，测试系统的精确度是由基本误差决定的。

（2）附加误差。当使用条件偏离规定的标准条件时，除基本误差外还会产生附加误差。例如，由于温度超过标准引起的温度附加误差以及使用电压禾标准而引起的电源附加误差等，这些附加误差使用时叠加到基本误差上去。

3. 误差表示方法与测量数据处理

测量误差可采用绝对误差、相对误差和容许误差来表示。

（1）绝对误差。绝对误差表示为示值与被测量真值之差，设某一被测量的测量值为 x，真值为 x_0，绝对误差则为 Δx：

$$\Delta x = x - x_0 \tag{1.1}$$

测量值 x，具体应用中可以用测量仪表的示值；真值 x_0，在实际测量中，常用某一被测量多次测量的平均值或上一级标准仪表测得的示值作为约定真值，代替真值 x_0。

对于绝对误差，应注意下面几个特点：

1）绝对误差是有单位的量，其单位与测量值和实际值相同。

2）绝对误差是有符号的量，其符号表示出测量值与实际值的大小关系，若测量值较实际值大，则绝对误差为正值；反之为负值。

3）测量值与实际值之间的偏离程度和方向通过绝对误差来体现，但仅用绝对误差通常不能说明测量质量的好坏。例如，人体体温在 37℃ 左右，若测量绝对误差为 ±1℃，这样的测量质量不能被常人接受；如果测量 1400℃ 左右的炉温，绝对误差能保持 ±1℃，这样的测量质量就令人满意了。因此，为了表明测量结果的准确程度，一种方法是将测得值与绝对误差一起列出，如上面的例子可以写成 37±1℃ 和 1400±1℃；另一种方法就是用后面介绍的相对误差来表示。

在实际测量中，还经常用到修正值这个概念，其绝对值与绝对误差 Δx 相等但符号相反，通常用符号 C 表示为：

$$C = -\Delta x = x_0 - x \tag{1.2}$$

修正值给出的方式不一定是具体的数值，也可以是一条曲线、公式或数表，利用修正值和仪表示值，可得到被测量实际值：

$$x_0 = x + C \tag{1.3}$$

智能化仪器的优点之一就是可利用内部的微处理器存储修正值，并利用式（1.3）自动对被测量实际值进行修正。

（2）相对误差。相对误差用来说明测量精度的高低，相对误差有：

1）实际相对误差。实际相对误差是用绝对误差 Δx 与被测量约定真值 x_0 的百分比来表示的相对误差：

$$\gamma_{x_0} = \frac{\Delta x}{x_0} \times 100\% \tag{1.4}$$

2）示值相对误差。示值相对误差定义为绝对误差 Δx 与仪器示值 x 的百分比值：

$$\gamma_x = \frac{\Delta x}{x} \times 100\% \tag{1.5}$$

在误差相对较小时，γ_{x_0} 与 γ_x 相差不大，无须区分，但在误差较大时，两者不能混淆。

3）引用相对误差（或满度相对误差）。满度相对误差是用仪器量程内最大绝对误差 Δx_m 与测量仪器满度值 x_m 的百分比值：

$$\gamma_m = \frac{\Delta x_m}{x_m} \times 100\% \tag{1.6}$$

满度相对误差也称为满度误差或引用误差，通过满度误差实际上给出了仪表各量程内绝对误差的最大值：

$$\Delta x_m = \gamma_m x_m \tag{1.7}$$

引用误差可以评价测量仪表精确读等级，它客观正确地反映了测量的精确度高低。国际规定，电测仪表的准确度等级 S 就是按满度相对误差分级的，按 γ_m 大小依次划分成 0.1、0.2、0.5、1.0、1.5、2.5 及 5.0 七级。因此，准确度等级 S 与满度相对误差 γ_m 有以下关系：

$$|\gamma_m| \leqslant S\% \tag{1.8}$$

【例 1-1】 某电压表 $S=1.5$，试标出它在 0～100V 量程中的最大绝对误差。

解：在 0～100V 量程内上限值，$x_m = 100V$，而 $S=1.5$，则有

$$\Delta x_{\mathrm{m}}=\gamma_{\mathrm{m}} x_{\mathrm{m}}=\pm \frac{1.5}{100} \times 100=\pm 1.5(\mathrm{V})$$

一般而言，测量仪表在同一量程不同示值处的绝对误差实际上未必处处相等，但对使用者来讲，在没有修正值可利用的情况下，只能按最坏情况处理，人们把这种处理叫做误差的整量化。由示值相对误差和满度相对误差表达式可以看出，为了减小测量中的示值误差，在进行量程选择时应尽可能使示值接近满度值，一般以示值不小于满度值的 2/3 为宜。但这一结论只适合于正向刻度的一般电压表、电流表等类型的仪表，而不适合于测量电阻的普通型欧姆表，因为这类欧姆表是反向刻度，且刻度是非线性的。可以证明，此种情况下示值与欧姆表的中值接近时，测量结果的准确度最高。

【例 1-2】 某 1.0 级电流表，满度值 $x_{\mathrm{m}}=100\mathrm{V}$，求测量值分别为 $x_1=100\mu\mathrm{A}$，$x_2=80\mu\mathrm{A}$，$x_3=20\mu\mathrm{A}$ 时的绝对误差和示值相对误差。

解： 由满度相对误差表达式可得绝对误差为：

$$\Delta x_{\mathrm{m}}=\gamma_{\mathrm{m}} x_{\mathrm{m}}=\pm \frac{1}{100} \times 100=\pm 1(\mu\mathrm{A})$$

绝对误差是不随测量值改变的，而测量值分别为 $100\mu\mathrm{A}$、$80\mu\mathrm{A}$、$20\mu\mathrm{A}$ 时的示值相对误差各不相同，分别为：

$$\gamma_{x1}=\frac{\Delta x}{x_1} \times 100\%=\frac{\Delta x_{\mathrm{m}}}{x_1} \times 100\%=\frac{\pm 1}{100} \times 100\%=\pm 1\%$$

$$\gamma_{x2}=\frac{\Delta x}{x_2} \times 100\%=\frac{\Delta x_{\mathrm{m}}}{x_2} \times 100\%=\frac{\pm 1}{80} \times 100\%=\pm 1.25\%$$

$$\gamma_{x3}=\frac{\Delta x}{x_3} \times 100\%=\frac{\Delta x_{\mathrm{m}}}{x_3} \times 100\%=\frac{\pm 1}{20} \times 100\%=\pm 5\%$$

可见在同一量程内，测得值越小示值相对误差越大。由此应当注意到，测量中所用仪表的准确度并不是测量结果的准确度，只有在示值与满度值相同时二者才相等，否则测得值的准确度数值将低于仪表的准确度等级。

测量结果的数据处理可以按照下列步骤进行：

（1）将一系列等精度测量数据 $x_i(=1,2,\cdots,n)$ 按先后顺序列成表格（在测量时应尽可能消除系统误差，其消除方法可参考相关书籍）。

（2）按以下方法求出测量数据 x_i 的算术平均值 $\overline{x}$。

$$\overline{x}=\frac{1}{n}\sum_{i=1}^{n} x_i=\frac{x_1+x_1+\cdots+x_n}{n} \tag{1.9}$$

（3）计算出各测量值的残余误差 $v_i(v_i=x_i-x)$，并列入表中的每个测量数值旁。

（4）检查 $\sum_{i=1}^{n} v_i^2=0$ 的条件是否满足。若不满足，说明计算有错误，需再计算。

（5）在每个残余误差旁列出 v_i^2，然后按以下方法求出均方根误差 σ。

$$\sigma=\sqrt{\frac{\sum_{i=1}^{n} v_i^2}{n-1}} \tag{1.10}$$

（6）判别是否存在粗大误差（即是否有 $|v_i|>3\sigma$ 的数），若有，应舍去此读数 x_i，

然后从第（2）步重新计算。

（7）在确定不存在粗大误差（即 $|v_i| \leqslant 3\sigma$）后，按下式求出算术平均值的标准差 $\bar{\sigma}$。

$$\bar{\sigma} = \frac{\sigma}{\sqrt{n}} \tag{1.11}$$

（8）写出最后的测量结果 $x = \bar{\chi} \pm 3\bar{\sigma}$，并注明置信概率（99.7%）。

4. 传感器校准与误差处理

（1）利用传感器静态特性参数估算一些性能指标。有一压力传感器校准数据如表 1.3 所示。要求根据这些数据求最小二乘法线性度的拟合直线方程，并确定该传感器的线性度。

表 1.3 　　　　　　　　　　　　　压力传感器校准数据表

			0	0.5	1.0	1.5	2.0	2.5
校准数据	1	正行程	0.0020	0.2015	0.4005	0.6000	0.7995	1.0000
		反行程	0.0030	0.2020	0.4020	0.6010	0.8005	
	2	正行程	0.0025	0.2020	0.4010	0.6000	0.7995	0.9995
		反行程	0.0035	0.2030	0.4020	0.6015	0.8005	
	3	正行程	0.0035	0.2020	0.4010	0.6000	07995	0.9990
		反行程	0.0040	0.2030	0.4020	0.6010	0.8005	

传感器的线性度（非线性误差）是传感器重要的性能指标，但要估算非线性误差首先要对测试数据进行直线拟合。不同的拟合直线，非线性误差也不同。选择拟合直线的主要出发点，应是获得最小的非线性误差。

最简单的是端基线性度的拟合直线，如图 1.6 所示。只需校正传感器的零点和对应于最大输入量 x_{max} 的最大输出值 y_{FS} 两点连成直线便得到该传感器的拟合直线，此法简单方便，但精度不高。

根据误差理论，采用最小二乘法来确定拟合直线，其拟合精度最高。令输出量 y 与输入量 x 满足下述关系式：

$$y = a + Kx \tag{1.12}$$

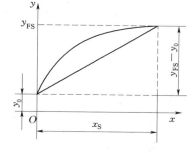

图 1.6　端基线性度示意图

式中，a 和 K 的确定条件是使实际测量值 y_i 和由方程式（1.12）给出的值 y 之间的偏差为极小。假定实际校准测试点有 n 个，则第 i 校准数据 y_i 与拟合直线上相应值之间的残差为：

$$\Delta_i = y_i - (a + Kx_i) \tag{1.13}$$

最小二乘法拟合直线的原理就是使 $\sum\limits_{i=1}^{n} \Delta_i^2$ 为最小值，也就是使 $\sum\limits_{i=1}^{n} \Delta_i^2$ 对 K 和 a 的一阶偏导数等于零，从而求 a 和 K 的表达式：

$$\frac{\partial}{\partial K} \sum_{i=1}^{n} \Delta_i^2 = 2 \sum_{i-1}^{n} (y_i - Kx_i - a)(-x_i) = 0 \tag{1.14}$$

$$\frac{\partial}{\partial a}\sum_{i=1}^{n}\Delta_{i}^{2} = 2\sum_{i=1}^{n}(y_i - Kx_i - a)(-1) = 0 \tag{1.15}$$

从以上两式可求出 K 和 a 为：

$$K = \frac{n\sum_{i=1}^{n}x_i y_i - \sum_{i=1}^{n}x_i\sum_{i=1}^{n}y_i}{n\sum_{i=1}^{n}x_i^2 - \left(\sum_{i=1}^{n}x_i\right)^2} \tag{1.16}$$

$$a = \frac{\sum_{i=1}^{n}x_i^2\sum_{i=1}^{n}y_i - \sum_{i=1}^{n}x_i\sum_{i=1}^{n}x_i y_i}{n\sum_{i=1}^{n}x_i^2 - \left(\sum_{i=1}^{n}x_i\right)^2} \tag{1.17}$$

在获得 K 和 a 值后代入式（1.17）即可得到拟合直线。

根据上述分析，为了求得直线方程式，必须先算出式（1.21）中各数值之和。从所给数据知道，校准次数 $n=33$。所求各值如下：

$$\sum_{i=1}^{33}x_i = 37.5$$

$$\sum_{i=1}^{33}y_i = 15.0425$$

$$\sum_{i=1}^{33}x_i y_i = 25.5168$$

$$\sum_{i=1}^{33}x_i^2 = 63.75$$

把上述数据代入式（1.21）和式（1.22），得到：

$$K = 0.39850$$

$$a = 0.00298$$

于是，得到最小二乘法的拟合直线方程为：

$$y = 0.00298 + 0.39850x$$

再将各个输入值 x_i 代入上式，就得到理论拟合直线的各点数值，见表 1.4。

表 1.4　　　　　　　　　　　理论拟合直线各点数值

输入值	0	0.5	1.0	1.5	2.0	2.5
输出值	0.00298	0.2022	0.4015	0.6007	0.8000	0.9992

按表 1.4 中数据和上述数据绘出曲线，可依次找出输出输入校准值与上述理论拟合直线相应点数值之间的最大偏差 $\pm\Delta_{max}$。

（2）仪表选择与测量数据处理。

1）要测量 100℃ 的温度，现有 0.5 级、测量范围为 (0～300)℃ 和 1.0 级、测量范围为 0～100℃ 的两种温度计，试分析各自产生的示值误差，并选择使用哪种仪表测量误差会更小。

2）对某一轴径等精度测量 16 次，得到如下数据（单位为 mm）：24.774，24.778，24.771，24.780，24.772，24.777，27.773，24.775，24.774，24.772，24.77，24.776，24.775，24.777，24.777，24.779。请计算出该轴径的大小。假定该测量数据不存在固定

的系统误差，则计算出测量结果。

任务分析：

1）两块仪表，精度各异，是否精度高的仪表测量误差小？可以通过以下分析，正确使用仪表。

对 0.5 级温度计，可能产生的最大绝对误差为：

$$\Delta x_{m_1} = \gamma_{m_1} x_{m_1} = \pm \frac{S_1}{100} x_{m_1} = \pm \frac{0.5}{100} \times 300 = \pm 1.5 (℃)$$

按照误差整量化原则，认为该量程内绝对误差：

$$\Delta x_1 = \Delta x_{m_1} = \pm 1.5 (℃)$$

因此示值相对误差：

$$r_{x_1} = \frac{\Delta x}{x_1} \times 100\% = \frac{\pm 1.5}{100} \times 100\% = \pm 1.5\%$$

同样可以算出用 1.0 级温度计可能产生的绝对误差和示值相对误差：

$$\Delta x_2 = \Delta x_{m_2} = \gamma_{m_2} x_{m_2} = \pm \frac{1.0}{100} \times 100 = \pm 1.0 (℃)$$

$$r_{x_2} = \frac{\Delta x_2}{x_2} \times 100\% = \pm \frac{1.0}{100} \times 100 = \pm 1.0\%$$

可见用 1.0 级低量程温度计测量所产生的示值相对误差反而小一些，因此选 1.0 级温度计较为合适。

2）可以按照测量结果的数据处理具体步骤进行。

按测量数值的顺序列表 1.5。

表 1.5　　　　　　　　　　　　　　**测量结果的数据列表**

序　　号	x_i/mm	v_i/mm	v_i^2/mm
1	24.774	−0.001	0.000001
2	24.778	+0.003	0.000009
3	24.771	−0.004	0.000019
4	24.780	+0.005	0.000025
5	24.772	−0.003	0.000009
6	24.777	+0.002	0.000004
7	24.773	−0.002	0.000004
8	24.775	0	0
9	24.774	−0.001	0.000001
10	24.772	−0.003	0.000009
11	24.774	−0.001	0.000001
12	24.776	+0.001	0.000001
13	24.775	0	0
14	24.777	+0.002	0.000004
15	24.777	+0.002	0.000004
16	24.779	+0.004	0.000019
	$\sum\limits_{i=1}^{16} x_i = 396.404, \overline{x} = 24.775$	$\sum\limits_{i=1}^{16} v_i = 0.004$	$\sum\limits_{i=1}^{16} v_i^2 = 0.000094$

计算测量数据 x_i 的算术平均值 $\overline{x}$ 为：

$$\overline{x} = \frac{\sum\limits_{i+1}^{n} x_i}{n} = \frac{396.404}{16} = 24.7753 \approx 24.775 \,(\text{mm})$$

求出各测量值的残余误差，$v_i = x_i - \overline{x}$，并列入表1.5中。

验证 $\sum\limits_{i+1}^{n} v_i = 0$ 的条件是否成立，$\sum\limits_{i=1}^{n} v_i = 0.004 \approx 0.00$，故上述计算正确。

计算出 v_i^2 并列写入表1.5中，同时也计算出 $\sum\limits_{i=1}^{16} v_i^2 = 0.000094\,(\text{mm})$。

计算出方均根误差，$\sigma = \sqrt{\dfrac{\sum\limits_{i=1}^{16} v_i^2}{16-1}} = \sqrt{\dfrac{0.000094}{15}} = 0.0025\,(\text{mm})$。

计算出极限误差，$3\sigma = 0.0075$，经检查，未发现 $|v_i| > 3\sigma$，故16个测量值无粗大误差值。

计算出算术平均值的标准差，$\overline{\sigma} = \dfrac{\sigma}{\sqrt{n}} = \dfrac{0.0025}{\sqrt{16}} \approx 0.001\,(\text{mm})$。

写出测量结果，$x = \overline{x} + 3\overline{\sigma} = 24.78 \pm 0.003\,(\text{mm})$（置信概率为99.7%）。

以上复杂的数据处理步骤一般适宜于编制程序，利用计算机来完成。

任务1.2 测控系统认识

任务目标：

（1）掌握测控系统的概念。

（2）掌握测控系统的组成结构。

任务导航：

以智能家居为载体，介绍测控系统的基本概念以及组成结构。

1.2.1 测控系统基本概念

"测量"和"控制"是人类认识世界和改造世界的两个必不可少的重要手段。"测量"（或检测）是人们借助于专门的设备，通过实验的方法，对某一客观事物取得数量信息的过程。发明元素周期表的门捷列夫说过："有测量才有科学"。任何一项科学研究都离不开相应的有效的测量和实验手段。

现代生产为了保证产品质量和提高生产效益，就必须对生产过程进行严格控制；而要实现这种控制，首先就必须对生产过程的各种参数和状态进行适时有效的检测。因此，检测是控制的基础，控制离不开检测。在现代生活中，家用电器和自动化办公设备大都既包含检测也包含控制；在航空、航天和军事国防中，测量和控制更是密不可分。

在科研和生产实践中，被测量或被控制的量一般可以分为电量与非电量两大类，而非电量的种类比电量的种类多得多。

图 1.7 是现代测控领域中比较常见的一种典型的微机化非电量测控系统简化框图。由图可见，测控对象的被测非电量，通过传感器转换为电量，测量电路对它进行信号调理和数据采集，由此得到的测试数据送入单片微机进行处理，处理后得到的控制

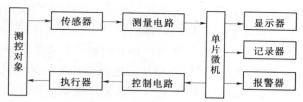

图 1.7　典型的测控系统简化框图

数据送到控制电路产生相应的控制信号去控制执行器的动作。执行器的作用与传感器相反，是将控制电路的电信号转变为各种控制动作，以实现对被控对象的控制。另一方面，微机系统也将被测量的检测结果，送往显示器显示出来或送往记录器记录下来，供操作人员现场监视和分析。当检测结果异常时，微机还可启动报警器报警。

在整个测控系统中，单片微机不仅对测试数据进行必要的适时的处理，而且还对整个测量和控制的全过程进行有效的程序控制。因此，单片微机是整个测控系统的中心。

由图可见，测控对象与微型计算机之间是通过测量电路和控制电路相联系的。如果说单片微机是信息处理中心的话，那么，测量电路则是信息输入通道，控制电路则是信息输出通道。图中右侧的显示器、记录器和报警器则属于单片微机为操作人员提供的信息监视通道，或者简称人——机联系通道。图中的各个箭头代表了测控系统中"信息流"的流向。

测量电路与控制电路统称测控电路。它们是测控系统实现测量与控制功能的基本电路，在整个测控系统中起着十分关键的作用。测控系统的性能在很大程度上取决于测控电路。

目前仍广泛使用的一些较为简单的测量仪表和控制仪表内部，并不包含有微型计算机。这些非微机化的测量仪表和控制仪表，其内部的核心电路主要就是各种测量电路和控制电路。

1.2.2　测控系统组成框图

1. 测量电路的类型和组成

按照测量结果的表示形式来分，测量电路可分为模拟测量电路和数字测量电路两大类，其基本组成分别如图 1.8 所示。

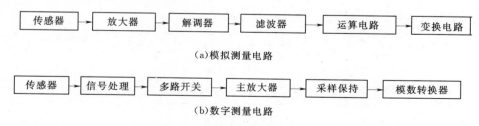

(a) 模拟测量电路

(b) 数字测量电路

图 1.8　测量电路的类型和基本组成

图中传感器将被测非电量转换为电信号，被测信号一般比较微弱，通常需要先进行放

大。有的传感器（如电感式、电容式和交流应变电桥等）输出的是调制过的模拟信号，因此，还需用解调器解调。被测信号中混杂有各种干扰，常常要用滤波器来滤除。有些被测参数比较复杂，往往要进行必要的运算，才能获取被测量。为了便于远距离传送、显示或A/D转换，常常需要将电压、电流、频率三种形式的模拟电信号进行相互变换。在图1.8（a）所示通道中，被测信号一直是以模拟形式存在和传送的，通道中各个环节都是对模拟信号进行这样或那样的调理。因此，统称为信号调理电路。常规的模拟测量仪表，因为其测量结果是以模拟形式显示，所以，其测量电路（称为模拟测量电路）主要就是图1.8（a）所示的调理电路。

但是，一些数字化测试仪表特别是微机化测控系统，因为测试结果要用数字形式显示，测试结果要用微机进行处理，所以，其测量电路除了对被测模拟信号进行必要的调理外，还要将模拟信号转换成便于数字显示或微机处理的数字信号。实现模拟信号数字化的电路称为数据采集电路。因此数据测量电路一般由传感器、信号调理电路和数据采集电路三部分组成，如图1.8（b）所示。图1.8（b）中构成数据采集电路的多路开关用来对多路模拟信号进行采样；主放大器对采样得到的信号子样进行程控增益放大或瞬时浮点放大，采样保持器对放大后的子样进行保持；模数转换器在保持期间将保持的子样电压转换成相应的数据。如果被测信号的幅度变化范围不大的话，图1.8（b）中主放大器可省去。对比图1.8（a）和图1.8（b）可见，数字测量电路与模拟测量电路的区别就在于数字测量电路中包含有数据采集电路。

　2. 控制电路的类型和组成

在微机化测控系统中，按照输出到被控设备的控制信号的形式，控制电路可分为模拟量控制电路和开关量控制电路两大类。模拟量控制是控制输出信号（电压、电流）的幅度，使被控设备在零到满负荷之间运行。而开关量控制则是通过控制设备处于"开"或"关"状态的时间达到运行控制的目的。

在微机化测控系统中，模拟量控制电路和开关量控制电路的基本组成分别如图1.9所示。图1.9（a）中，微机输出的数字量是代表输出量大小的一组二进制数码，经数模转换变为模拟控制电压。而图1.9（b）中微机"输出"的只是代表"开"或"关"的一位数码"1"或"0"。由于驱动被控设备，不仅需要一定的电压而且需要一定的电流。因此，在控制电路输出端都设置有能满足驱动功率要求的直流功放驱动电路或功率开关驱动电路。由于控制对象多为大功率的电气（强电）设备，容易产生各种干扰。所以，控制电路中大多采用光电耦合器进行输入、输出信号的隔离。

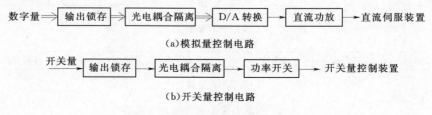

图1.9　控制电路的类型与基本组成

小 结

本项目主要介绍传感器的基本知识、传感器校准与误差处理方法。讲述了测控系统的概念、作用等、测控系统的组成及结构。

习 题 1

1. 试述传感器的概念及基本组成。
2. 试述传感器的校准及误差处理方法。
3. 试述测控系统的组成结构。

项目 2　热工量传感器及应用

学习目标

1. 专业能力目标：能根据传感器使用手册，懂得传感器的原理；能根据测控系统要求设计传感器模块。

2. 方法能力目标：掌握常用传感器的使用方法；掌握工具、仪器的规范操作方法。

3. 社会能力目标：培养协调、管理、沟通的能力；具有自主学习新技能的能力，责任心强，能顺利完成工作任务；具有分析问题、解决问题的能力，善于创新和总结经验。

项目导航

本项目主要讲解温度、流量等热工量传感器的原理，设计相应的传感器应用模块。

任务 2.1　温度传感器应用

任务目标：

(1) 掌握温度传感器的原理。

(2) 掌握温度传感器模块的设计方法。

(3) 掌握温度传感器模块的调试方法。

任务导航：

以智能家居为载体，设计温度传感器模块。

本任务为温度传感器模块设计。

1. 温度传感器简介

DS18B20 是数字温度传感器，具有体积小、适用电压宽、经济灵活的特点。它内部使用了 onboard 专利技术，全部传感元件及转换电路集成在一个形如三极管的集成电路内。DS18B20 有电源线、地线及数据线 3 根引脚线，工作电压范围为 3～5.5V，支持单总线接口。

2. 参考元器件列表

传感器模块所用元器件列表见表 2.1。

3. 设计与制作步骤

(1) 了解温度传感器 DS18B20 的原理。

(2) 设计温度传感器 DS18B20 的应用电路原理图，参考原理图如图 2.1 所示。

表 2.1   **传感器模块所用元器件列表**

序 号	类 型	名 称	封 装
JP_1、JP_2	插座	MHDR2×10	MHDR2×10
R_1	电阻	4.7kΩ	0603
R_2、R_4	电阻	10kΩ	0603
R_3	电阻	3.9Ω	0603
R_5	电阻	1kΩ	0603
U_1	温度传感器	DS18B20	MHDR1×3

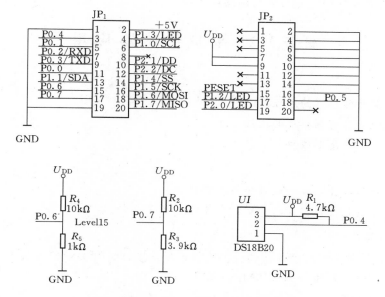

图 2.1   DS18B20 的应用电路原理图

（3）设计温度传感器 DS18B20 的应用电路 PCB 图，参考 PCB 图如图 2.2 所示。

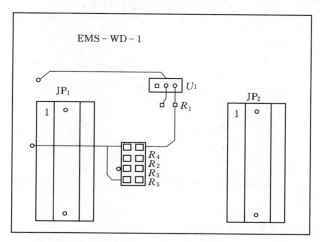

图 2.2   DS18B20 的应用电路 PCB 图

（4）制作 PCB 板。

（5）检测元器件，并焊接电路板。

4. 调试设备与方法

（1）调试设备。这包括电源、万用表、标准温度计等。

（2）调试方法。

1）认真核查电路板元器件的安装是否正确，有无虚焊等。

2）用万用表测试电源输出电压是否正确，连接电源至电路模块。

3）测试传感器输出，并与标准温度计比较。

任务 2.2　流量传感器应用

任务目标：

（1）掌握流量传感器的原理。

（2）掌握流量传感器模块的设计方法。

（3）掌握流量传感器模块的调试方法。

任务导航：

以智能家居为载体，设计流量传感器模块。

本任务为流量传感器模块设计。

1. 流量传感器简介

FS100A 是一款磁感应、非接触式的流量计量传感器，开关量信号输出。具有测量精度高、耐温、耐潮、耐压（＞1.75MPa）等特点。

2. 参考元器件列表

传感器模块所用元器件列表见表 2.2。

表 2.2　　　　　　　　　　传感器模块所用元器件列表

序　号	类　型	名　称	封　装
JP_1、JP_2	插座	MHDR2×10	MHDR2×10
P_1	流量传感器	FS100A	HDR1×3
R_2	电阻	1kΩ	0603
R_1、R_3	电阻	10kΩ	0603
R_4	电阻	3.9Ω	0603
R_5	电阻	1kΩ	0603

3. 设计与制作步骤

（1）了解流量传感器 FS100A 的原理。

（2）设计流量传感器 FS100A 的应用电路原理图，参考原理图如图 2.3 所示。

（3）设计流量传感器 FS100A 的应用电路 PCB 图，参考 PCB 图如图 2.4 所示。

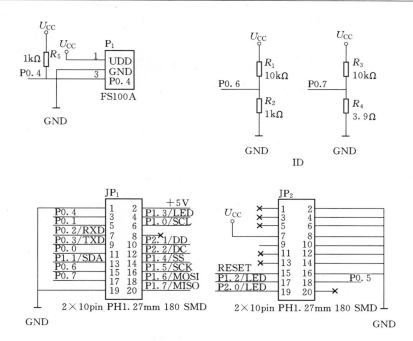

图 2.3　流量传感器 FS100A 应用电路原理图

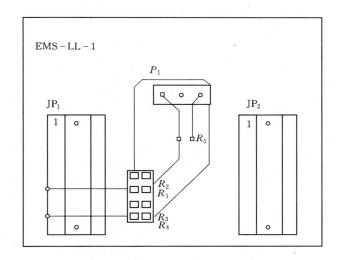

图 2.4　流量传感器 FS100A 应用电路 PCB 图

（4）制作 PCB 板。

（5）检测元器件，并焊接电路板。

4. 调试设备与方法

（1）调试设备。这包括电源、万用表、标准流量计、水槽等。

（2）调试方法。

1）认真核查电路板元器件的安装是否正确，有无虚焊等。

2）用万用表测试电源输出电压是否正确，连接电源至电路模块。

3）测试传感器输出，并与标准流量计比较。

任务 2.3　热工量传感器知识学习

任务目标：

（1）掌握各种热工量传感器的原理。

（2）掌握热工量传感器应用电路设计方法。

（3）了解热工量传感器数据手册。

任务导航：

以智能家居为载体，学习热工量传感器的原理知识。

2.3.1　温度与温标

1. 温度

温度是表征物体冷热程度的物理量。温度的概念是以热平衡为基础的。如果两个相接触物体的温度不相同，它们之间就会产生热交换，热量将从温度高的物体向温度低的物体传递，直到两个物体达到相同的温度为止。

2. 温标

为了进行温度测量，需要建立温度标尺，即温标。它规定了温度读数的起点（零点）以及温度的单位。国际上规定的温标有摄氏温标、华氏温标、热力学温标、国际实用温标。

（1）摄氏温标。摄氏温标把在标准大气压下冰的熔点定为零度（0℃），把水的沸点定为 100 度（100℃），在这两个温度点间划分 100 等份，每一等份为 1 摄氏度。国际摄氏温标的符号为 t，国际摄氏温标的温度单位符号为℃。

（2）华氏温标。它规定在标准大气压下，冰的熔点为 32F，水的沸点为 212F，两固定点间划分 180 个等份，每一等份为华氏一度，符号为 θ。它与摄氏温标的关系式为：

$$\theta/\mathrm{F} = (1.8t/℃ + 32) \tag{2.1}$$

例如，20℃时的华氏温度 $\theta = (1.8 \times 20 + 32)\mathrm{F} = 68\mathrm{F}$。

（3）热力学温标。国际单位制（即 SI 制）中，以热力学温标作为基本温标。它所定义的温度称为热力学温度 T，单位为开尔文，符号为 K。热力学温标以水的三相点，即水的固、液、气三态平衡共存时的温度为基本定点，并规定其温度为 273.15K。用下式进行 K 氏和摄氏的换算：

$$t/℃ = T/\mathrm{K} - 273.15$$
$$T/\mathrm{K} = t/℃ + 273.15 \tag{2.2}$$

例如，100℃时的热力学温度 $T = (100 + 273.15)\mathrm{K} = 373.15\mathrm{K}$。

热力学温标是纯理论的，人们无法得到开氏零度，因此不能直接根据它的定义来测量物体的热力学温度（又称开氏温度）。因此需要建立一种实用的温标作为测量温度的标准，这就是国际实用温标。

（4）国际实用温标。它是一个国际协议性温标，与热力学温标基本吻合。它不仅定义了一系列温度的固定点，而且规定了不同温度段的标准测量仪器，因此复现精度高（全世界用相同的方法测量温度，可以得到相同的温度值），使用方便。

国际计量委员会 1990 年开始贯彻实施国际温标 ITS-90。我国自 1994 年 1 月 1 日起全面实施 ITS-90 国际温标。

2.3.2　温度的测量方法与温度传感器

常用的各种材料和元器件的性能大都会随着温度的变化而变化，具有一定的温度效应。其中一些稳定性好、温度灵敏度高、能批量生产的材料就可以作为温度传感器。

温度传感器的分类方法很多。按照用途可分为基准温度计和工业温度计；按照测量方法又可分为接触式和非接触式；按工作原理又可分为膨胀式、电阻式、热电式、辐射式等等；按输出方式分有自发电型、非电测型等。总之，温度测量的方法很多，而且直到今天，人们仍在不断地研究性能更好的温度传感器。我们可以根据成本、精度、测温范围及被测对象的不同，选择不同的温度传感器。表 2.3 列出了常用测温传感器的工作原理、名称、测温范围和特点。

表 2.3　　　　　　　　　　　温度传感器的种类及特点

所利用的物理现象	传感器类型	测温范围/℃	特　点
体积热膨胀	气体温度计	−250～1000	不需要电源，耐用；但感温部件体积较大
	液体压力温度计	−200～350	
	玻璃水银温度计	−50～350	
	双金属片温度计	−50～350	
接触热电势	钨铼热电偶	1000～2100	自发电型，标准化程度高，品种多，可根据需要选择，须注意冷端温度补偿
	铂铑热电偶	200～1800	
	其他热电偶	−200～1200	
电阻的变化	铂热电阻	−200～900	标准化程度高，但需要接入桥路才能得到电压输出
	热敏电阻	−50～300	
PN 结结电压	硅半导体二极管（半导体集成电路温度传感器）	−50～150	体积小，线性好，但测温范围小
温度-颜色	示温涂料	−50～1300	面积大，可得到温度图像，但易衰老，精度低
	液晶	0～100	
光辐射热辐射	红外辐射温度计	−50～1500	非接触式测量，反应快，但易受环境及被测体表面状态影响，标定困难
	光学高温温度计	500～3000	
	热释电温度计	0～1000	
	光子探测器	0～3500	

2.3.3　热敏电阻

利用导体或半导体材料电阻值随温度变化而变化的特性制成的传感器叫电阻式温度传感器，其测温范围主要在中、低温区域（−200～850℃）。随着科学技术的发展，在低温方面传感器已成功地应用于 1～3K 的温度测量，而在高温方面，也出现了多种用于测量 1000～1300℃ 的电阻温度传感器。一般把由金属导体（如铂、铜、银等）制成的测温元件称为热电阻，把由半导体材料制成的测温元件称为热敏电阻。

1. 热敏电阻种类及性能

热敏电阻是利用半导体材料电阻率随温度变化而变化的性质制成的，按其温度特性分成三类，适用于不同的使用场合。

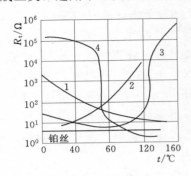

图 2.5 热敏电阻器的
温度特征曲线
1—NTC；2—PTC；3、4—CTR

电阻值随温度升高而升高的电阻器，称为正温度系数热敏电阻器（PTC）；电阻值随温度升高而降低的电阻器，称为负温度系数热敏电阻器（NTC）；具有正或负温度系数特性，但在某一温度范围百随值发生巨大变化的，称为突变型温度系数热敏电阻器（CTR）。三类热敏电阻器温度特性曲线如图 2.5 所示。

2. 热敏电阻的主要技术指标

热敏电阻主要技术指标是选用热敏电阻的主要依据，其主要技术指标如下。

（1）标称电阻值（R25）。热敏电阻器在 25℃ 时的电阻值。多数厂商在热敏电阻出厂时会给出在 25℃ 时电阻值。

（2）温度系数。指温度变化导致电阻的相对变化。温度系数越大，热敏电阻对温度变化反应越灵敏。

（3）时间常数。温度变化时，热敏电阻的阻值变化到最终值 63.2% 时所需的时间。

（4）额定功率。允许热敏电阻正常工作的最大功率。

（5）温度范围。允许热敏电阻正常工作，且输出特性没有变化的温度范围。

3. 热敏电阻的应用

热敏电阻在工业上的用途很广，在家用电器中用途也十分广泛，如空调与干燥器、热水取暖器、电烘箱体内温度检测等都用到热敏电阻。根据产品型号不同，其适用范围也各不相同。具体有以下三方面：

（1）用热敏电阻测温。热敏电阻一般结构较简单，价格较低廉。没有外面保护层的热敏电阻只能应用在干燥的地方。密封的热敏电阻不怕湿气的侵蚀，可以应用在较恶劣的环境下。由于热敏电阻的阻值较大，故其连接导线的电阻和接触电阻可以忽略。因此热敏电阻可以在长达几千米的远距离测量温度中应用。测量电路多采用电桥电路。

（2）热敏电阻用于温度补偿。热敏电阻可在一定温度范围内对某些元件进行温度补偿。例如，动圈式表头中的动圈由钢线绕制而成。温度升高，电阻增大，引起测量误差。可在动圈回路中串入由负温度系数热敏电阻组成的电阻网络，从而抵消由于温度变化所产生的误差。在三极管电路、对数放大器中也常使用热敏电阻补偿电路，补偿由于温度引起的漂移误差。

（3）热敏电阻用于温度控制。将 CRT 热敏电阻埋设在被测物中，并与继电器串联，给电路加上恒定电压。当周围介质温度升到某一定值时，电路中的电流可以由千分之几毫安变为几十毫安，因此继电器动作，从而实现温度控制或过热保护。例如，电动机由于超负荷、缺相及机械传动部分发生故障等原因造成绕组发热，当温度升高到超过电机允许的最高温度时，将会使电机烧坏。利用正温度系数 CRT 热敏电阻可实现电机的过热保护。图 2.6 所示是电动机保护器电路，图中 RT_1、RT_2、RT_3 为三只特性相同的 CRT 开关型热敏电阻，埋设在电机绕组的端部。三个热敏电阻分别和 R_1、R_2、R_3 组成分压器，并通过 VD_1、VD_2、VD_3 和单结半导体 VT_1 相连接。当某一绕组过热时，绕组端部的热敏电阻的阻值将急剧增大，分压点的电压达到单结半导体的峰值电压，VT_1 导通，产生的脉冲电压触发晶闸管 VS_2 导通，继电器 K 工作，常闭触点 K_1 断开，切断接触器 KM 的供电电源，常开接点 $KM_1 \sim KM_3$ 打开，常闭接点 KM_4 闭合，从而使电动机断电，电动机得到保护。S_1、S_2 为紧急手动按钮接点。

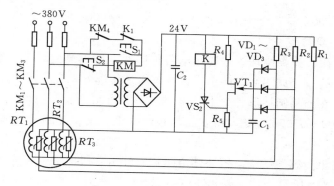

图 2.6　电动机保护器电路图

2.3.4　热电阻传感器

1. 常用热电阻

对测温用的热电阻材料要求：电阻值与温度变化具有良好的线性关系；电阻温度系数要大，便于精确测量；电阻率高，热容小，响应速度快；在测温范围内具有稳定的物理和化学性能；材料质量要纯，容易加工复制，价格便宜。目前使用最广泛的热电阻材料是铂和铜。随着低温和超低温测量技术的发展，已开始采用铟、锰、碳等材料。

（1）铂热电阻。铂热电阻主要用于高精度的温度测量和标准测温装置，性能非常稳定，测量精度高，其测温范围为 $-200 \sim 850 ℃$。

按照 ITS-1990 标准，最常用的工业用铂电阻为 Pt100 和 Pt1000，即在 $0℃$ 时铂电阻阻值 R_0 为 100Ω 和 1000Ω。铂电阻的电阻值与温度之间的关系可以查热电阻分度表 Pt100 或 Pt1000，也可由下式计算得出：

在 $-200 \sim 0℃$ 的范围内：
$$R_t = R_0[1 + At + Bt^2 + C(t-100)t^3] \tag{2.3}$$

在 $0 \sim 850℃$ 的范围内：
$$R_t = R_0(1 + At + Bt^2) \tag{2.4}$$

式中　R_t 和 R_0——温度为 $t℃$ 和 $0℃$ 时的电阻值。

A、B、C 为常数，$A = 3.96847 \times 10^{-3}/℃$，$B = -5.847 \times 10^{-7}/℃$，$C = -4.22 \times 10^{-12}/℃$。

在精度要求不高的场合，可以忽略上两式中的高次项，近似认为 R_t 与 t 成正比例关系，温度系数为 0.003851。

（2）铜热电阻。铜热电阻价格便宜，易于提纯，复制性较好。在 $-50\sim150℃$ 测温范围内线性较好。电阻温度系数比铂高，但电阻率比铂小，在温度稍高时易于氧化，测温范围较窄，体积较大。所以，铜热电阻适用于对测量精度和敏感元件尺寸要求不是很高的场合。

我国常用的铜电阻为 Cu50 和 Cu100，即在 0℃ 时其阻值 R_0 值为 50Ω 和 100QΩ，铜电阻阻值与温度之间的关系可以查热电阻分度表 Cu50（见附录）和 Cu100，也可由下式计算得出：

$$R_t = R_0(1+\alpha t) \tag{2.5}$$

式中　α——电阻温度系数，一般取 $\alpha = (4.25\times10^{-3}\sim4.28\times10^{-3})/℃$。

2. 热电阻传感器结构

（1）普通热电阻传感器结构。普通热电阻传感器一般由测温元件（电阻体）、保护套管和接线盒 3 部分组成，如图 2.7 所示。铜热电阻的感温元件通常用 $\phi0.1mm$ 漆包线或丝包线采用双线并绕在塑料圆柱形骨架上，再浸入酚醛树脂（起保护作用）。铂热电阻的感温元件一般用 $\phi0.03\sim0.07mm$ 铂丝绕在云母绝缘片上，云母片边缘有锯齿缺口，铂丝绕在齿缝内以防短路。

（2）铠装热电阻传感器结构。铠装热电阻传感器由金属保护管、绝缘材料和感温元件 3 部分组成，如图 2.8 所示。其感温元件用细铂丝绕在陶瓷或玻璃骨架上。这种结构热电阻传感器，其热惰性小，响应速度快，具有良好的力学性能，可以耐强烈振动和冲击，适合于高压设备测温以及有振动的场合和恶劣环境中使用。

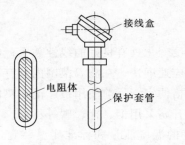

图 2.7　普通热电阻传感器
结构示意图

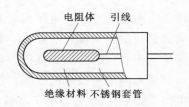

图 2.8　铠装热电阻传感器
结构示意图

（3）薄膜与厚膜型铂热电阻传感器结构。薄膜与厚膜型铂热电阻传感器由感温元件、绝缘基板、接头夹和引线生 4 部分组成，如图 2.9 所示。这种结构铂热电阻传感器主要用于平面物体的表面温度和动态温度的检测，也可部分代替线绕型铂热电阻用于测温控温，其测温范围一般为 $-70\sim600℃$。

3. 热电阻的测量电路

热电阻的测量电路常采用惠斯通电桥，在实际应用中，热敏电阻安装在生产现场，感受被测介质的温度变化，而测量电路则随测量仪表安装在远离现场的控制室内，故热电阻的引出线较长，引出线的电阻会对测量结果造成较大影响，容易形成测量误差。因此，常采用如图 2.10 所示的三线单臂电桥电路。在这种电路中，热电阻器的两根引线长度相同，引线的电阻值相等（即 $R_1' = R_2'$）并被分配在两个相邻的桥臂中，因此引线长度的变化以及环境温度变化引起的引线电阻值变化所造成的误差就可以相互抵消。

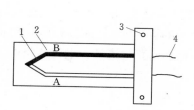

图 2.9　薄膜热电偶示意图

1—工作端；2—绝缘基板；

3—接线夹；4—引线

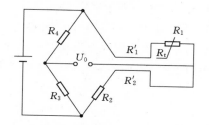

图 2.10　热电阻的测量电路

热电阻的典型测量电路如图 2.11 所示。桥路的供电电源可采用恒流源或恒压源，桥路的输出电压较小，因此一般采用差动放大器予以放大，呈单端输出，以供显示、采集或控制所用。

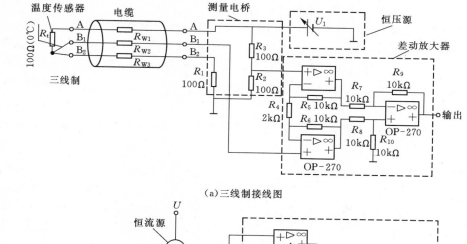

（a）三线制接线图

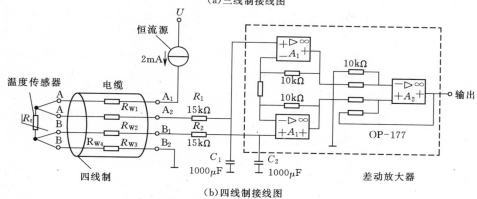

（b）四线制接线图

图 2.11　三线制、四线制实际测量接线图

2.3.5　热电偶传感器

1. 热电效应

1821 年，德国物理学家赛贝克（T. J. Seebeck）用两种不同金属导体组成闭合回路，并用酒精灯加热其中一个接触点（称为接点），发现放在回路中的指南针发生偏转，如图 2.12（a）所示。如果用两盏酒精灯对两个接点同时加热，指南针的偏转角反而减小。显然，指南针的偏转说明回路中有电动势产生并有电流在回路中流动，电流的强弱与两个接点的温差有关。

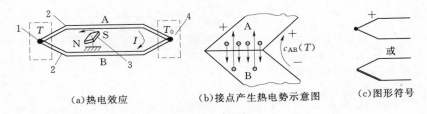

（a）热电效应　　　（b）接点产生热电势示意图　　　（c）图形符号

图 2.12　热电偶原理图

1—工作端；2—热电极；3—指南针；4—参考端

据此，赛贝克发现和证明了两种不同材料的导体 A 和 B 组成的闭合回路，当两个导体的接点温度不相同时，回路中将产生电动势，这种物理现象称为热电效应。两种不同材料的导体所组成的回路称为"热电偶"，组成热电偶的导体称为"热电极"，热电偶所产生的电动势称为热电势。热电偶的两个接点中，置于温度为 T 的被测对象中的接点称之为测量端，又称为工作端或热端；而置于参考温度为 T_0 的另一接点称之为参考端，又称为自由端或冷端。

根据电子理论分析表明：热电偶产生的热电势 $E_{AB}（T，T_0）$ 主要由接触电动势组成。

将两种不同的金属导体互相接触，如图 2.12（b）所示，由于不同金属内自由电子的密度不同，在两金属导体 A 和 B 的接触点处会发生自由电子的扩散现象。自由电子将从密度大的金属导体 A 扩散到密度小的金属导体 B，使导体 A 失去电子带正电，导体 B 得到电子带负电，直至在接点处建立起充分强大的电场，能够阻止电子的继续扩散，直到达到动态平衡为止，从而建立起稳定的热电势。这种在两种不同金属的接点处产生的热电势称为珀尔帖（Peltier）电动势，又称接触电动势，它的数值取决于两种导体的自由电子密度和接触点的温度，而与导体的形状及尺寸无关。

由于热电偶的两个接点均存在珀尔帖电动势，所以热电偶所产生的总的热电势是两个接点温差 Δt 的函数 f_{AB}，如图 2.13 与图 2.15 所示。

$$E_{AB}(T，T_0)=f_{AB}(T，T_0)=f_{AB}\Delta t \tag{2.6}$$

由上式可以得出下列几个结论：

（1）如果热电偶两接点温度相同，则回路总的热电势必然等于零。两接点温差越大，热电势越大。

（2）如果热电偶两电极材料相同，即使两端温度不同（$t_1 \neq t_0$），但总输出热电势仍

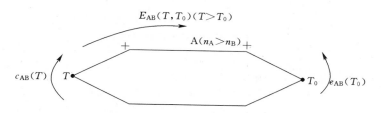

图 2.13　热电偶的热电动势示意图

为零。

（3）因此，必须由两种不同材料才能构成热电偶。

式（2.6）中未包含与热电偶的尺寸形状有关的参数，所以，热电势的大小只与材料和接点温度有关。但热电偶的内阻与其长短、粗细、形状有关，热电偶越细，内阻越大。如果以摄氏温度为单位，$E_{AB}(T,T_0)$ 也可以写成 $E_{AB}(t,t_0)$，其物理意义略有不同，但电动势的数值是相同的。

2. 中间导体定律

若在热电偶回路中插入中间导体，只要中间导体两端温度相同，则对热电偶回路总热电势无影响。这就是热中间导体定律，见图 2.14（a）。如果热电偶回路中插入多种导体（D、E、F、…），如图 2.14（b）所示，只要保证插入的每种导体的两端温度相同，则对热电偶的热电势也无影响。

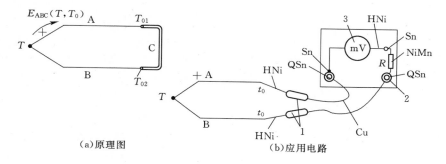

（a）原理图　　　　　　　　　　（b）应用电路

图 2.14　具有中间导体的热电偶回路

1—表棒；2—磷铜接插件；3—漆包线动圈表头；HNi—镍黄铜；QSn—锡磷青铜；

Sn—焊锡；NiMn—镍锰铜电阻丝；Cu—紫铜导线

热电偶实际测温时，连接导线、显示仪表和接插件等均可看成是中间导体，只要保证这些中间导体两端的温度各自相同，则对热电偶的热电势没有影响。因此中间导体定律对热电偶的实际应用是十分重要的。

3. 热电偶的种类

我国从 1991 年开始采用国际计量委员会规定的"1990 年国际温标"（简称 ITS—90）的新标准。按此标准，共有 8 种标准化了的通用热电偶，如表 2.4 所示，表所列热电偶中，写在前面的热电极为正极，写在后面的为负极。对于每一种热电偶，还制定了相应的分度表，并且有相应的线性化集成电路与之对应。所谓分度表就是热电偶自由端（冷端）温度为 0℃时，反映热电偶工作端（热端）温度与输出热电势之间的对应关系的表格。

表 2.4　　　　　　　　　　　　8 种国际通用热电偶特性表

名称	分度号	测温范围 /℃	100℃时 的热电势 /mV	1000℃时 的热电势 /mV	特　点
铂铑$_{30}$ -铂铑$_6$	B	50～1820	0.033	4.834	熔点高，测温上限高，性能稳定，精度高，100℃以下热电势极小，所以可不必考虑冷端温度补偿；价格昂贵，热电势小，线性差；只适用于高温域的测量
铂铑$_{13}$ -铂	R	−50～1768	0.647	10.506	使用上限较高，精度高，性能稳定，复现性好；但热电势较小，不能在金属蒸气和还原性气体中使用，在高温下连续使用时特性会逐渐变坏，价格昂贵；多用于精密测量
铂铑$_{10}$ -铂	S	−50～1768	0.646	9.587	优点同上；但性能不如 R 热电偶；长期以来曾经作为国际温标的法定标准热电偶
镍铬-镍硅	K	−270～1370	4.096	41.276	热电势大，线性好，稳定性好，价廉；但材质较硬，在 1000℃以上长期使用会引起热电势漂移，多用于工业测量
镍铬硅 -镍硅	N	−270～1300	2.744	36.256	是一种新型热电偶，各项性能均比 K 热电偶好，适宜于工业测量
镍铬-铜镍 （康铜）	E	−270～800	6.319	—	热电势比 K 热电偶大 50% 左右，线性好，耐高湿度，价廉；但不能用于还原性气体，多用于工业测量
铁-铜镍 （康铜）	J	−210～760	5.269	—	价格低廉，在还原性气体中较稳定；但纯铁易被腐蚀和氧化，多用于工业测量
铜-铜镍 （康铜）	T	−270～400	4.279	—	价廉，加工性能好，离散性小，性能稳定，线性好，精度高；铜在高温时易被氧化，测温上限低，多用于低温域测量，可作为温域−200～0℃的计量标准

　　从表 2.4 中所列热电偶可以看出，热电偶的种类是由热电极材料决定的。热电极材料很多，因此热电偶种类也很多。

　　图 2.15 示出了几种常用热电偶的热电势与温度的关系曲线。从图中可以看到，在 0℃时它们的热电势均为零，这是因为绘制热电势、温度曲线或制定分度表时，总是将冷端置于 0℃这一规定环境中的缘故。

　　从图 2.15 中还可以看出，B、R、S 及 WRe$_5$ - WRe$_{26}$（钨铼$_5$—钨铼$_{26}$）等热电偶在 100℃时的热电势几乎为零，只适合于高温测量。

　　从图 2.15 中还可以看到，多数热电偶的输出都是非线性（斜率 K_{AB} 不为常数）的，但国际计量委员会已对这些热电偶温度每变化 1℃时所对应的热电势变化做了非常精密的测试，并向全世界公布了它们的分度表（$t_0 = 0℃$）。使用前，只要将这些分度表输入到计算机中，由计算机根据测得的热电势自动查表就可获得被测温度值。

4. 热电偶的结构

（1）装配型热电偶。装配型热电偶主要用于测量气体、蒸汽和液体等介质的温度。这类热电偶一般做成标准型式，其中包括有棒形、角形、锥形等。从安装固定方式来看，有固定法兰式、活动法兰式、固定螺纹式、焊接固定式和无专门固定式等几种。图 2.16 所示即为棒形活动法兰式的普通热电偶结构。图 2.17 所示是装配型热电偶在测量管道中流体温度时常见的安装方法。

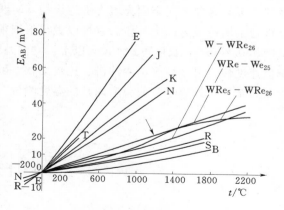

图 2.15　常用热电偶的热电势与温度的关系

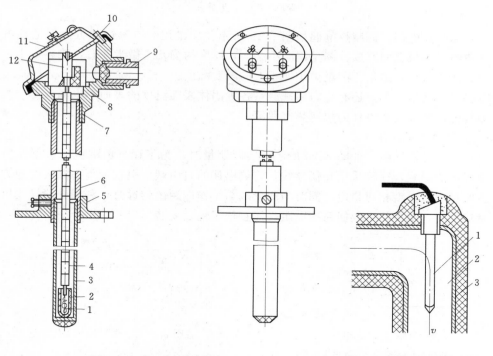

图 2.16　装配型热电偶结构

1—热电偶工作端；2—绝缘套；3—下保护套管；4—绝缘珠管；5—固定法兰；6—上保护套管；7—接线盒底座；8—接线绝缘座；9—引出线套管；10—固定螺钉；11—接线盒外罩；12—接线柱

图 2.17　普通型热电偶在管道中的安装方法

1—热电偶；2—管道；3—绝热层

（2）铠装热电偶。铠装热电偶是由金属保护管套、绝缘材料和热电极三者组合成一体的特殊结构的热电偶。它是在薄壁金属套管（金属铠）中装入热电极，在两根热电极之间及热电极与管壁之间牢固充填无机绝缘物（MgO 或 Al_2O_3），使它们之间相互绝缘，使热电极与金属铠成为一个整体。它可以做得很细很长，而且可以弯曲。热电偶的套管外径最细能达 0.25mm，长度可达 100m 以上。它的外形和断面示于图 2.18 中。铠装热电偶具有响应速度快、可靠性好、耐冲击、比较柔软、可挠性好、便于安装等优点，因此特别适用于复杂结构（如狭小弯曲管道内）的温度测量。

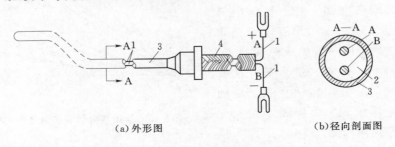

（a）外形图　　　　　　　　　　（b）径向剖面图

图 2.18　铠装热电偶
1—内电极；2—绝缘材料；3—薄壁金属
保护套管；4—屏蔽层

（3）薄膜热电偶。薄膜热电偶如图 2.19 所示。它是用真空蒸镀的方法，把热电极材料蒸镀在绝缘基板上而制成。测量端既小又薄，厚度约为几个微米左右，热容量小，响应速度快，便于敷贴。适用于测量微小面积上的瞬变温度。

除了以上所述之外，还有专门用来测量各种固体表面温度的表面热电偶、专门为测量钢水和其他熔融金属而设计的快速热电偶等。

5. 热电偶使用方法

（1）采用补偿导线。如图 2.20 所示，实际测量时，为了让自由端免受被测介质温度和周围环境的影响，往往采用补偿导线，将热电偶的自由端延引到远离高温区的地方，从而使新的自由端温度相对稳定。同时当测量端与工作端距离较远时，利用补偿导线可以节约大量贵金属，减少热电偶回路的电阻，而且便于铺设安装。

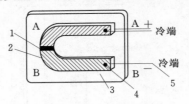　　　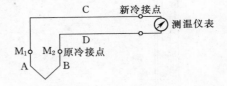

图 2.19　薄膜热电偶　　　　　　　　图 2.20　补偿导线示意图
1—工作端；2—热电板；3—绝缘基板；
4—引脚接头；5—引出线

所谓补偿导线，是指在一定的温度范围内（0～100℃），其热电性能与相应热电偶的热电性能相同的廉价导线。它仅能延长热电偶的自由端，但不起任何温度补偿作用。

接补偿导线后的热电偶回路可以看成仅由热电极 A、B 组成的回路。使用补偿导线应注意：

1）补偿导线选择。各种补偿导线只能与相应型号的热电偶配用，而且必须在规定的温度范围内使用，极性切勿接反。表 2.5 表示了常用热电偶补偿导线特性。

表 2.5　常用热电偶补偿导线特性

配用热电偶 正-负	补偿导线 正-负	导线外皮颜色		100℃热电势 /mV	150℃热电势 /mV	20℃时的电阻率 /(Ω·m)
		正	负			
铂铑$_{10}$-铂	铜-铜镍	红	绿	0.643±0.23	1.029	<0.0484×10^{-6}
镍铬-镍硅	铜-康铜	红	蓝	4.095±0.015	6.137±0.20	<0.634×10^{-6}
镍铬-考铜	镍铬-考铜	红	黄	6.95±0.30	10.59±0.38	<1.25×10^{-6}
钨铼$_5$-钨铼$_{20}$	铜-铜镍	红	蓝	1.337±0.045	—	

2）接点连接。热电偶接线端两个点尽可能靠近一些，尽量保持两个接点温度一致。

3）使用长度。因为热电偶的热电势很低，为微伏级，如果使用的距离过长，信号的衰减和环境中强电的干扰耦合，足可以使热电偶的信号失真，造成测量和控制不准确。根据经验，通常使用热电偶补偿导线的长度控制在 15m 内比较好。如果超过 15m，建议使用温度变逆器传送信号。

4）布线。补偿导线一定要远离动力线和干扰源。在避免不了穿越时，也尽可能采用交叉方式，不要平行。

（2）冷端温度补偿的方法。

1）冷端恒温法。将热电偶的冷端置于冰水混合物的恒温容器中，使冷端的温度保持 0℃不变。

2）计算修正法。利用中间温度定律计算修正。此时应使冷端维持在某一恒定（或变化较小）的温度上。可以将热电偶的冷端置于电热恒温器中，恒温器的温度略同于环境温度的上限。或将热电偶的冷端置于大油槽或空气不流动的大容器中，利用其热惯性，使冷端温度的变化较为缓慢。

3）仪表机械零点调整法。当热电偶与动圈式仪表配套使用时，若热电偶的冷端温度比较恒定、对测量精度要求又不太高时，可将动圈式仪表的机械零点调至热电偶冷端所处的温度 T_0 处，这相当于在输入热电偶的热电动势前就给仪表输入一个热电动势 $E(T_0, 0℃)$。

4）电桥补偿法。如图 2.21 所示，R_1、R_2、R_3 和限流电阻 R_g 由温度系数很小的锰铜丝做成。

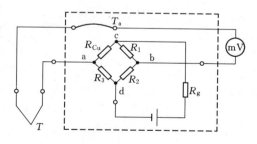

图 2.21　电桥补偿示意图

毫伏表测得的电压为：

$$U_0 = E(T, T_0) + U_{ab} \tag{2.7}$$

当环境温度为 20℃时，设计电桥处于平衡状态，此时 $U_{ab}=0$，电桥无补偿作用。当环境温度升高，热电偶冷端温度也随之升高，此时热电偶的热电动势就有所降低。这时 R_{Cu} 的阻值随环境温度的升高而增大，电桥失去平衡，U_{ab} 上升并与 $E(T, T_0)$ 叠加，若适当选择桥臂电阻和电流的数值，可以使 U_{ab} 正好补偿热电偶冷端温度升高所降低的热电动势值。由于电桥设计在 20℃ 时平衡,则测温仪表的机械零点要预先调到 20℃ 处。

(3)与温度仪表连接方法。XMT 系列温度仪表是一种具有调节、报警功能的数字式显示—调节型仪表,是专为热工、电力、化工等工业系统测量、显示、变送温度的一种仪器。它不仅具有显示温度的功能,还能实现被测温度超限报警或双位继电器调节。其面板上设置有温度设定按键。当被测温度高于设定温度时,仪表内部的断电器动作,可以切断加热回路。它的特点是采用工控单片机为主控部件,智能化程度高,使用方便。这类仪表多具有以下功能:

1)双屏显示:主屏显示测量值,副屏显示控制设定值。

2)输入分度号切换:仪表的输入分度号,可按键切换(如 K、R、S、B、N、E 等)。

3)量程设定:测量量程和显示分辨率由按键设定。

4)控制设定:上限、下限或上上限、下下限等各控制点值可在全量程范围内设定。

5)上下限控制回差值可分别设定。

6)继电器功能设定:内部的数个继电器可根据需要设定成上限控制(报警)方式或下限控制(报警)方式。

7)断线保护输出。

8)可预先设定各继电器在传感器输入断线耐的保护输出状态(ON/OFF/KEEP)。

9)全数字操作:仪表的各参数设定、精度校准均采用按键操作,无须电位器调整,掉电不丢失信息。

10)冷端补偿范围:0~60℃。

11)接口:有些型号还带有计算机串行接口和打印接口。

图 2.22 示出了与热电偶配套的 XMT 仪表的外部接线图。在图 2.22 中,"上限输出 2"的三个触点从左到右为仪表内继电器的常开(动合)触点和常闭(动断)触点。当被测温度低于设定的上限值时,"高—总"端子接通,"低—总"端子断开;当被测温度达到上限值"低—总"端子接通,而"高—总"端子断开。"高"、"总"、

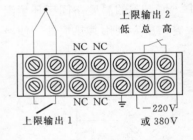

图 2.22　与热电偶配套的 XMT 型仪表接线图

"低"三个输出端子在外部通过适当连接,能起到控温或报警作用。"上限输出 1"的两个触点还可用于控制其他电路,如风机等。

6. 应用举例

(1)金属表面温度的测量。对于机械、冶金、能源、国防等部门来说,金属表面温度的测量是非常普遍而又比较复杂的问题。例如,热处理工作中锻件、铸件以及各种余热利用的热交换器表面、气体蒸气管道、炉壁面等表面温度的测量。根据对象特点,测温范围从几百摄氏度到上千摄氏度,而测量方法通常采用直接接触测温法。

直接接触测温法是指采用各种型号及规格的热电偶(视温度范围而定),用粘接剂或焊接的方法,将热电偶与被测金属表面(或去掉表面后的浅槽)直接接触,然后把热电偶

接到显示仪表上组成测温系统。

图 2.23 所示是适合不同壁面的热电偶使用方式。如果金属壁比较薄，那么一般可用胶合物将热偶丝粘贴在被测元件表面，如图 2.23（a）所示。为减少误差，在紧靠测量端的地方应加足够长的保温材料保温。

如果金属壁比较厚，且机械强度又允许，则对于不同壁面，测量端的插入方式可从斜孔内插入，如图 2.23（b）所示。图 2.23（c）示出了利用电动机起吊螺孔，将热电偶从孔槽内插入的方法。

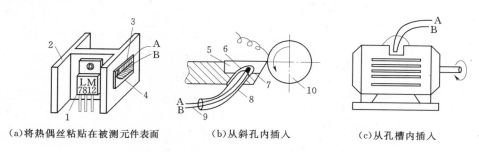

（a）将热偶丝粘贴在被测元件表面　　（b）从斜孔内插入　　（c）从孔槽内插入

图 2.23　适合不同壁面的热电偶使用方式

1—功率元件；2—散热片；3—薄膜热电偶；4—绝热保护层；5—车刀；6—激光加工的斜孔；
7—露头式铠装热电偶测量端；8—薄壁金属保护管；9—冷端；10—工件

（2）炉温测控系统。如图 2.24 所示为常用于炉温测量采用的热电偶测量系统图。图中由毫伏定值器给出设定温度的相应毫伏值，如热电偶的热电势与定值器的输出（毫伏）值有偏差，则说明炉温偏离给定，此偏差经放大器送入调节器，再经过晶闸管触发器去推动晶闸管执行器，从而调整炉丝的加热功率，消除偏差，达到温控的目的。

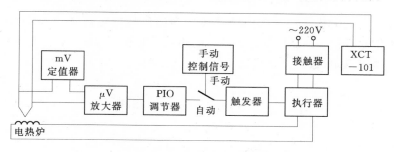

图 2.24　炉温检测热电偶测量系统图

（3）利用热电偶监测燃气热水器的火焰。燃气热水器的使用安全性至关重要。在燃气热水器中设置有防止熄火装置、防止缺氧不完全燃烧装置、防缺水空烧安全装置及过热安全装置等，涉及多种传感器。防熄火、防缺氧不完全燃烧的安全装置中使用了热电偶，如图 2.25 所示。

当使用者打开热水龙头时，自来水压力使燃气分配器中的引火管输气孔在较短的一段时间里与燃气管道接通，喷射出燃气。与此同时高压点火电路发出 10～20kV 的高电压，通过放电针点燃主燃烧室火焰，热电偶 1 被烧红，产生正的热电势，使电磁阀线圈（该电磁阀的电动力由极性电磁铁产生，对正向电压有很高的灵敏度）得电，燃气改由电磁阀进

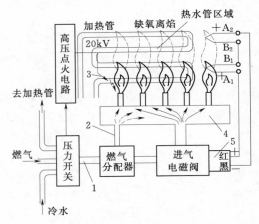

图 2.25　燃气热水器防熄火、防缺氧示意图
1—燃气进气管；2—引火管；3—高压放电针；
4—主燃器；5—电磁阀线圈；
A₁、B₁—热电偶 1；A₂、B₂—热电偶 2

入主燃室。

当外界氧气不足时，主燃烧室不能充分燃烧（此时将产生大量有毒的一氧化碳），火焰变红且上升，在远离火孔的地方燃烧（称为离焰）。热电偶 1 的温度必然降低，热电势减小，而热电偶 2 被拉长的火焰加热，产生的热电势与热电偶 1 产生的热电势反向串联，相互抵消，流过电磁阀线圈的电流小于额定电流，甚至产生反向电流，使电磁阀关闭，起到缺氧保护作用。

当启动燃气热水器时，若某种原因无法点燃主燃烧室火焰，由于电磁阀线圈得不到热电偶 1 提供的电流，处于关闭状态，从而避免了煤气的大量溢出。煤气灶熄火保护装置也采用相似的原理。

2.3.6　集成温度传感器（AD590）

集成温度传感器利用晶体管 P-N 结的电流、电压特性与温度的关系进行温度测量，由于 P-N 结受耐热性能的限制，一般测量温度范围在 150℃ 以下。集成温度传感器具有体积小、反应快、线性好、价格低等优点，目前在国内外普遍应用。集成温度传感器有 AD590、AD592、TMP17、LM15 等；模拟可编程的集成温度控制开关模块有 LM56、AD22105 等。

AD590 集成温度传感器是美国 AD 公司生产的典型的电流输出型集成温度传感器，国内同类产品有 SG590，器件封装、引脚、电路符号见图 2.26 所示。该器件工作电源电压为 4～30V，测温范围是 -50～150℃。

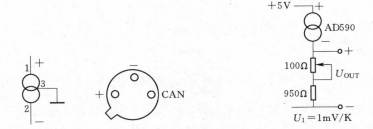

图 2.26　AD590 电路符号、引脚和封装　　图 2.27　一点校正法基本电路

AD590 在温度 25℃（298.15K）时，理想输出为 298.15μA，因此，其灵敏度为 1μA/K。AD590 的标定方法有一点电位标定和两点电位标定。由于 AD590 为电流输出型，实际使用时需要把电流转换电压。

一点校正法电路如图 2.27 所示，基本电路仅对某点温度进行校准。

两点校正法电路如图 2.28 所示，首先对 AD590 在 0℃ 温度时调节 R_1，使输出 U_{OUT}

＝0V；再将 AD590 置于 100℃的温度中，调节反馈电阻 R_2 使 U_{OUT}＝10V，可使输出电压温度系数值为 100mV/℃。

图 2.29 所示是 AD590 温度传感器的典型应用电路，该电路是一温度控制电路。AD311 为比较器，温度达到限定值时比较器输出电压极性翻转，控制复合晶体管 VT 导通截止，从而控制加热器电流变化。调节电阻 R_2 可以改变比较电压，调整控制温度范围。

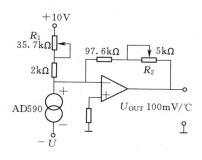

图 2.28　两点校正法基本电路

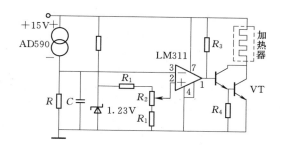

图 2.29　AD590 典型应用

2.3.7　基于 1－WIRE 总线的 DS18B20 型智能温度传感器

智能温度传感器自 20 世纪 90 年代问世以来，被广泛应用于自动控制系统。这种温度传感器将 A/D 转换电路与 ROM 存储器集成在一个芯片上，是一种数字式温度传感器。目前智能传感器的总线技术已逐渐实现标准化、规范化，所采用的总线主要有：1—WIRE—单总线；USB—通用串行总线；SPI—三线串行总线；I^2C—二线串行总线等。这种智能传感器可以作为从机，通过专用总线接口与主机进行通信，传输传感器获取的数据。DS18B20 是基于 1—WIRE 总线的智能型温度传感器。

1. DS18B20 引脚

DS18B20 是美国 DALLAS 半导体公司生产的可组网数字式温度传感器，与其他温度传感器相比该器件有以下特点：

（1）单线接口方式，可实现双向通信。

（2）支持多点组网功能，多个 DS18B20 可并联在单一总线上实现多点测温。

（3）使用中不需要任何外围器件，测量结果以 9 位数字量方式串行传送。

（4）温度范围：－55～125℃。

（5）电源电压范围：＋3～＋5.5V。

2. DS18B20 测温原理

DS18B20 测温原理框图如图 2.30 所示。低温度系数振荡器温度影响小，用于产生固定频率信号 f_0 送计数器 1，高温度系数振荡频率 f_c 随温度变化，产生的信号脉冲送计数器 2。计数器 1 和温度寄存器被预置在－55℃对应的计数值，计数器 1 对低温度系数振荡器产生的脉冲进行减法计数，当计数器 1 预置减到 0 时温度寄存器加 1，计数器 1 预置重新装入，计数器 1 重新对低温度系数振荡器计数。如此循环，直到计数器 2 计

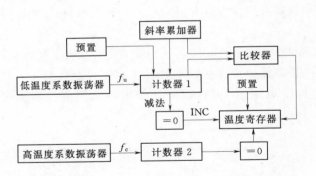

图 2.30　DS18B20 测温原理框图

数到 0 时，停止对温度寄存器累加，此时温度寄存器中的数值即为所测温度。高温度系数振荡器相当于 t/f 温度频率转换器，将被测温度 t 转换成频率信号 f，当计数门打开时对低温度系数振荡器计数，计数门的开启时间由高温度系数振荡器决定。

3. DS18B20 内部电路

DS18B20 内部电路框图见图 2.31 所示，主要包括 7 个部分：寄生电源，温度传感器，64 位 ROM 与单总线接口，高速暂存器，高温触发寄存器 TH、低温触发寄存器 TL，存储与控制逻辑，8 位循环冗余校验码（CRC）发生器。

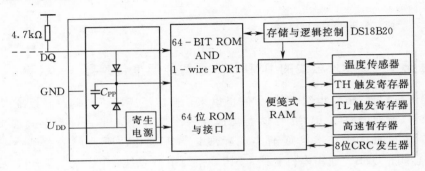

图 2.31　DS18B20 内部原理框图

4. DS18B20 连接方法

DS18B20 连接方式有两种，如图 2.32（a）所示为省电方式，利用 CMOS 管连接传感器数据总线，微控制器控制 CMOS 管的导通截止，为数据总线提供驱动电流，这时电源 U_{DD} 接地线，传感器处于省电状态。图 2.32（b）所示为漏极开路输出方式，由于 DS18B20 输出端属于漏极开路输出，传感器数据线通过上拉电阻，保证常态为高电平，这种方式下只要有电源供电传感器就处于工作状态，另外可以在 I/O 单总线上连接其他驱动。

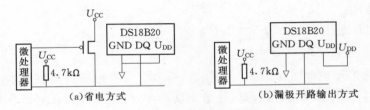

图 2.32　DS18B20 连接方式

5. MCS-51 单片机的 DS18B20 编程方法

DS18B20 内部自带 5 个 ROM 指令、6 条专用指令，ROM 指令为：

Read ROM （33H）：读 ROM

Match ROM （55H）：比较

Skip ROM （CCH）：跳过 ROM

Seach ROM （FOH）：搜索、查找

Alarm ROM （ECH）：报警

专用指令：

Write Scratchpad （4EH）：写编曲 RAM

Read Scratchpad （BEH）：读数据

Copy Scratchpad （48H）：复制

Convert T （44H）：启动转换

Recall E2 （B8H）：搜索、调用

Read Power Supply （B4H）：读电源电压

　　通过数据线，利用串行传输方式，先发出跳过 ROM 命令，再发出温度转换命令，温度传感器把采集到的温度经过转换后，以十六进制（10H 表示 1℃）存储于自带的存储器 E²ROM 中，最后发出读数据指令，把温度传感器 E²ROM 中的数据读入单片机。

　　在 E²ROM 中，当温度为负值时，以补码的形式表示。复位时，其值为＋85℃。智能型温度传感器自动将温度的低字节和温度的高字节分别装入两个单元。系统中，在查询阈值或改定阈值的时候不能进行温度采集，要先判断是否在查询或设定阈值。这里需要判断标志位，如果标志位为 1，则正在进行阈值查询或设定，那么跳过温度采集程序，否则执行温度采集程序。

　　DS18B20 有多点组网的功能，理论上可在同一条总线上同时接 8 个 DS18B20，8 个传感器的读取顺序是通过读取器件的序列号实现的，每个 DS18B20 的序列号的，出厂前已被写入器件的内部 ROM，多个 DS18B20 传感器进行温度采集时必须通过读操作指令读取（识别）各传感器的序列号。

　　采用 MCS－51 系列单片机完成一点测温的应用程序如下：

```
JB GETFLAG1,MATURE;查询,上限查询/设定标志位
JB GETFLAG2,MATURE;查询,下限查询/设定标志位
```

　温度采集主程序：

```
LCALL INT
MOV A,＃0CCHH
```

　发跳过 ROM 命令：

```
LCALL WRITE
MOV A,＃44H
```

　发启动转换命令：

```
LCALL WRITE
```

```
LCALL INT
MOV A,♯OCCH;发跳过 ROM 命令
LCALL WRITE
MOV A,♯OBBH;发读存储器命令
LCALL WRITE
LCALL READ
MOV TemperL,A
MOV 40H,A;读温度低字节存放在寄存器 40H 单元
LCALL READ
MOV TemperH,A
MOV 41H,A;读温度高字节存放在寄存器 41H 单元
```

2.3.8 流量传感器

1. 分类

按照流量传感器的结构型式可分为叶片（翼板）式、量芯式、热线式、热膜式、卡门涡旋式等几种。

按其标准性质来分类，可以分为下面几类。方法标准：一些传感器的计算方法、检测方法、试验方法以及性能的评定方法等；基础标准：一些传感器的规范的基本参数、型号、命名以及在测量过程中的专业术语；产品标准：它规定传感器的技术要求、验收的规则、试验的方法以及产品的分类，除此之外，还有正确安装和使用的要求等。有一些标准只有正确的安装和使用技术，这些就是产品标准中的产品应用性质。

如果按照中国标准级别分的话，就可以分为四大类：企业标准、地方标准、行业标准以及国家标准。

2. 功能特性

目前可以根据水流量的大小设计挡板，减少水流通过流量传感器产生的水阻力，减少水系统压头损失，但由于挡板式长期受水流的冲击仍然有疲劳的问题，即使在工厂标定好流量值的也会发生设定点飘移。

通常在保护流量值不要求精确的地方使用，即用于水管内的水流突然中断的断流保护。在国内针对水源热泵机组设计得非常少。

挡板式是专门针对水环/地源热泵空调机组的水流量监控而开发的，它针对不同的管径配有不同的挡片，每种挡片的水阻不超过 0.5m 水柱，相比靶式水阻已大大降低。

每个挡板式流量传感器都配有与水环热泵机组水管相同的管件，现场只需连接上水管即可，不需对挡片做任何改变，另外挡板式水流开关的承压大于 25bar，在对水流量要求不高的水环热泵机组是一个低成本的水流开关。

经过在水环/地源热泵机组上使用的反馈来看，压差开关能有效判断水环热泵机组现场安装的水管路的问题，能彻底避免水流量少造成换热器冻坏的情况，流量传感器也可以保护由于水过滤器堵塞造成的水流量下降时换热器冻坏的情况，另外水管路压差开关没有靶流开关疲劳破坏的风险。

尤其在水管路有少量空气时，流量传感器工作非常稳定，不会出现类似靶流开关的漂

浮情况，经过多年使用的反馈未发现压差开关本身有故障的情况。

3. 基本原理

超声波流量计的基本原理及类型超声波在流动的流体中传播时就载上流体流速的信息。因此通过接收到的超声波就可以检测出流体的流速，从而换算成流量。

根据检测的方式，可分为传播速度差法、多普勒法、波束偏移法、噪声法及相关法等不同类型的超声波流量计。超声波流量计是近十几年来随着集成电路技术迅速发展才开始应用的一种非接触式仪表，适于测量不易接触和观察的流体以及大管径流量。它与水位计联动可进行敞开水流的流量测量。使用超声波流量计不用在流体中安装测量元件故不会改变流体的流动状态，不产生附加阻力，仪表的安装及检修均可不影响生产管线运行，因而是一种理想的节能型流量计。

工业流量测量普遍存在着大管径、大流量测量困难的问题，这是因为一般流量计随着测量管径的增大会带来制造和运输上的困难，以及造价提高、能损加大、安装不便这些缺点，超声波流量计均可避免。因为各类超声波流量计均可管外安装、非接触测流，仪表造价基本上与被测管道口径大小无关，而其他类型的流量计随着口径增加，造价大幅度增加，故口径越大超声波流量计比相同功能其他类型流量计的功能价格比越优越。被认为是较好的大管径流量测量仪表，多普勒法超声波流量计可测双相介质的流量，故可用于下水道及排污水等脏污流的测量。

4. 水流量传感器

水流量传感器主要由铜阀体、水流转子组件、稳流组件和霍尔元件组成。它装在热水器的进水端用于测量进水流量。当水流过转子组件时，磁性转子转动，并且转速随着流量成线性变化。霍尔元件输出相应的脉冲信号反馈给控制器，由控制器判断水流量的大小，调节控制比例阀的电流，从而通过比例阀控制燃气气量，避免燃气热水器在使用过程中出现夏暖冬凉的现象。水流量传感器从根本上解决了压差式水气联动阀启动水压高以及翻板式水阀易误动作出现干烧等缺点。它具有反应灵敏、寿命长、动作迅速、安全可靠、连接方便利启动流量超低（1.5L/min）等优点，深受广大用户喜爱。

5. FS100A 开关式流量计

FS100A 开关式流量计是一款磁感应、非接触式的流量计量传感器，开关量信号输出。具有测量精度高、耐温、耐潮、耐压（＞1.75MPa）等特点。被广泛应用在恒温热水器、净水器、壁挂炉、饮水机、咖啡机、智能卡设备、壁挂炉等燃器具的水流量感应场合。接线图如图 2.33 所示。尺寸图如图 2.34 所示。

工作电压：5～24V。

工作电流：10～15mA。

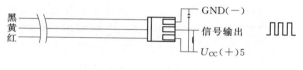

图 2.33　接线图

信号输出：占空比为 50％左右的方波（TTL 电平）。

信号特性：3900 个脉冲/L。

2.3.9　压力传感器

1. 压力传感器的类型与原理

压力是很重要的物理量，它是指作用于单位面积上的力。压力分为大气压为零的表压力、表示两个以上压力之差的差压以及相对于零压力的绝对压力。可根据目的及精度要求选用不同的压力方式，其之间的单位换算见表 2.6。

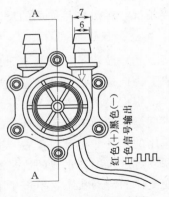

图 2.34　流量计尺寸图
（单位：mm）

表 2.6　　　　　　　　　　　　主要压力单位换算表

单位	kgf/cm²	PSI	mmHg	mmH$_2$O	kPa	bar	atm
1kgf/cm	1	14.22	735.6	10^4	98.07	0.9807	0.9678
1PSI	0.07032	1	51.73	703.2	6.897	0.06897	0.06807
1mmHg	1.359×10^{-3}	0.01933	1	13.59	0.1333	1.333×10^{-3}	1.316×10^{-1}
1H$_2$O	1×10^{-4}	1.422×10^{-3}	0.07356	1	9.807×10^{-3}	9.807×10^{-5}	9.678×10^{-1}
1kPa	0.01020	0.1450	7.501	102.5	1	0.01	9.868×10^{-1}
1bar	1.020	14.50	750.1	10200	100	1	0.9868
1atm	1.033	14.69	760.0	10330	101.3	1.013	1

注　1mmH$_2$O＝1mmAq；1mmHg＝1Torr；1Pa＝1N/m²。

压力传感器是检测气体、液体、固体等所有物质间作用力能量的总称，也包括测量高于大气压的压力计以及测量低于大气压的真空计。压力传感器的种类甚多，有不同的分类方法，若按传感器结构特点分有应变式传感器、电容式传感器、压电式传感器以及压阻式传感器等。其中，应变式传感器是利用电阻应变片作为变换元件，将被测量转换成电阻输出的传感器，它属于物性型，具有精度高的特点；电容式传感器是利用弹性电极在输入力作用下产生位移，使电容量变化而输出的一种传感器，它具有良好的动态特性；压电式传感器是利用压电材料的压电效应，将被测量转换成电荷输出的传感器；压阻式传感器是利用半导体材料的压阻效应，在半导体、基片上采用集成电路制造工艺制成的一种输出电阻变化的固体传感器。在这种分类中，还有电感式、差动变压器式、电动式、电位计式、振动式以及涡流、表面声波、陀螺等。

压力传感器应用较广的是半导体应变片，根据其制造工艺不同有体型半导体应变片与薄膜型半导体应变片等，但随着半导体器件平面工艺的发展，出现了用扩散法制成的半导体应变片。即将 P 型杂质扩散到一个高阻 N 型硅基体上，形成一层极薄的 P 型导电层，然后用超声波或热压焊法焊上引线，即形成扩散型半导体应变片。这种应变片的特点是稳定性高，机械滞后和蠕变小，电阻温度系数比一般体型的小一个数量级。其缺点是因为这种结构实际上是一个 PN 结,所以当温度升高时,绝缘电阻要下降。

2. 压力传感器的基本电路

(1)压力传感器的驱动电路。扩散型半导体压力传感器是由 4 个应变片构成的桥式电路,当外加压力时应变片就会变形,相应的电阻值发生变化,从而使桥路失去平衡,产生与压力成比例的电压,将其电压进行放大,就能测量压力。

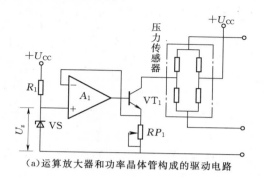

(a)运算放大器和功率晶体管构成的驱动电路

压力传感器有恒流驱动方式与恒压驱动方式,这两种方式都是使敏感元件工作而外加的电源,因此,也称为偏置方式。实际应用时,还需要放大电路、零点调节电路、灵敏度调整电路等。由于这种传感器的输出信号非常小,容易受环境温度的影响,在实际应用时要采取相应措施。

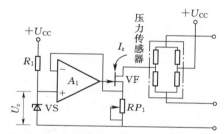

(b)运算放大器和场效应晶体管构成的驱动电路

图 2.35 是压力传感器的恒流驱动实例,其中,图 2.35 (a) 是运算放大器 A_1 和功率晶体管 VT_1 构成的驱动电路,这里采用晶体管 VT_1 进行电流放大,由稳压二极管 VS 的稳定电压通过 A_1 加到 RP_1 上,因此 RP_1 上电压等于稳定电压 U_z,于是,输出电流 I_z 为

$$I_z = \frac{U_z}{RP_1} \qquad (2.8)$$

由于电压 U_z 恒定不变,因此,输出电流 I_z 就由 RP_1 来决定。若 RP_1 恒定,I_z 当然恒定。这样,调节 RP_1 阻值就能得到供给压力传感器所需要的电流 I_z。

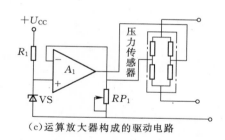

(c)运算放大器构成的驱动电路

图 2.35　压力传感器的恒流驱动实例

图 2.35 (b) 是采用运算放大器 A_1 和场效应晶体管 VF 构成的驱动电路,其工作原理如图 2.35 (a) 相同。图 2.35 (c) 是采用运算放大器 A_1 构成的驱动电路。对于图 2.35 (a) 和图 2.35 (b) 的电路,在反馈环内外接晶体管,因此,可以抑制由于温度变化引起输出电流的变动。

图 2.35 (c) 只是采用单个运算放大器构成的恒流驱动电路,当压力传感器的驱动电流较小时,一般采用这种驱动电路。

市场上出售各个厂家制造的恒流电路模块,但其中有些温度系数都比较大,不适用于压力传感器,选用时要考虑这个问题。

驱动电路要具有非常稳定的电流特性,因此,在使用的温度范围内供给压力传感器的电压要有足够的裕余量,为此,供给的电压一定要大于压力传感器合成电阻与驱动电流的乘积。例如,压力传感器的桥电阻为 4.7kΩ+4.7kΩ×40%,温度系数为 ±0.3%,使用

温度范围为 $0\sim50℃$，这时供给电压 U_R 计算如下：

考虑到温度的变化，压力传感器的合成电阻 R_X 为

$$R_X=R_S(1+\delta)\times(1+t_E t_S) \tag{2.9}$$

式中　　R_S——25℃时桥电阻；

　　　　t_S——温度变化；

　　　　δ——25℃时桥电阻的变化百分数；

　　　　t_E——桥电阻的温度系数。

若将数值代入式（2.9），则有

$$R_X=4.7\times(1+0.4)\times(1+0.003\times25)=7.0735(k\Omega)\approx7.1(k\Omega)$$

若该电路的驱动电流为 1.5mA，则供给电压 U_R 为

$$U_R=7.1\times1.5=10.65(V)$$

考虑到 10% 的裕余量，需要选用 11.7V 以上的电压。

图 2.36 是压力传感器恒压驱动电路实例。传感器采用绝对压力传感器 KP100A。因传感器内部温度补偿用晶体管在额定输入电压范围内起温度补偿作用，所以由运算放大器的电源为晶体管提供 7.5V 电压。如果需要外接温度补偿电路，可在 1 脚处加 5V 电压。

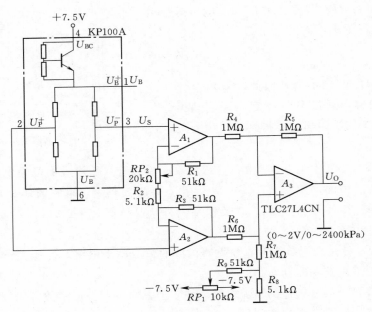

图 2.36　压力传感器恒压驱动电路

下面计算 KP100A 传感器的输出电压。KP100A 的灵敏度为 $13mV/V\cdot bar$。假设 1 脚电压 U_B 为 5V，则电源电压为 7.5V，压力为 1bar（100kPa）时，输出电压 U_S 为

$$U_S = 13 \times 5 \times 1 = 65 (\text{mV})$$

因此，压力为 1bar，输出电压为 1V 时，放大器增益为

$$A_v = 1/0.097 = 10.3$$

考虑到传感器特性的分散性，A_v 在 5～21 范围内可变，用电位器 RP_2 进行调整。KP100A 的失调电压为 ±5mV/V（max），最大为 5mV/V×5V＝25mV。用电位器 RP_1 进行调整。

另外，完全真空时，输出电压为 0V，但实际上存在失调电压，约为 10mV。然而，对于绝对压力传感器，完全真空时，输入压力为 0，失调电压与信号电压可以分离。但做到完全真空是比较困难的。因此，加入相对于大气压的 ±0.5bar 压力，再根据其斜率可以推断失调电压大小。

（2）压力传感器的放大电路。图 2.37 示出简单压力传感器的放大电路，其中图 2.37（a）是采用 1 个运算放大器的电路，电路增益为 $A_v = R_4/R_1$，该电路是一般的差动放大器，输入阻抗不可能太高。图 2.37（b）是采用 2 个运算放大器构成的差动放大电路，增益 $A_v = R_3/R_4$，输出阻抗比图 2.37（a）高得多。图 2.37（c）是用 3 个运算放大器构成理想差动放大电路，增益 $A_v = (R_5/R_3)[1 + 2R_2/RP_1]$，改变 RP_1 的阻值就可改变放大电路的增益，这时与 R_1 及共模抑制比无关，只要注意 R_3 和 R_4 的对称即可。该电路的共模抑制比非常高，输入阻抗也很高，它是作为测量仪器中特性最佳的放大器，也称为仪用放大器。

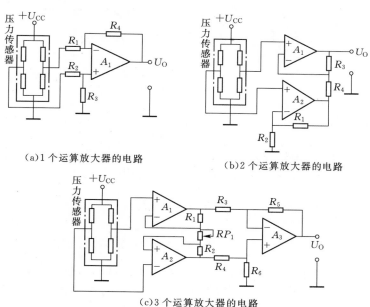

（a）1 个运算放大器的电路

（b）2 个运算放大器的电路

（c）3 个运算放大器的电路

图 2.37　简单压力传感器的放大电路

图 2.38 是前置放大器采用 U20 的压力传感器放大电路，电路中的 A_3 和 A_4 为压力传感器提供恒流源。

图 2.39 是采用仪用放大器的压力传感器放大电路。电路中的仪用放大器采用 3629BM，这是一种低漂移、高输入阻抗的放大电路，电路的温漂、共模抑制比、增益等特性都由3629BM 的性能决定。

　　图 2.40 是压力传感器的实用放大电路。电路中的 A_2 选用 Bi-FET 运算放大器，这样调整电位器 RP_1 时，可避免由于 A_2 和偏置电流引起的零点漂移。A_3 为初始平衡电路与比较信号电路。其中，放大器的精度保证为 0.5%，但桥电阻精度允许到 ±10% 左右。实际上若采取措施精度可以提高。共模抑制比约为 90dB，1kHz 频带噪声约为 1～2μV（峰—峰值）。A_4 等为压力传感器提供恒定电流。

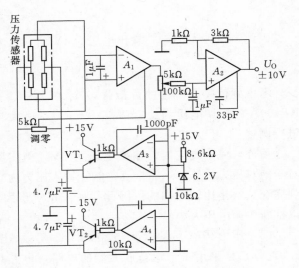

图 2.38　前置放大器采用 U20 的
压力传感器放大电路

　　（3）压力传感器的温度补偿方式。这里介绍恒流驱动时对于失调电压与电压范围的温度补偿方式。失调电压的温度补偿方式如图 2.41（a）所示，在＋输入与＋输出或－输出之间接入温度系数小的金属膜电阻 R_1 或 R_2，控制与其并联的压力传感器的桥接电阻的温度系数，点划线内为 SP20C-G501 压力传感器的内部等效电路，由 4 只半导体应变片接成全桥形式。

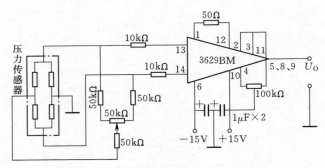

图 2.39　采用仪用放大器的压力传感器放大电路

　　由于接入了补偿电阻，破坏了桥的平衡，需要对失调电压进行重新调整。改变补偿电阻值，温度特性要发生变化，当温度特性为 0 时即这时传感器的补偿电阻值最佳，这时 $R_1 = 650k\Omega$，R_2 开路时温度特性为 0。

　　电压范围的温度补偿方式如图 2.41（b）所示，它是一个与传感器并联温度系数小的电阻 R，通过分流传感器的电流进行补偿。由于分流的作用，传感器的输出要降低，为此，要考虑增大放大器的增益。

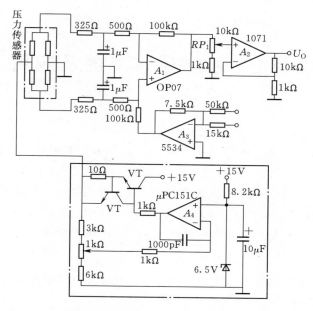

图 2.40 压力传感器的实用放大电路

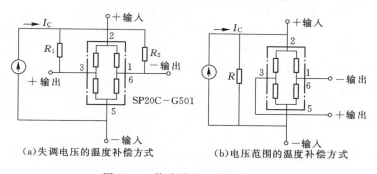

(a)失调电压的温度补偿方式　　(b)电压范围的温度补偿方式

图 2.41 传感器的温度补偿方式

小 结

本项目主要介绍常见的温度、流量、压力等热工量传感器的原理及使用方法。详细讲述了温度传感器、流量传感器应用模块的设计方法。

习 题 2

1. 温度的测量方法有哪些?
2. 试述热电偶传感器的工作原理。
3. 试述 DS18B20 型智能温度传感器的工作原理。
4. 试述 FS100A 流量传感器的技术参数。

项目3 机械量传感器及应用

学习目标

1. 专业能力目标：能根据传感器使用手册，懂得传感器的原理；能根据测控系统要求设计传感器模块。

2. 方法能力目标：掌握常用传感器的使用方法；掌握工具、仪器的规范操作方法。

3. 社会能力目标：培养协调、管理、沟通的能力；具有自主学习新技能的能力，责任心强，能顺利完成工作任务；具有分析问题、解决问题的能力，善于创新和总结经验。

项目导航

本项目主要讲解霍尔传感器、超声波传感器、接近开关等机械量传感器的原理，设计相应的传感器应用模块。

任务3.1 霍尔传感器应用

任务目标：

(1) 掌握霍尔传感器的原理。

(2) 掌握霍尔传感器模块的设计方法。

(3) 掌握霍尔传感器模块的调试方法。

任务导航：

以智能小车为载体，设计霍尔传感器模块。

本任务为霍尔传感器模块设计。

1. 霍尔传感器简介

霍尔传感器是根据霍尔效应制作的一种磁场传感器，霍尔元件 SS400 是美国 HONEYWELL 公司生产的霍尔效应传感器，SS400 传感器电压工作范围为 3.8~24VDC。

2. 参考元器件列表

传感器模块所用元器件见表3.1。

表3.1　　　　　　　　传感器模块所用元器件列表

序　号	类　型	名　称	封　装
JP_1、JP_2	插座	MHDR2×10	MHDR2×10
R_1	电阻	1kΩ	0603
R_2、R_4	电阻	10kΩ	0603
R_3	电阻	3.9Ω	0603
R_5	电阻	1kΩ	0603
U_1	霍尔传感器	SS400	MHDR1×3

3. 设计与制作步骤

（1）了解霍尔传感器 SS400 的原理。

（2）设计霍尔传感器 SS400 的应用电路原理图，参考原理图如图 3.1 所示。

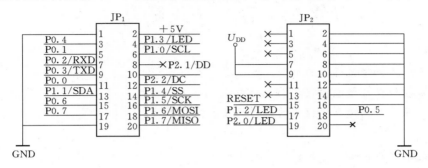

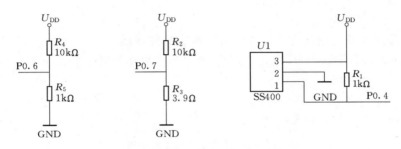

图 3.1　霍尔传感器应用电路原理图

（3）设计霍尔传感器 SS400 的应用电路 PCB 图。参考 PCB 图如图 3.2 所示。

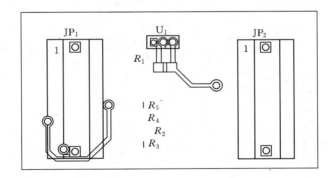

图 3.2　霍尔传感器应用电路 PCB 图

（4）制作 PCB 板。

（5）检测元器件，并焊接电路板。

4. 调试设备与方法

（1）调试设备。电源、万用表等。

（2）调试方法。

1）认真核查电路板元器件的安装是否正确，有无虚焊等。

2）用万用表测试电源输出电压是否正确，连接电源至电路模块。

3）测试传感器输出。

任务3.2 超声波传感器应用

任务目标：

（1）掌握超声波传感器的原理。

（2）掌握超声波传感器模块的设计方法。

（3）掌握超声波传感器模块的调试方法。

任务导航：

以智能小车为载体，设计超声波传感器模块。

本任务为超声波传感器模块设计。

1. 超声波传感器简介

超声波传感器是利用超声波的特性研制而成的传感器。HC-SR04 超声波测距模块可提供 2～400cm 的非接触式距离感测功能，测距精度可达高到 3mm；模块包括超声波发射器、接收器与控制电路。

2. 参考元器件列表

传感器模块所用元器件见表 3.2。

表 3.2   传感器模块所用元器件列表

序　号	类　型	名　称	封　装
C_1、C_2、C_3、C_4	电容	$10\mu F$	0805
VD_2	整流二极管	IN5818	DSO-C2/×2.3
JP_1、JP_2	插座	MHDR2×10	MHDR2×10
JP_3	霍尔传感插座	HC-SR04	HDR1×4
L_1	电感	$10\mu H$	1210
R_1	电阻	$1k\Omega$	0603
R_2、R_4	电阻	$10k\Omega$	0603
R_3	电阻	$3.9k\Omega$	0603
$R_5 \sim R_{10}$、R_{13}	电阻	$100k\Omega$	0603
R_{11}	电阻	$30k\Omega$	0603
R_{12}	电阻	$10k\Omega$	0603
U_3	升压转换器	MP1540	SOP5
C_1、C_2、C_3、C_4	电容	$10\mu F$	0805

3. 设计与制作步骤

（1）了解超声波传感器 HC-SR04 的原理。

（2）设计超声波传感器 HC - SR04 的应用电路原理图，参考原理图如图 3.3 所示。

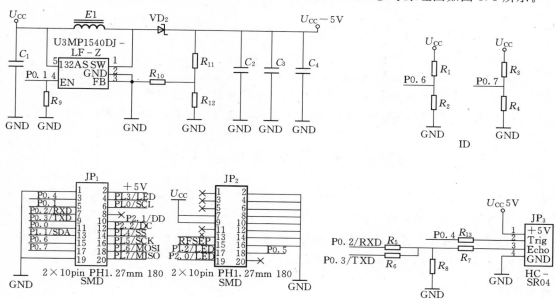

图 3.3 超声波传感器应用电路原理图

（3）设计超声波传感器 HC - SR04 的应用电路 PCB 图，参考 PCB 图如图 3.4 所示。

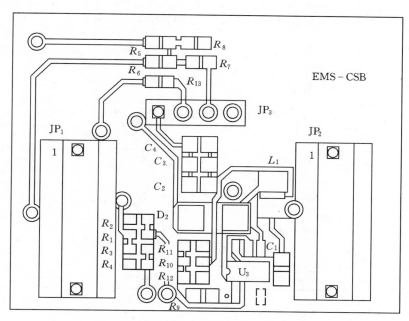

图 3.4 超声波传感器应用电路 PCB 图

（4）制作 PCB 板。

（5）检测元器件，并焊接电路板。

4. 调试设备与方法

（1）调试设备。电源、万用表、直尺、遮挡物等。

（2）调试方法。

1）认真核查电路板元器件的安装是否正确，有无虚焊等。

2）用万用表测试电源输出电压是否正确，连接电源至电路模块。

3）传感器输出前端放置遮挡物，用直尺量传感器前端至遮挡物的距离，并记录。

任务 3.3 振动传感器应用

任务目标：

（1）掌握振动传感器的原理。

（2）掌握振动传感器模块的设计方法。

（3）掌握振动传感器模块的调试方法。

任务导航：

以智能家居为载体，设计振动传感器模块。

本任务为振动传感器模块设计。

1. 振动传感器简介

振动传感器是用于检测冲击力或者加速度的传感器，HD-SZ型振动传感器是由金属材料和塑料管制造，该产品灵敏度高，不受外来声音干扰，无方位性，振动时电阻大小随着振动的力度而变化。

2. 参考元器件列表

传感器模块所用元器件见表3.3。

表 3.3　　　　　　　　　　　传感器模块所用元器件列表

序　号	类　型	名　称	封　装
JP$_1$、JP$_2$	插座	MHDR2×10	MHDR2×10
R$_1$	电阻	10kΩ	0603
R$_2$、R$_4$	电阻	10kΩ	0603
R$_3$	电阻	3.9Ω	0603
R$_5$	电阻	1kΩ	0603
U$_1$	振动传感器	HD-SZ	AXIAL-0.5

3. 设计与制作步骤

（1）了解 HD-SZ 振动传感器的原理。

（2）设计 HD-SZ 振动传感器的应用电路原理图，参考原理图如图 3.5 所示。

（3）设计 HD-SZ 振动传感器的应用电路 PCB 图，参考 PCB 图如图 3.6 所示。

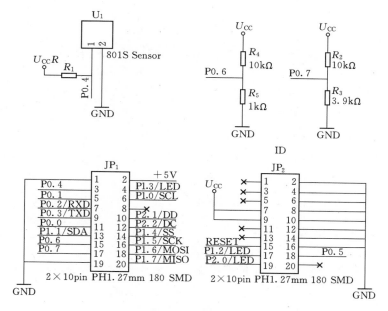

图 3.5 振动传感器应用电路原理图

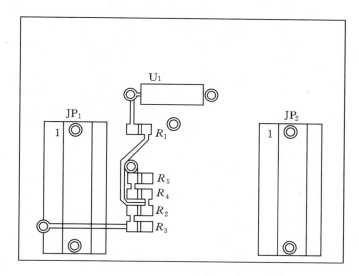

图 3.6 振动传感器应用电路 PCB 图

（4）制作 PCB 板。

（5）检测元器件，并焊接电路板。

4．调试设备与方法

（1）调试设备。电源、万用表等。

（2）调试方法。

1）认真核查电路板元器件的安装是否正确，有无虚焊等。

2）用万用表测试电源输出电压是否正确，连接电源至电路模块。

3）测试传感器输出。

任务3.4　气压传感器应用

任务目标：

（1）掌握气压传感器的原理。

（2）掌握气压传感器模块的设计方法。

（3）掌握气压传感器模块的调试方法。

任务导航：

以智能家居为载体，设计气压传感器模块。

本任务为气压传感器模块设计。

1. 气压传感器简介

MPS-150A系列表面贴装气压传感器提供一个具有低成本的测量方法，板上集成及表面封装格式安装腔封装，这些特征确保传感器的广泛应用。

2. 参考元器件列表

传感器模块所用元器件见表3.4。

表 3.4　　　　　　　　　　　传感器模块所用元器件列表

序　号	类　型	名　称	封　装
C_1	电容	106F	1206
C_2	电容	106F	1206
C_3	电容	104F	0805
R_1	电阻	10kΩ	0805
U_1	稳压器	BL8555-33PRA	SOT23-5
U_2	温湿度传感器	SHT10	SO-8
J_1	插针	serial	SIP4

3. 设计与制作步骤

（1）了解气压传感器MPS-150A的原理。

（2）设计气压传感器MPS-150A的应用电路原理图，参考原理图如图3.7所示。

（3）设计气压传感器MPS-150A的应用电路PCB图，参考PCB图如图3.8所示。

（4）制作PCB板。

（5）检测元器件，并焊接电路板。

4. 调试设备与方法

（1）调试设备。电源、万用表、标准气压计等。

（2）调试方法。

1）认真核查电路板元器件的安装是否正确，有无虚焊等。

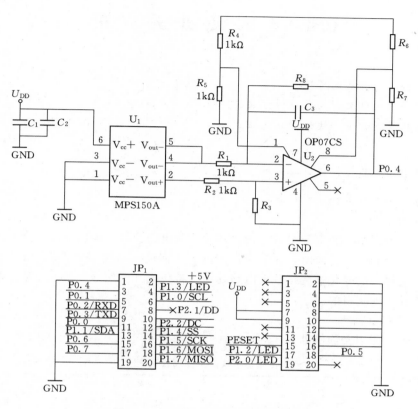

图 3.7　气压传感器应用电路原理图

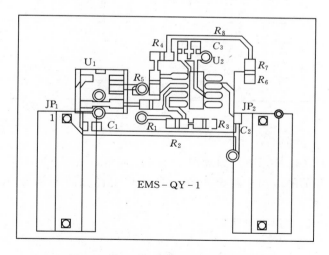

图 3.8　气压传感器应用电路 PCB 图

2) 用万用表测试电源输出电压是否正确，连接电源至电路模块。

3) 测试传感器输出，并将数据与标准气压计比较。

任务 3.5　接 近 开 关 应 用

任务目标：

（1）掌握接近开关的原理。

（2）掌握接近开关模块的设计方法。

（3）掌握接近开关模块的调试方法。

任务导航：

以智能小车为载体，设计接近开关模块。

本任务为接近开关模块设计。

1．接近开关简介

电感式接近开由三大部分组成：振荡器、开关电路及放大输出电路。当金属物体接近这一磁场，并达到感应距离时，在金属物体内产生涡流，从而导致振荡衰减，以至停振。振荡器振荡及停振的变化被后级放大电路处理并转换成开关信号，触发驱动控制器件，从而达到非接触式检测目的。

2．参考元器件列表

传感器模块所用元器件见表 3.5。

表 3.5　　　　　　　　　　　**传感器模块所用元器件列表**

序号	类型	名称	封装
JP_1、JP_2	插座	MHDR2×10	JP20T
R_1	电阻	1kΩ	0603
R_2	电阻	8.2kΩ	0603
R_3	电阻	4.3kΩ	0603
R_4	电阻	10kΩ	0603
R_5	电阻	1kΩ	0603
U_1	接近开关	jie	MHDR1×3

3．设计与制作步骤

（1）了解接近开关的原理。

（2）设计接近开关的应用电路原理图，参考原理图如图 3.9 所示。

（3）设计接近开关的应用电路 PCB 图，参考 PCB 图如图 3.10 所示。

（4）制作 PCB 板。

（5）检测元器件，并焊接电路板。

4．调试设备与方法

（1）调试设备电源、万用表等。

（2）调试方法。

1）认真核查电路板元器件的安装是否正确，有无虚焊等。

2）用万用表测试电源输出电压是否正确，连接电源至电路模块。

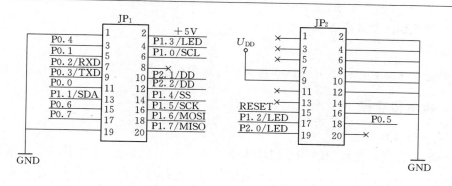

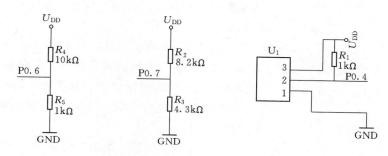

图 3.9　接近开关应用电路原理图

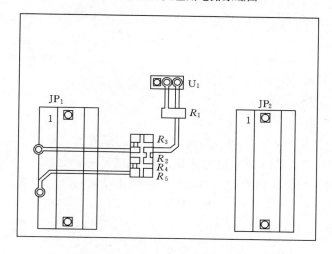

图 3.10　接近开关应用电路 PCB 图

3）测试传感器输出。

任务 3.6　机械量传感器知识学习

任务目标：

（1）掌握各种机械量传感器的原理。

（2）掌握机械量传感器应用电路设计方法。

（3）了解机械量传感器数据手册。

任务导航：

以智能家居为载体，学习机械量传感器的原理知识。

3.6.1 霍尔传感器

1. 霍尔传感器的工作原理

（1）霍尔效应。在置于磁场中的导体或半导体里通入电流，若电流与磁场垂直，则在

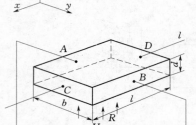

图 3.11 霍尔效应

A、B—霍尔电极；C、D—控制电极

与磁场和电流都垂直的方向上会出现一个电势差，这种现象称为霍尔效应。利用霍尔效应制成的元件称为霍尔传感器。

如图 3.11 所示，半导体材料的长、宽、厚分别为 l、b、和 d。在与 x 轴相垂直的两个端面 C 和 D 上做两个金属电极，称为控制电极。在控制电极上外加一电压 U，材料中便形成一个沿 z 方向流动的电流 J，称为控制电流。

设图中的材料是 N 型半导体，导电的载流子是电子。在 z 轴方向的磁场作用下，电子将受到一个沿 y 轴负方向的力的作用，这个力就是洛仑兹力。洛仑兹力用 F_L 表示，大小为

$$F_L = qvB \tag{3.1}$$

式中　　q——载流子电荷；

$\qquad v$——载流子的运动速度；

$\qquad B$——磁感应强度。

在洛仑兹力的作用下，电子向一侧偏转，使该侧形成负电荷的积累，另一侧则形成正电荷的积累。这样，A、B 两端面因电荷积累而建立了一个电场 E_H，称为霍尔电场。该电场对电子的作用力与洛仑兹力的方向相反，即阻止电荷的继续积累。这时有

$$qE_H = qvB$$

霍尔电场的强度为

$$E_H = vB \tag{3.2}$$

在 A 与 B 两点间建立的电势差称为霍尔电压，用 U_H 表示

$$U_H = E_H b$$

或

$$U_H = vBb \tag{3.3}$$

由式（3.3）可见，霍尔电压的大小决定于载流体中电子的运动速度，它随载流体材料不同而不同。材料中电子在电场作用下运动速度的大小常用载流子迁移率来表征。所谓载流子迁移率，是指在单位电场强度作用下，载流子的平均速度值。载流子迁移率用符号 μ 表示，$\mu = v/E_1$。其中 E_1 是 C、D 两端面之间的电场强度。它是由外加电压 U 产生的，即 $E_1 = U/l$。因此我们可以把电子运动速度表示为 $v = \mu U/l$。这时式（3.3）可改写为

$$U_\mathrm{H} = \frac{\mu U}{l} bB \tag{3.4}$$

当材料中的电子浓度为 n 时，有如下关系式

$$I = nqbdv$$

即

$$v = \frac{I}{nqbd} \tag{3.5}$$

将式（3.5）代入式（3.3），得到

$$U_\mathrm{H} = \frac{1}{nqd} IB = R_\mathrm{H} \frac{IB}{d} = K_\mathrm{H} IB \tag{3.6}$$

式中　R_H——霍尔系数，它反映材料霍尔效应的强弱，$R_\mathrm{H} = \dfrac{1}{nq}$；

　　　　K_H——霍尔灵敏度，它表示一个霍尔元件在单位控制电流和单位磁感应强度时产生的霍尔电压的大小，$K_\mathrm{H} = R_\mathrm{H}/d$，它的单位是 m/V(mA·T)。

由式（3.6）可见，霍尔元件灵敏度 K_H 是在单位磁感应强度和单位激励电流作用下，霍尔元件输出的霍尔电压值。它不仅决定于载流体材料，而且取决于它的几何尺寸。

$$K_\mathrm{H} = \frac{1}{nqd} \tag{3.7}$$

由式（3.4）、式（3.6）还可得到载流体的电阻率 ρ 与霍尔系数 R_H 和载流子迁移率 μ 之间关系

$$\rho = \frac{R_\mathrm{H}}{\mu} \tag{3.8}$$

通过以上分析，可以看出：

1）霍尔电压 U_H 与材料的性质有关。根据式（3.8）可知，材料的 ρ、μ 大，R_H 就大。金属 μ 虽然很大，但 ρ 很小，故不宜做成元件。在半导体材料中，由于电子的迁移率比空穴大，即 $\mu_\mathrm{n} > \mu_\mathrm{p}$，所以霍尔元件一般采用 N 型半导体材料。

2）霍尔电压 U_H 与元件的尺寸有关。根据式（3.7），d 愈小，K_H 愈大，霍尔灵敏度愈高，所以霍尔元件的厚度都比较薄，d 太小，会使元件的输入、输出电阻增加。从式（3.4）中可见，元件的长宽比 l/b 对 U_H 也有影响。前面的公式推导，都是以流体内各处载流子作平行直线运动为前提的。这种情况只有在 l/b 很大时，即控制电极对霍尔电极无影响时才成立，但实际上这是做不到的。由于控制电极对内部产生的霍尔电压有局部短路作用，在两控制电极的中间处测得的霍尔电压最大，离控制电极很近的地方，霍尔电压降到接近于零。为了减少短路影响，l/b 要大一些，一般 $l/b = 2$。但如果 l/b 过大，反而会输入功耗增加，降低元件的输出。

3）霍尔电压 U_H 与控制电流及磁场强度有关。根据式（3.6），U_H 正比于 I 及 B。当控制电流恒定时，B 愈大，U_H 愈大。当磁场改变方向时，U_H 也改变方向。同样，当霍尔灵敏度 R_H 及磁感应强度 B 恒定时，增加控制电流 I，也可以提高霍尔电压的输出。

（2）霍尔元件。如前所述，霍尔电压 U_H 正比于控制电流 I 和磁感应强度 B。在实际应用中，总是希望获得较大的霍尔电压。增加控制电流虽然能提高霍尔电压输出，但控制电流太大，元件的功耗也增加，从而导致元件的温度升高，甚至可能烧毁元件。

设霍尔元件的输入电阻为 R_i，当输入控制电流 I 时，元件的功耗 P_i 为

$$P_i = I^2 R_i = I^2 \frac{\rho l}{bd} \qquad (3.9)$$

式中 ρ——霍尔元件的电阻率。

设霍尔元件允许的最大温升为 ΔT，相应的最大允许控制电流为 I_{cm} 时，在单位时间内通过霍尔元件表面逸散的热量应等于霍尔元件的最大功耗，即

$$P_m = I_{cm}^2 \rho \frac{l}{bd} = 2Alb\Delta T \qquad (3.10)$$

式中 A——散热系数，单位为 $W/(m^2 \cdot C)$。

上式中的 $2lb$ 表示霍尔片的上、下表面积之和，式中忽略了通过侧面积逸散的热量。

这样，由上式便可得出通过霍尔元件的最大允许控制电流 I_{cm} 为

$$I_{cm} = b\sqrt{2Ad\Delta T/\rho} \qquad (3.11)$$

将上式及 $R_H = \mu\rho$ 代入式（3.6），得到霍尔元件在最大允许温升下的最大开路霍尔电压，即

$$U_{Hm} = \mu\rho^{\frac{1}{2}} bB\sqrt{2A\Delta T/d} \qquad (3.12)$$

式（3.12）说明，在同样磁场强度、相同尺寸和相等功耗下，不同材料的元件输出的霍尔电压 U_{Hm} 仅仅取决于 $\mu\rho^{1/2}$，即取决于材料本身的性质。

根据式（3.12），选择霍尔元件的材料时，为了提高霍尔灵敏度，要求材料的 R_H（$=\mu\rho$）和 $\mu\rho^{\frac{1}{2}}$ 尽可能地大。表 3.6 列出了几种半导体材料在 300K 时的参数。

表 3.6   几种半导体材料在 300K 的参数

材料 （单品）		禁带宽度 E_g/eV	电阻率 $\rho/(\Omega \cdot cm)$	电子迁移率 $\mu_0/(cm^2 \cdot V^{-1} \cdot s^{-1})$	霍耳系数 $R_H/(cm^3 \cdot C^{-1})$	$\mu_H\rho^{\frac{1}{2}}$
N-锗	Ge	0.66	1.0	3500	4250	4000
N-硅	Si	1.107	1.5	1500	2250	1840
锑化铟	InSb	0.17	0.005	60000	350	4200
砷化铟	InAs	0.36	0.0035	25000	100	1530
磷砷铟	InAsP	0.63	0.08	10500	850	3000
砷化镓	GaAs	1.47	0.2	8500	1700	3800

霍尔元件的结构与其制造工艺有关。例如，体型霍尔元件是将半导体单晶材料定向切片，经研磨抛光，然后用蒸发合金法或其他方法制作欧姆接触电极，最后焊上引线并封装。而薄膜霍尔元件则是在一片极薄的基片上用蒸发或外延的方法做成霍尔片，然后再制作欧姆接触电极，焊引线最后封装。相对来说，薄膜霍尔元件的厚度比体型霍尔元件小一、二个数量级，可以与放大电路一起集成在一块很小的晶片上，便于微型化。

目前，国内外生产的霍尔元件种类很多，表 3.7 列出了部分国产霍尔元件的有关参数，可供选用时作为参考。

表 3.7 　　　　　　　　　　　　　　**常用霍尔元件的参数**

参数名称	符号	单位	HZ－1型	HZ－2型	HZ－3型	HZ－4型	HT－1型	HT－2型	HS－1型
			材料（N 型）						
			Ge(111)	Ge(111)	Ge(111)	Ge(100)	InSb	InSb	InAs
电阻率	ρ	$\Omega \cdot cm$	0.8～1.2	0.8～1.2	0.8～1.2	0.4～0.5	0.003～0.01	0.003～0.05	0.01
几何尺寸	$l \times b \times d$	mm	8×4×0.2	4×2×0.2	8×4×0.2	8×4×0.2	6×3×0.2	8×4×0.2	8×4×0.2
输入电阻	R_{i0}	Ω	110±20%	110±20%	110±20%	45±20%	0.8±20%	0.8±20%	1.2±20%
输出电阻	R_{v0}	Ω	100±20%	100±20%	100±20%	40±20%	0.5±20%	0.5±20%	1±20%
灵敏度	K_H	mV/(mA·T)	>12	>12	>12	>4	1.8±20%	1.8±2%	1±20%
不等位电阻	R_0	Ω	<0.07	<0.05	<0.07	<0.02	<0.005	<0.005	<0.003
寄生直流电压	U_0	μV	<150	<200	<150	<100			
确定控制电流	I_c	mA	20	15	25	50	250	300	200
霍耳电压温度系数	α	1/℃	0.04%	0.04%	0.04%	0.03%	−1.5%	−1.5%	
内阻温度系数	β	1/℃	0.5%	0.5%	0.5%	0.3%	−0.5%	−0.5%	
热阻	R_Q	℃/mW	0.4	0.25	0.2	0.1			
工作温度	T	℃	−40～45	−40～45	−40～45	−40～75	0～40	0～40	−40～60

（3）温度特性及补偿。

1）温度特性。霍尔元件的温度特性是指元件的内阻及输出与温度之间的关系。

与一般半导体材料一样，由于电阻率、迁移率以及载流子浓度随温度变化，所以霍尔元件的内阻、输出电压等参数也将随温度而变化。不同材料的内阻及霍尔电压与温度的关系曲线见图 3.12 和图 3.13。

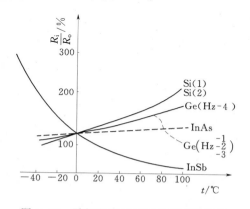

图 3.12 　霍尔内阻与温度的关系曲线图

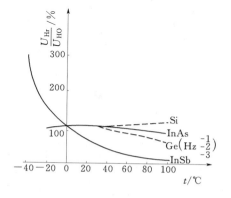

图 3.13 　霍尔电压与温度的关系曲线

图中，内阻和霍尔电压都用相对比率表示。我们把温度每变化 1℃时，霍尔元件输入电阻 R_i 或输出电阻 R_0 的相对变化率称为内阻温度系数，用 β 表示。把温度每变化 1℃时，霍尔电压的相对变化率称为霍尔电压温度系数。表 3.7 中给出的 R_i/R_0 及 ρ 值都是其工作温度范围内的平均值单位均为 1/℃。

可以看出：

砷化铟的内阻温度系数最小，其次是锗和硅，锑化铟最大。除了锑化铟的内阻温度系数为负之外，其余均为正温度系数。

霍尔电压的温度系数硅最小，且在 100℃ 温度范围内是正值，其次是砷化铟，它的值在 70℃ 左右温度下由正变负；再次是锗，而锑化铟的值最大且为负数，在 −40℃ 低温下

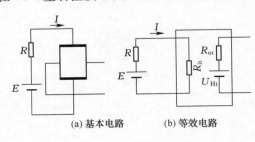

(a) 基本电路   (b) 等效电路

图 3.14　输入补偿原理图

其霍尔电压将是 0℃ 时的霍尔电压的 3 倍，到了 100℃ 高温，霍尔电压降为 0℃ 时的 15%。

2）温度补偿。霍尔元件温度补偿的方法很多，下面介绍两种常用的方法。

利用输入回路的串联电阻进行补偿。图 3.14 (a) 是输入补偿的基本线路，图中的四端元件是霍尔元件的符号。两个输入端串联补偿电阻 R 并接恒压源，输出端开路。

根据温度特性，元件霍尔系数和输入内阻与温度之间的关系式为

$$R_{Ht} = R_{H0}(1+\alpha t)$$
$$R_{it} = R_{i0}(1+\beta t)$$

式中　R_{Ht}——温度为 t 时的霍尔系数；

$\quad\quad R_{H0}$——0℃ 时的霍尔系数；

$\quad\quad R_{it}$——温度为 t 时的输入电阻；

$\quad\quad R_{i0}$——0℃ 时的输入电阻；

$\quad\quad \alpha$——霍尔电压的温度系数；

$\quad\quad \beta$——输入电阻的温度系数。

当温度变化 Δt 时，其增量为

$$\Delta R_H = R_{H0}\alpha\Delta t$$
$$\Delta R_i = R_{i0}\beta\Delta t$$

根据式 (3.6) 中 $U_H = R_H \dfrac{IB}{d}$ 及 $I = E/(R+R_i)$，可得出霍尔电压随温度变化的关系式

$$U_H = \frac{R_{Ht}}{d}B\,\frac{E}{R+R_{it}}$$

对上式求温度的导数，可得增量表达式

$$\begin{aligned}
\Delta U_H &= \frac{BE}{d}\left[\frac{R_{Ht}}{R+R_{it}}\right]_{t=0}\Delta t \\
&= \frac{R_{H0}BE}{d(R+R_{i0})}\left(\alpha - \frac{R_{i0}\beta}{R_{i0}+R}\right)\Delta t \\
&= U_{H0}\left(\alpha - \frac{R_{i0}\beta}{R_{i0}+R}\right)\Delta t
\end{aligned} \tag{3.13}$$

要使温度变化时霍尔电压不变，必须使

$$\alpha - \frac{R_{i0}\beta}{R_{i0}+R} = 0$$

即

$$R = \frac{R_{i0}(\beta-\alpha)}{\alpha} \qquad (3.14)$$

式（3.13）中的第一项表示因温度升高由霍尔系数引起的霍尔电压的增量，第二项表示输入因温度升高由输入电阻引起的霍尔电压减小的量。很明显，只有当第二项大于第一项时，才能用串联电阻的方法减小第二项，实现自补偿。

将元件的 α、β 值代入式（3.14），根据 R_{i0} 的值就可确定串联电阻 R 的值。例如，对于国产 HZ－1 型霍尔元件，查表 3.7 得 $\alpha=0.04\%$，$\beta=0.5\%$，$R_{i0}=110\Omega$，则 $R=1265\Omega$。

利用输出回路的负载进行补偿见图 3.15，霍尔元件的输入采用恒流源，使控制电流 I 稳定不变。这样，可以不考虑输入回路的温度影响。输出回路的输出电阻及霍尔电压与温度之间的关系为

$$U_{Ht} = U_{H0}(1+\alpha t)$$
$$R_{ot} = R_{o0}(1+\beta t)$$

式中　U_{Ht}——温度为 f 时的霍尔电压；

　　　U_{H0}——0℃时的霍尔电压；

　　　R_{ot}——温度为 t 时的输出电阻；

　　　R_{o0}——0℃时的输出电阻。

负载 R_L 上的电压 U_o 为

$$U_L = [U_{H0}(1+\alpha t)]R_L / [R_{o0}(1+\beta t)+R_L] \qquad (3.15)$$

为使 U_L 不随温度变化，可对式（3.15）求导数并使 $dU_L/dt=0$，可得

$$R_L/R_{o0} \approx \rho/\alpha - 1 \approx \beta/\alpha$$

最后，将实际使用的霍尔元件的 α、β 值代入，便可得出温度补偿时的 R_L 值。当 $R_L = R_{o0}\dfrac{\beta}{\alpha}$ 时，补偿最好。

（4）零位特性及补偿。在无外加磁场或无控制电流的情况下，元件产生输出电压的特性称为零位特性，由此而产生的误差称为零位误差。主要表现在以下几个方面。

1）不等位电压。在无磁场的情况下，

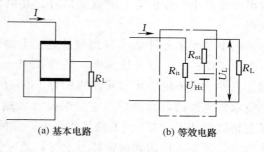

(a) 基本电路　　　(b) 等效电路

图 3.15　输出补偿原理图

霍尔元件通过一定的控制电流 I，两输出端产生的电压称为不等位电压，用 U_o 表示。U_o 与 I 的比值称为不等位电阻，用 R_o 表示，即

$$R_o = \frac{U_o}{I} \qquad (3.16)$$

不等位电压是由于元件输出极焊接不对称、厚薄不均匀以及两个输出极接触不良等原

因形成的，可以通过桥路平衡的原理加以补偿。

2）寄生直流电压。在无磁场的情况下，元件通入交流电流，输出端除交流不等位电压以外的直流分量称为寄生直流电压。

产生寄生直流电压的原因大致上有两个方面：①由于控制极焊接处欧姆接触制作不良而造成一种整流效应，使控制电流因正、反向电压大小不等而具有一定的直流分量；②输出极两焊点热容不相等产生温差电动势。

对于锗霍尔元件，当交流控制电流为 20mA 时，输出极的寄生直流电压小于 $100\mu V$。

制作和封装霍尔元件时，改善电极欧姆接触性能和元件的散热条件，是减少寄生直流电压的有效措施。

3）感应电动势。在未通电流的情况下，由于脉动或交变磁场的作用，在输出端产生的电动势称为感应电动势。根据电磁感应定律，感应电动势的大小与霍尔元件输出电极引线构成的感应面积成正比。

4）自激场零电压。在无外加磁场的情况下，由控制电流所建立的磁场（自激场）在一定条件下使霍尔元件产生的输出电压称为自激场零电压。

感应电动势和自激场零电压都可以用改变霍尔元件输出和输入引线的布置方法加以改善。

2. 集成霍尔传感器

集成霍尔传感器是利用硅集成电路工艺将霍尔元件和测量线路集成在一起的一种传感器。它取消了传感器和测量电路之间的界限，实现了材料、元件、电路三位一体。集成霍尔传感器与分立元件相比，由于减少了焊点，因此显著地提高了可靠性。此外，它具有体积小、重量轻、功耗低等优点，正越来越受到人们的重视。

集成霍尔传感器的输出是经过处理的霍尔输出信号。按照输出信号的形式，可以分为开关型集成霍尔传感器和线性集成霍尔传感器两种类型。

（1）开关型集成霍尔传感器。开关型集成霍尔传感器是把霍尔元件的输出经过处理后输出一个高电平或低电平的数字信号。其典型电路见图 3.16，下面我们分析电路的工作原理。

图中的霍尔元件是在 N 型硅外延层上制作的。由于 NIf 型硅外延层的电阻率 ρ 一般为 $1.0\sim1.5\Omega\cdot cm$，电子迁移率 μ 约为 $1200cm^2/(V\cdot s)$，厚度 d 约为 $10\mu m$，故很适合做霍尔元件。集成块中霍尔元件的长为 $1600\mu m$，宽为 $400\mu m$。由于在制造工艺中采用了光刻技术，电极的对称性好，零位误差大大减小。另外，由于厚度 d 很小，因此霍尔灵敏度也相对提高了，在 0.1T 磁场作用下，元件开路时可输出 20mV 左右的霍尔电压。霍尔输出经前置放大话送到斯密特触发器，通过整形成为矩形脉冲输出。

当磁感应强度 B 为 0 时，霍尔元件无输出，即 $U_H=0$。线路中，由于流过 V_2 集电极电阻的电流大于流过 V_1 集电极电阻的电流，输出电压 $U_{b3}>U_{b4}$，则 V_3 优先导通，经过下面的正反馈过程：

$$I_{c3}\downarrow\to U_{b4}\downarrow\to I_{c4}\downarrow\to U_{e3}\downarrow\to U_{b3}\uparrow\to I_{b3}\uparrow$$

最终使得 V_3 饱和，V_4 截止。此时，V_4 的集电极处于高电位，$U_{c4}\approx E$，V_5 截止，V_6、

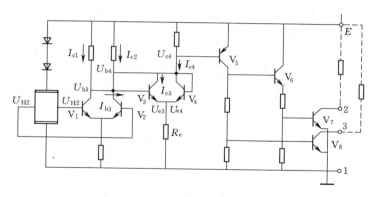

图 3.16 开关集成霍尔传感器的典型电路

V_7 均截止，输出为高电平。

当磁感应强度 B 不为 0 时，霍尔元件有 U_H 输出。若集成霍尔传感器处于正向磁场，则 U_{H1} 升高，U_{H2} 下降，使 V_1 的基极电位升高，V_2 的基极电位下降。于是，V_1 的集电极输出电压 U_{b3} 下降，V_2 的集电极输出电压 U_{b4} 升高。当 $U_{b3}=U_{e3}+0.6V$ 时（0.6V 为三极管由饱和状态转入放大状态时的发射极—基极正向压降），V_3 由饱和进入放大状态，经过下面的正反馈过程：

$$U_{b3} \downarrow \rightarrow I_{bc3} \downarrow \rightarrow U_{b4} \uparrow \rightarrow I_{c4} \uparrow \rightarrow U_{e3} \uparrow$$

最终使得 V_3 截止，V_4 饱和。此时，V_4 的集电极处于低电位。于是，V_5 导通，由 V_5 和 V_6 组成的 P－N－P 和 N－P－N 型三极管的复合管，足以使 V_7、V_8 进入饱和状态。输出由原来的高电平 U_{OH} 转换成低电平 U_{OL}。

当正向磁场退出时，随着作用于霍尔元件上磁感应强度 B 的减小，U_H 相应减小。U_{b3} 升高，U_{b4} 下降。当 $U_{b3}=U_{e4}+0.5V$（0.5V 为三极管由截止状态转入放大状态时的发射极—基极偏压值），V_3 由截止进入放大状态，经过下面正反馈过程：

$$U_{b3} \uparrow \rightarrow I_{bc3} \uparrow \rightarrow U_{b4} \downarrow \rightarrow I_{c4} \downarrow \rightarrow U_{e3} \downarrow$$

最终又使得 V_3 饱和，V_4 截止。V_4 的集电极处于高电位，恢复初始状态，V_7、V_8 截止，输出又转移成高电平 U_{OH}。集成霍尔传感器的输出电平与磁场 B 之间的关系见图 3.17。

可以看出，集成霍尔传感器的导通磁感应强度和截止磁感应强度之间存在滞后效应，这是由于 V_3、V_4 共用射极电阻的正反馈作用使它们的饱和电流不相等引起的。其回差宽度 ΔB 为

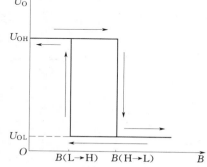

图 3.17 输出电平 U_O 与 B 的关系

$$\Delta B=B(H \rightarrow L)-B(L \rightarrow H)$$

开关型集成霍尔传感器的这一特性，正是我们所需要的，它大大增强了开关电路的抗干扰能力，保证开关动作稳定，不产生振荡现象。

开关型集成霍尔传感器的工作频率可达 1000kHz，目前，已被广泛翔于自动检捌与计数、转速检测、隔离等领域。

（2）线性集成霍尔传感器。线性集成霍尔传感器是把霍尔元件与放大线路集成在一起的传感器。其输出信号与磁感应强度成比例。通常由霍尔元件、差分放大、射极跟随输出及稳压四部分组成，其典型线路见图 3.18。这是 HLI-1 型线性集成霍尔传感器，它的电路较简单，用于对精度要求不高的一些场合。

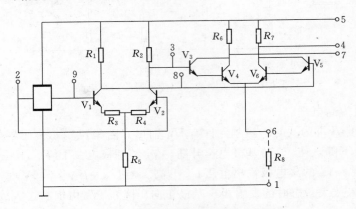

图 3.18　线性集成霍尔传感器线路图

图中，霍尔元件的输出经由 V_1、V_2、$R_1 \sim R_5$ 组成的第一级差分放大器放大，放大后的信号再由 $V_3 \sim V_6$、R_6、R_7 组成的第二级差分放大器放大。第二级差分放大采用达林顿对管，射极电阻 R_8 外接，适当选取 R_8 的阻值，可以调整该级的工作点，从而改变电路增益。在电源电压为 9V，R_8 取 $2k\Omega$ 时，全电路的增益可达 1000 倍左右，与分立元件霍尔传感器相比，灵敏度大为提高。

线性集成霍尔传感器可用于非接触测距、磁场测量、磁力探伤等许多方面。国产 CS 系列线性霍尔集成电路韵主要技术参数见表 3.8。

表 3.8　　　　　　　　　　　　CS 系列线性霍尔集成电路参数

	型号	U_{CC} /V	灵敏度 典型值	静态输出电压	输出电阻 /kΩ	输出形式	引线排列				外形
							1	2	3	4	
线性型	CS3501（Ⅱ）	8~12	7V/T	3.6V	0.1	射极输出	U_{CC}	地	U_o	—	P·CⅠ
	CS131（Ⅱ）	8~12	7V/T	可调	0.1		U_{CC}	地	U_o	调节	CⅡ
	CS3605（Ⅱ）	7	20mV/(mA·T)	5mV	4.4	差动输出	U_{CC}	U_{o1}	地	U_{o2}	CⅡ $W_1 W_2$
	NHG01 GaAS 元件	—	60~100 mV/(mA·T)	0.5~1.2mV	0.5~1.2		输入输出	1.3 或 2.4			CⅡ

注　1. 工作温度（Ⅰ）表示 40~125℃，（Ⅱ）表示 20~75℃。
　　2. 引线排列序号从型号标志面由左至右递增。
　　3. CI 表示陶瓷三引线；CⅡ 表示陶瓷四引线：5.2mm×6.0mm×2.4mm；P 表示塑封三引线 4.5mm×4.5mm ×2mm；W_1 表示 3mm×2.5mm×1.8mm 塑封；W_2 表示 3.1mm×3.1mm×1.2mm 软封装。

3. 霍尔传感器的应用

霍尔传感器的应用主要依据它的磁电特性，总的来说可分为三个方面，即磁场比例性、电流比例性和乘法作用。

(1) 磁场比例性。磁场比例性是指控制电流恒定时，霍尔电压与磁场之间的关系。

严格地说，霍尔传感器的 UH-B 特性曲线并不完全呈线性，当 B 在 0.5T 以下时，线性度较好。

霍尔传感器在这方面的应用较为广泛，下面略作介绍。

1) 测量磁场。测量磁场的方法很多，其中用得较为普遍的是高斯计（或称特斯拉计）。它的原理很简单，把霍尔传感器放在待测磁场中，通以恒定的电流，其输出 U_H 就反映了磁场的大小，然后用电表或电位差计进行输出显示。当然，控制电流也可以用交流。在被测磁场恒定时，通入交流控制电流，其输出电压也为交流。交流控制电流的优点是产生的输出信号便于放大处理。

例如 CT-2 型高斯计，适用于恒定磁场的测量。它是由霍尔元件、激励电源、补偿电路、指示仪表几部分组成。它的量程分成三档，分别为 1T、0.5T、0.25T（特斯拉），测量精度为 3%。

2) 测量位移。将霍尔传感器放置在呈梯度分布的磁场中，通过恒定的控制电流。当传感器有位移时，元件上感知的磁场大小随位移发生变化，从而使得其输出 U_H 也产生变化，且与位移成比例。从原理上分析，磁场梯度越大，霍尔输出 U_H 对位移变化的灵敏度就越高，磁场梯度越均匀，则 U_H 对位移的线性度就越好。

这一原理还被广泛应用于测量压力。当霍尔传感器安装在膜盒或弹簧管上时，被测压力的变化经弹性元件转换成传感器的位移，再由霍尔元件将位移转换成 U_H 输出，U_H 与被测压力成比例。国产 YSH-1 型霍尔压力变送器便是基于这种原理设计的，其转换机构见图 3.19。

图中弹性元件是膜盒，它的下端固定在接头上，上端通过杠杆与置于两块成Ⅱ形永久磁钢中心的霍尔片相连。当被测压力户引入膜盒后，它的上端产生位移，通过杠杆改

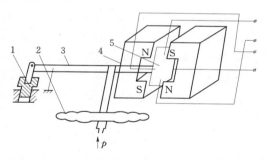

图 3.19　YHS-1 型霍尔压力变送器的转换机构
1—调零螺钉；2—膜盒；3—杠杆；
4—磁钢；5—霍尔元件

变了霍尔元件在磁钢中的位置，从而产生了与压力相对应的霍尔电压值。

YHS-1 型霍尔压力变送器的测量精度为 1.5 级，根据不同的测压范围有不同的规格，输出信号为直流 0～20mV。

3) 无接触发信。霍尔传感器通以恒定的控制电流，在近距离运动的磁钢作用下，输出 U_H 产生显著的变化，这就是霍尔无接触发信。无接触发信只要求传感器输出一个足够大的 U_H 信号，而对元件本身的温度特性、线性度等参数要求不高，因此被广泛用于精确定位、接近开关、导磁产品计数以及转速测量等场合。

图 3.20 是国产 KH103-12 型霍耳接近开关示意图。它的敏感部位是一个集成霍尔传

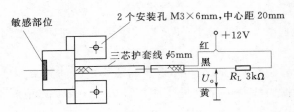

图 3.20　KH103-12 型霍尔接近开关示意图

感器。在霍尔集成电路内部，控制电流的大小及方向已设定，故 U_H 的大小及方向由 B 的大小及方向确定。若 B 反向，则 U_H 为负值，因而安装磁铁时，要注意磁铁的极性。磁铁 B 值越大，作用距离也越大。该接近开关具有输出波形好、抗干扰能力强、定位精度高、重量轻、体积小等特点，其主要技术指标如下：

电源电压：$12\pm20\%$ V（DC）。

动作逻辑：接近输出低电平 $\leqslant0.5$V。

远离输出高电平：$\geqslant11$V。

负载电阻：3kΩ。

最大作用距离：$\geqslant6$mm。

接近尺寸：磁铁 $\phi10$mm×6mm。

输出功率：$\leqslant80$mW。

响应频率：$\leqslant300$Hz。

作用方向：轴向、切向。

4）无触点开关。键盘是电子计算机系统中的一个重要的外围设备。早期的电键和键盘都采用机械接触式，在使用过程中容易产生抖动噪声，系统的可靠性受到影响。目前大都采用无触点的键盘开关，其构造是这样的：每个键上都有两小块永久磁铁，键按下时，磁铁的磁场加在键下方的开关型集成霍尔传感器上，形成开关动作。由于开关型集成霍尔传感器具有滞后效应，故工作十分稳定可靠。这类键盘开关的功耗很低，动作过程中传感器与机械部件之间没有机械接触，使用寿命非常长。

（2）电流比例性。电流比例性是指磁场强度恒定时，霍尔电压与控制电流之间的关系。

由前所述，当磁场恒定时，在一定的温度下，霍尔传感器的 U_H-I 特性曲线的线性度是很好的，基本上呈直线，斜率取决于霍尔灵敏度。这方面应用最为明显的是直接测量电流。另外利用霍尔元件的非互易性特点的应用有回转器、隔离器、环行器等。

（3）乘法作用。乘法作用是指当霍尔传感器的 K_H 恒定时，霍尔电压与控制电流及外加磁场磁感应强度的乘积成正比。

如果控制电流为 I_1，磁感应强度 B 由励磁电流 I_2 产生，根据式（3.6），则霍尔输出电压可表示为

$$U_H=KI_1I_2 \tag{3.17}$$

这里的 I_1 和 I_2 可以为正反两个方向，相当于取正负数。

利用上述乘法关系，将霍尔元件与励磁线圈、放大器等组合起来可以做成模拟运算的乘法器、开方器、平方器、除法器、均方根发生器等各种运算器。

3.6.2　超声波传感器

1. 超声波传感器的原理与特性

（1）原理。人们可听到的声音频率为 20Hz～20kHz，即为可听声波，超出此频率范围的声音，即 20Hz 以下的声音称为低频声波，20kHz 以上的声音称为超声波，一般说话的频率范围为 100Hz～8kHz。

超声波为直线传播方式，频率越高，绕射能力越弱，但反射能力越强，为此，利用超声波的这种性质就可制成超声波传感器。另外，超声波在空气中传播速度较慢，为 340m/s，这就使得超声波传感器使用变得非常简单。

超声波传感器有发送器和接收器，但一个超声波传感器也可具有发送和接收声波的双重作用，即为可逆元件。一般市场上出售的超声波传感器有专用型和兼用型，专用型就是发送器用作发送超声波，接收器用作接收超声波；兼用型就是发送器和接收器为一体的传感器，即可发送超声波，又可接收超声波。超声波传感器的谐振频率（中心频率）有 23kHz、40kHz、75kHz、200kHz、400kHz 等。谐振频率变高，则检测距离变短，分解力也变高。

超声波传感器是利用压电效应的原理，压电效应有逆效应和顺效应，超声波传感器是可逆元件，超声波发送器就是利用压电逆效应的原理。所谓压电逆效应如图 3.21 所示，是在压电元件上施加电压，元件就变形，即称应变。若在图 3.21（a）所示的已极化的压电陶瓷上施加如图 3.21（b）所示极性的电压，外部＋电荷与压电陶瓷的极化＋电荷相斥，同时，外部—电荷与极化—电荷相斥。由于相斥的作用，压电陶瓷在厚度方向上缩短，在长度方向上伸长。若外部施加电压的极性变反，如图 3.21（c）所示那样，压电陶瓷在厚度方向上伸长，在长度方向上缩短。

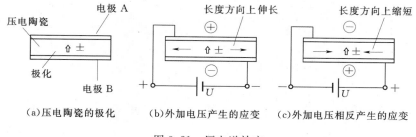

（a）压电陶瓷的极化　　（b）外加电压产生的应变　　（c）外加电压相反产生的应变

图 3.21　压电逆效应

图 3.22 为超声波传感器结构实例。它采用双晶振子，即把双压电陶瓷片以相反极化方向粘在一起，在长度方向上，一片伸长，另一片就缩短。在双晶振子的两面涂敷薄膜电极，其上面用引线通过金属板（振动板）接到一个电极端，下面用引线直接接到另一个电极端。双晶振子为正方形，正方形的左右两边由圆弧形凸起部分支撑着。这两处的支点就成为振子振动的节点。金属板的中心有圆锥形振子。发送超声波时，圆锥形振子有较强的方向性，因而能高效率地发送超声波；接收超声波时，超声波的振动集中于振子的中心，所以，能产生高效率的高频电压。

图 3.23 是采用双晶振子的超声波传感器的工作原理示意图。若在发送器的双晶振子

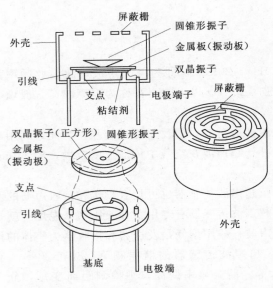

图 3.22 超声波传感器的结构

（谐振频率为 40kHz）上施加 40kHz 的高频电压，压电陶瓷片 a、b 就根据所加的高频电压极性伸长与缩短，于是就能发送 40kHz 频率的超声波。超声波以疏密波形式传播，传送给超声波接收器。超声波接收器是利用压电效应的原理，即在压电元件的特定方向上施加压力，元件就发生应变，则产生一面为正极，另一面为负极的电压。图 3.23 中的接收器也有相同的双晶振子，若接收到发送器发送的超声波，振子就以发送超声波的频率进行振动，于是，就产生与超声波频率相同的高频电压，当然这种电压是非常小的，必须采用放大器进行放大。

（2）传感器的特性。现以 MA40S2R 接收器和 MA40S2S 发送器为例说明超声波传感器的各种特性，表 3.9 示出的就是这种超声波传感器的特性。传感器的标称频率为 40kHz，这是压电元件的中心频率，实际上发送超声波时是串联谐振与并联谐振的中心频率，而接收时各自使用并联谐振频率。

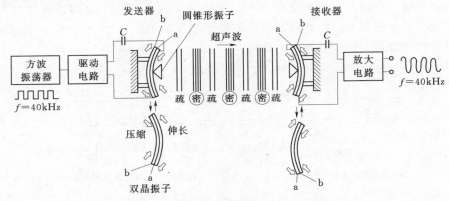

图 3.23 超声波传感器工作原理示意图

表 3.9 超声波传感器 MA40S2R/S 的特性

种类特性	MA40S2R 接收	MA40S2S 发送
标称频率	40kHz	
灵敏度	−74dB 以上	100dB 以上
带宽	6kHz 以上（−80dB）	7kHz 以上（90dB）
电容	1600pF	1600pF
绝缘电阻	1000MΩ 以上	
温度特性	−20～＋60℃范围内灵敏度变化在−10dB 以内	

超声波传感器的带宽较窄，大部分是在标称频率附近使用，为此，要采取措施扩展频带，例如，接入电感等。另外，发送超声波时输入功率较大，温度变化使谐振频率偏移是不可避免的，为此，对于压电陶瓷元件非常重要的是要进行频率调整与阻抗匹配。

　　图 3.24 为 MA40S2R/S 传感器的特性，从图 3.24（a）的频率特性可知，发送与接收的灵敏度都是以标称频率为中心逐渐降低，为此，发生超声波时要充分考虑到这一点以免逸出标称频率。图 3.24（b）表示方向性的特性，这种传感器在较宽范围内具有较高的检测灵敏度，因此，适用于物体检测与防范报警装置等。图 3.24（c）表示传感器的温度

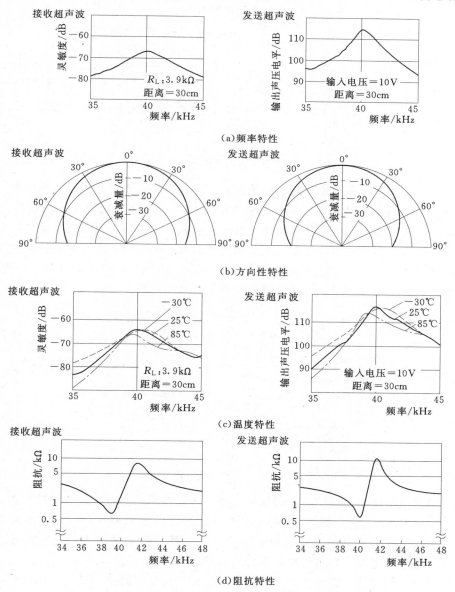

图 3.24　MA40S2R/S 传感器的特性

特性，对于这种传感器，一般来说温度越高，中心频率越低，为此，在宽范围环境温度下使用时，不仅在外部进行温度补偿，在传感器内部也要进行温度补偿。图 3.24（d）示出阻抗随频率变化的特性。

2. 超声波传感器的检测方式

（1）穿透式超声波传感器的检测方式。穿透式超声波传感器的检测方式如图 3.25 所示，当物体在发送器与接收器之间通过时，可检测超声波束衰减或遮挡的情况从而判断有无物体通过。这种方式的检测距离约 1m，作为标准被检测物体使用 100mm×100mm 的方形板。它与光电传感器不同，也可以检测透明体等。

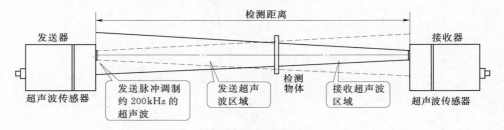

图 3.25　穿透式超声波传感器的检测方式

（2）限定距离式超声波传感器的检测方式。限定距离式超声波传感器的检测方式如图 3.26 所示，当发送超声波束碰到被检测物体时，仅检测电位器设定距离内物体反射波的方式，从而判断在设定距离内有无物体通过。若被检测物体的检测面为平面时，则可检测透明体。若被检测物体相对传感器的检测面为倾斜时，则有时不能检测到被测物体。被检测物体的倾斜度与检测距离之间关系如图 3.27 所示。因此，若被检测物体不是平面形状，实际使用超声波传感器时一定要确认是否能检测到被测物体。

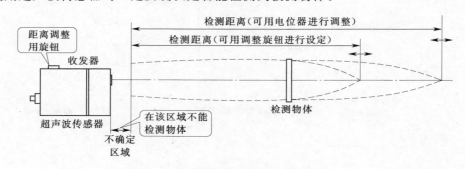

图 3.26　限定距离式超声波传感器的检测方式

（3）限定范围式超声波传感器的检测方式。限定范围式超声波传感器的检测方式如图 3.28 所示，在距离设定范围内放置的反射板碰到发送的超声波束，则被检测物体遮挡反射板的正常反射波，若检测到反射板的反射波的衰减或遮挡情况，就能判断有无物体通过。另外，检测范围也可以由距离切换开关设定。

（4）回归反射式超声波传感器的检测方式。回归反射式超声波传感器的检测方式如图 3.29 所示，检测方式与穿透式超声波传感器的相同，主要用于发送器设置与布线困难的场合。若反射面为固定的平面物体，则可用作回归反射式超声波传感器的反射板。另外，

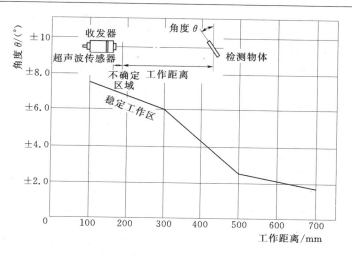

图 3.27　被检测物体的倾斜度与检测距离之间关系

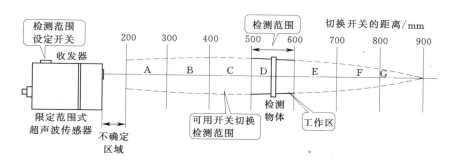

图 3.28　限定范围式超声波传感器的检测方式

光电传感器所用的反射板同样也可以用于这种超声波传感器。

这种超声波传感器可用脉冲调制的超声波替代光电传感器的光，因此，可检测透明的物体。利用超声波的传播速度比光速慢的特点，调整用门信号控制被测物体反射的超声波的检测时间，可以构成限定距离式与限定范围式超声波传感器。

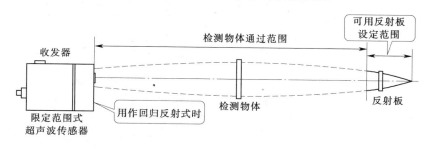

图 3.29　回归反射式超声波传感器的检测方式

3. 超声波传感器系统的构成

超声波传感器系统由发送器、接收器、控制部分以及电源部分构成，如图 3.30 所示。发送器常使用直径为 15mm 左右的陶瓷振子，将陶瓷振子的电振动能量转换为超声波能量并向空中辐射。除穿透式超声波传感器外，用作发送器的陶瓷振子也可用作接收器，陶瓷振子接收到超声波产生机械振动，将其变换为电能量，作为传感器接收器的输出，从而对发送的超声波进行检测。

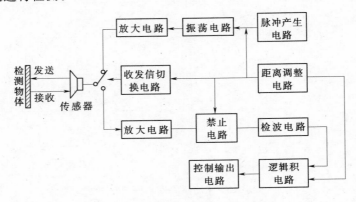

图 3.30　超声波传感器系统的构成

控制部分判断接收器的接收信号的大小或有无，作为超声波传感器的控制输出。对于限定范围式超声波传感器，通过控制距离调整回路的门信号，可以接收到任意距离的反射波。另外，通过改变门信号的时间或宽度，可以自由改变检测物体的范围。

超声波传感器的电源常由外部供电，一般为直流电压，电压范围为（12～24V）±10%，再经传感器内部稳压电路变为稳定电压供传感器工作。

超声波传感器系统中关键电路是超声波发生电路和超声波接收电路。可有多种方法产生超声波，其中最简单的方法就是用棒直接敲击超声波振子，但这种方法需要人参与，因而是不能持久的，也是不可取的。为此，在实际中采用电路的方法产生超声波，根据使用目的的不同来选用其振荡电路。图 3.31 是采用数字集成电路构成的超声波振荡电路的实例。由 D_1 和 D_2 构成高频振荡电路，并产生 40kHz 的高频电压，再经 $D_3 \sim D_6$ 所构成的缓冲器与功率放大器，将高频振荡电路送来信号放大后经隔直电容 C_P 加到超声波传感器 MA40S2S 上，这时在传感器的压电陶瓷元件上施加放大的高频电压，从而将电能量转换为超声波能量向空中辐射。C_P 是隔直电容，防止直流电压加到压电陶瓷元件上，避免其特性变坏，即绝缘电阻降低。

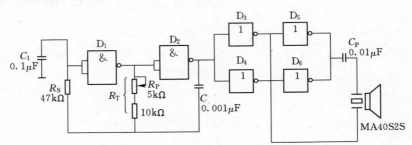

图 3.31　数字集成电路构成的超声波振荡电路实例

图 3.32 是采用脉冲变压器的超声波振荡电路的实例。电路中的振荡器和 R_P 构成可

调频率振荡器，其输出信号经 VT₁ 进行功率放大，通过脉冲变压器 T₁ 在其二次侧取出高频电压信号，T₁ 用于防止直流电压加到压电陶瓷元件上。

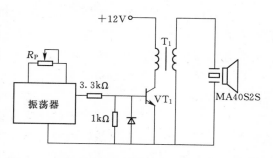

图 3.33 是采用晶体管的超声波接收电路的实例。由 VT₁ 和 VT₂ 构成简单的放大电路，输入信号为几毫伏即可。R_1 是用于降低阻抗的电阻，从而抑制加在传感器上的外来噪声。

图 3.32 采用脉冲变压器的超声波振荡电路实例

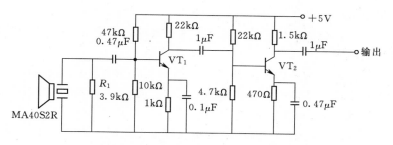

图 3.33 晶体管超声波接收电路实例

图 3.34 是采用运算放大器的超声波接收电路的实例。改变运算放大器的输入电阻与反馈电阻之比就能在宽范围调整其增益，因此，运算放大器可用作对超声波传感器反射信号的放大器。放大高频超声波时，用通用运算放大器有时其增益还是不够，因此，需要选用宽带高增益运算放大器。

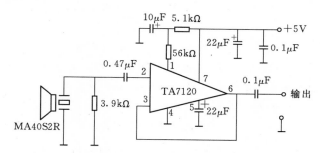

图 3.34 采用运算放大器的超声波接收电路实例

图 3.33 和图 3.34 的电路中，输出信号都是放大的 40kHz 高频电压信号，使用时其后级还需要接入检波电路、逻辑电路等。

3.6.3 振动传感器

1. 概述

振动传感器是能感受机械运动振动的参量（振动速度、频率，加速度等），并转换成可用输出信号的传感器。在工程振动测试领域中，测试手段与方法多种多样，但是按各种参数的测量方法及测量过程的物理性质来分，可以分成三类。

（1）机械式。将工程振动的参量转换成机械信号，再经机械系统放大后，进行测量、记录，常用的仪器有杠杆式测振仪和盖格尔测振仪，它能测量的频率较低，精度也较差。但在现场测试时使用较为简单方便。

（2）光学式。将工程振动的参量转换为光学信号，经光学系统放大后显示和记录。如读数显微镜和激光测振仪等。

（3）电测式。将工程振动的参量转换成电信号，经电子线路放大后显示和记录。电测法的要点在于先将机械振动量转换为电量（电动势、电荷及其他电量），然后再对电量进行测量，从而得到所要测量的机械量。这是目前应用得最广泛的测量方法。

上述三种测量方法的物理性质虽然各不相同，但是，组成的测量系统基本相同，它们都包含拾振、测量放大线路和显示记录三个环节。

（1）拾振环节。把被测的机械振动量转换为机械的、光学的或电的信号，完成这项转换工作的器件叫传感器。

（2）测量线路。测量线路的种类甚多，它们都是针对各种传感器的变换原理而设计的。例如，专配压电式传感器的测量线路有电压放大器、电荷放大器等；此外，还有积分线路、微分线路、滤波线路、归一化装置等。

（3）信号分析及显示、记录环节。从测量线路输出的电压信号，可按测量的要求输入给信号分析仪或输送给显示仪器（如电子电压表、示波器、相位计等）、记录设备（如光线示波器、磁带记录仪、X-Y记录仪等）等。也可在必要时记录在磁带上，然后再输入到信号分析仪进行各种分析处理，从而得到最终结果。

2. 原理

振动传感器在测试技术中是关键部件之一，它的作用主要是将机械量接收下来，并转换为与之成比例的电量。由于它也是一种机电转换装置。所以我们有时也称它为换能器、拾振器等。

振动传感器并不是直接将原始要测的机械量转变为电量，而是将原始要测的机械量作为振动传感器的输入量，然后由机械接收部分加以接收，形成另一个适合于变换的机械量，最后由机电变换部分再将变换为电量。因此一个传感器的工作性能是由机械接收部分和机电变换部分的工作性能来决定的。

（1）相对式机械接收原理。由于机械运动是物质运动的最简单的形式，因此人们最先想到的是用机械方法测量振动，从而制造出了机械式测振仪（如盖格尔测振仪等）。传感器的机械接收原理就是建立在此基础上的。相对式测振仪的工作接收原理是在测量时，把仪器固定在不动的支架上，使触杆与被测物体的振动方向一致，并借弹簧的弹性力与被测物体表面相接触，当物体振动时，触杆就跟随它一起运动，并推动记录笔杆在移动的纸带上描绘出振动物体的位移随时间的变化曲线，根据这个记录曲线可以计算出位移的大小及频率等参数。

由此可知，相对式机械接收部分所测得的结果是被测物体相对于参考体的相对振动，只有当参考体绝对不动时，才能测得被测物体的绝对振动。这样，就发生一个问题，当需要测的是绝对振动，但又找不到不动的参考点时，这类仪器就无用武之地。例如在行驶的内燃机车上测试内燃机车的振动，在地震时测量地面及楼房的振动……，都不存在一个不动的参考点。在这种情况下，我们必须用另一种测量方式的测振仪进行测量，即利用惯性式测振仪。

（2）惯性式机械接收原理。惯性式机械测振仪测振时，是将测振仪直接固定在被测振动物体的测点上，当传感器外壳随被测振动物体运动时，由弹性支承的惯性质量块将与外壳发生相对运动，则装在质量块上的记录笔就可记录下质量元件与外壳的相对振动位移幅值，然后利用惯性质量块与外壳的相对振动位移的关系式，即可求出被测物体的绝对振动位移波形。

3．HD-SZ 型振动传感器

（1）简介：该振动传感器是由金属材料和塑料管制造，该产品具有灵敏度高，不受外来声音干扰等优点。

（2）工作特性：无方位性，振动时电阻大小随着振动的力度而变化。

（3）本产品一般用于电动车，汽车报警器上。

（4）该产品外观：热缩管封装，可防水，防潮，防尘。

（5）电气特性：电压<24V；电流<1mA；温度<80℃。

3.6.4　气压传感器

1．概述

气压传感器用于测量气体的绝对压强。主要适用于与气体压强相关的物理实验，如气体定律等，也可以在生物和化学实验中测量干燥、无腐蚀性的气体压强。

2．工作原理

某些气压传感器主要的传感元件是一个对压强敏感的薄膜，它连接了一个柔性电阻器。当被测气体的压强降低或升高时，这个薄膜变形，该电阻器的阻值将会改变。电阻器的阻值发生变化。从传感元件取得 $0\sim5$V 的信号电压，经过 A/D 转换由数据采集器接受，然后数据采集器以适当的形式把结果传送给计算机。

某些气压传感器的主要部件为变容式硅膜盒。当该变容硅膜盒外界大气压力发生变化时，单晶硅膜盒随着发生弹性变形，从而引起硅膜盒平行板电容器电容量的变化。

3．MPS-150A 气压传感器

MPS 系列的表面贴装压力传感器为测量绝对压力和表压力提供了一种有效的方法。传感器外观如图 3.35 所示。这种 COB 和表面空腔的封装形式为产品提供了一种在各种特殊场合使用的应用可能。该系列传感器为非补偿型，能够在干净干燥的空气中使用。传感器可提供

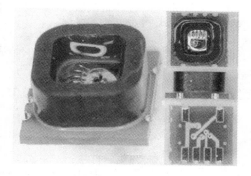

图 3.35　MPS-150A 气压传感器外观

一个 5 脚的开桥结构。如有需要，一个 4 脚的闭桥也同样可以提供。软凝胶图层可提供保护，但仍然不建议将其应用在高潮湿或腐蚀性的环境。

特征参数：

绝压型：15psiA。

工作温度：0～85℃。

零点漂移：±15mV。

线性度：±0.5%FS。

3.6.5　接近开关

1. 原理

电感式接近开关由三大部分组成：振荡器、开关电路及放大输出电路，组成结构如图3.36所示。

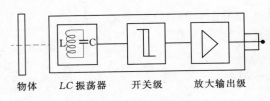

图3.36　接近开关组成结构

振荡器产生一个交变磁场。当金属物体接近这一磁场，并达到感应距离时，在金属物体内产生涡流，从而导致振荡衰减，以至停振。振荡器振荡及停振的变化被后级放大电路处理并转换成开磁信号，触发驱动控制器件，从而达到非接触式的检测目的。物体离传感器越近，线圈内的阻尼就越大，阻尼越大，传感器振荡器的电流越小。

2. C22-D03NK接近传感器

这是一款NPN常开型光电传感器，检测距离为0～3cm。

规格：

工作电压：5V。

工作电流：10mA。

信号输出：TTL电平。

接线：输出外加上拉电阻。

3.6.6　应变式传感器

应变式传感器是目前应用最广泛的传感器之一。将电阻应变片粘贴在各种弹性敏感元件上，可以构成测量力、压力、荷重、应变、位移、速度、加速度等各种参数的电阻应变式传感器。这种测试技术具有以下独特的优点：

(1) 结构简单，尺寸小。

(2) 性能稳定可靠，精度高。

(3) 变换电路简单。

(4) 易于实现测试过程自动化和多点同步测量、远距测量和遥测。

因此，它在航空航天、机械、电力、化工、建筑、医学、汽车工业等多种领域有很广泛的应用。

1. 金属的电阻应变效应

早在1856年，英国物理学家就发现了金属的电阻应变效应——金属丝的电阻随其所受机械变形（拉伸或压缩）的大小而变化。

由物理学可知，金属丝电阻的计算式为

$$R=\rho \frac{1}{S} \tag{3.18}$$

式中　R——电阻值，Ω；

ρ——电阻率，$\Omega \cdot mm^2 \cdot m^{-1}$；

l——金属丝长度，m；

S——金属丝横截面积，mm^2。

取一段金属丝，如图 3.37 所示，当其受拉力而伸长 dl 时，其横截面将相应减少 dS，电阻率则因金属晶格畸变因素的影响也将改变 $d\rho$，从而引起金属丝的电阻改变 dR。将式（3.18）取对数可得

$$\ln R=\ln l-\ln S+\ln\rho \tag{3.19}$$

两边取微分，得

$$\frac{dR}{R}=\frac{dl}{l}-\frac{dS}{S}+\frac{d\rho}{\rho}$$

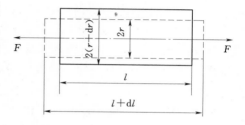

图 3.37　金属丝的变形

由于 $\varepsilon_x=\dfrac{dl}{l}$ 为金属丝轴向应变，$\varepsilon_y=\dfrac{dr}{r}$ 为金属丝径向应变，且 $S=\pi r^2$（r 为金属丝半径）

$$dS=2\pi rdr$$

$$\frac{dS}{S}=2\frac{dr}{r} \tag{3.20}$$

由于导线处于单向应力状态，在比例极限范围内有

$$\varepsilon_y=-\mu\varepsilon_x \tag{3.21}$$

式中　μ——金属丝材料的泊松系数。

将式（3.20）、式（3.21）代入式（3.19），经整理得

$$\frac{dR}{R}=(1+2\mu)\varepsilon_x+\frac{d\rho}{\rho} \tag{3.22}$$

$$\frac{dR/R}{\varepsilon_x}=K_0=(1+2\mu)+\frac{1}{\varepsilon_x}\frac{d\rho}{\rho} \tag{3.23}$$

K_0 称为金属丝的灵敏系数，其意为金属丝产生单位变形时电阻相对变化的大小。显然，K_0 越大，单位应变引起的电阻相对变化越大，即越灵敏。

从式（3.23）可以看出，影响 K_0 的两个因素中，第一项（$1+2\mu$）是构件受力后其几何尺寸发生变化而引起的；第二项则是构件发生变形时，其自由电子的活动能力和数值均发生变化所致，该项无法用解析式表达。因此，只能依靠实验求得 K_0 值。一般地，金属材料的泊松比 $\mu=0.25\sim0.4$，经过大量实验筛选，某些材料的电阻率的变化很小，且和线应变成线性关系，如康铜（$50\%\sim60\%$Cu、$50\%\sim40\%$Ni）的灵敏系数 $K_0=2.2$，镍铬（80%Ni、20%Cr）的灵敏系数 $K_0=2.4$，它们的材料灵敏系数近似为常数。在金属丝弹性变形范围

内，电阻的相对变化 dR/R 与 ε 应变成正比，可用增量来表示，见式 (3.24)。

$$\frac{\Delta R}{R} = K_0 \varepsilon_x \qquad\qquad (3.24)$$

2. 电阻应变片

（1）电阻应变片的结构和种类。

1）应变片的结构。电阻应变片的结构种类繁多，形式各异，但其基本结构相同，如图 3.38 所示。它一般由敏感栅、基底、黏合剂、引线、盖片等组成。敏感栅为应变片的敏感元件，通常用高电阻率金属细丝制成，直径 $0.01\sim0.05\mathrm{mm}$，并用黏合剂将其固定的基底上。基底的作用应保证将构件上的应变准确地传递到敏感栅上，因此它必须很薄，一般为 $0.03\sim0.06\mathrm{mm}$。另外，它还应有良好的绝缘、抗潮和耐热性能。基底材料有纸、胶膜、玻璃纤维布等。纸具有柔软、易于粘贴、应变极限大等优点，但耐热耐湿性差，一般在工作温度低于 70℃ 下使用，若浸以酚醛树脂类黏合剂，使用温度可提高到 180℃，且时间稳定性好，适用于测力等传感器。胶膜基底是由环氧树脂、酚醛树脂和聚酰亚胺等有机黏合剂制成的薄膜。胶膜基底具有比纸更好的柔性、耐湿性和耐久性，使用温度可达 100$\sim$300℃。玻璃纤维布能耐 $400\sim450$℃ 高温，多用作中温或高温应变片基底。敏感栅上面粘贴有覆盖层，敏感栅电阻丝两端焊接引出线，用以和外接电路相连接。图中 L 和 b 分别称为应变片基长和宽度。基长 L 为敏感栅沿轴向测量变形的有效长度，对具有圆弧端的敏感栅，是指圆弧外侧之间的距离，对具有较宽横栅的敏感栅，是指两栅内侧之间的距离。宽度 b 是指最外两段栅丝之间的距离。

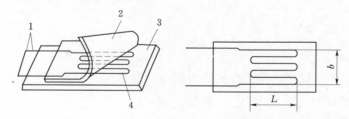

图 3.38　应变片的基本结构

1—引线；2—盖片；3—基底；4—敏感栅

当将金属丝材料做成敏感栅后，其电阻应变特性与金属单丝有所不同，必须按统一标准重新进行实验测定。规定测定时将电阻应变片贴在一维应力作用下的试件上，例如受轴向拉伸的直杆或纯弯梁等。试件材料为泊松系数 $\mu=0.285$ 的钢，用一定加载方式使直杆或梁发生变形，用精密电阻电桥或其他仪器测量应变片对应的电阻变化，便可得到电阻应变片的电阻应变特性。实验证明，应变片的 $\Delta R/R$ 与 ε_x 的关系在很大范围内仍然有很好的线性关系，即

$$\frac{\Delta R}{R} = K \varepsilon_x \qquad\qquad (3.25)$$

式中　K——电阻应变片的灵敏系数。

实验还表明，应变片的灵敏系数 K 总小于同种材料金属丝的灵敏系数 K_0，这是受到所谓横向效应的影响，横向效应将在下一节内容中介绍。应变片的灵敏系数是通过抽样法

测定的。应变片属于一次性使用的测量元件，所以，只能在每批产品中按一定比例（一般为 5％）抽样测定灵敏系数 K 值，然后取其平均值作为这批产品的灵敏系数，称为"标称灵敏系数"。

2）电阻应变片的种类。

a. 丝式应变片。丝式应变片结构有丝绕式和短接式两种。

丝绕式应变片如图 3.39 所示，是一种常用的应变片，它制作简单，性能稳定，价格便宜，易于粘贴。敏感栅材料直径在 0.012～0.05mm，其基底很薄（一般在 0.03mm 左右），能保证有效地传递变形。引线多用 0.15～0.3mm 直径的镀锡铜线与敏感栅相接。

短接式应变片如图 3.40 所示，在结构上是栅丝两端用直径比栅丝直径大 5～10 倍的镀银丝制成，电阻较小，因而由横向应变引起的电阻变化与敏感栅的电阻变化量相比只占极小的比例，也就是横向效应很小，但由于焊点多，在冲击、振动条件下易在焊接点处出现疲劳破坏，且制造工艺要求高，未得到大量推广。

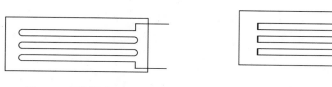

图 3.39　丝绕式应变片　　　　　　　　图 3.40　短接式应变片

b. 箔式应变片。箔式应变片是利用照相制版或光刻腐蚀法将电阻箔材在绝缘基底上制成各种图形而成的应变片。箔材厚度在 0.001～0.01mm。图 3.41 为常见的几种箔式应变片外形。

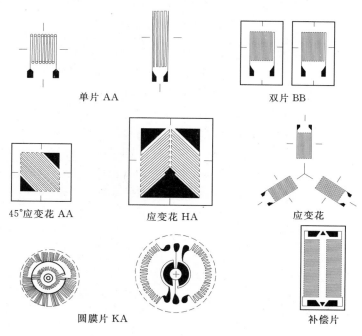

单片 AA　　　　　　　　　双片 BB

45°应变花 AA　　　　应变花 HA　　　　应变花

圆膜片 KA　　　　　　　　　补偿片

图 3.41　箔式应变片

箔式应变片有许多优点：

制造技术能保证敏感栅尺寸准确，线条均匀，可以根据不同测量要求制成任意形状。

敏感栅圆弧的横向效应可以忽略。

散热性能好，可通过较大的工作电流，从而增大输出信号。

疲劳寿命长，又因与试件的接触面积大，粘接牢固，机械滞后小。

生产效率高，不需要复杂的机械设备，便于实现工艺自动化。

鉴于上述优点，在测试技术中箔式应变片得到广泛的应用。

c. 半导体应变片。半导体应变片是基于半导体材料的"压阻效应"，即电阻率随作用应力而变化的效应。所有材料都在某种程度上呈现压阻效应，但半导体的压阻效应特别显著，能反映出很微小的应变，因此，半导体和金属丝一样可以把应变转换成电阻的变化。

常见的半导体应变片采用锗或硅等半导体材料制作敏感栅，一般为单根状，一些半导体应变片如图 3.42 所示。半导体应变片的突出优点是其体积小、灵敏度高，灵敏系数比金属应变片要大几十倍，可以不需要放大仪器而直接与记录仪器相连，机械滞后小。缺点是电阻和灵敏系数的温度稳定性差，测量较大应变时非线性严重，灵敏度分散性大。

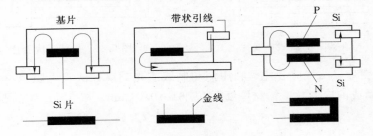

图 3.42　半导体应变片的结构形式

（2）横向效应及横向灵敏度。金属直丝受单向拉伸时，其任一微段所感受的应变都相同，且每一段都是伸长，因此，每一段电阻都将增加，金属丝总电阻的增加为各微段电阻增加的总和。但是，将同样长度的线材弯曲成栅状并制作成应变片后，情况就不同了。若将这样的应变片粘贴在单向拉伸试件上，如图 3.43 所示，这时各直线段上的电阻丝只感受轴向拉伸应变 ε_x，故其电阻是增加的；但是在圆弧段上，各微段沿轴向（即微段圆弧的切向）的应变并非 ε_x，所产生的电阻变化与直线段上同长微段的不一样，在 $\alpha = 90°$ 的微圆弧段处最为明显。由于单向拉伸时，除了沿水平方向有拉应变外，同时在垂直方向按泊松比关系产生压应变 $-\mu\varepsilon_x$。因此，该微段的电阻不仅不增加，反而会减少，而在圆弧的其他各微段上，其轴向感受的应变，由材料力学可知是由 $-\mu\varepsilon_x$ 变化到 ε_x 的。因此，圆弧段部分的电阻变化必然小于其同样长度沿轴向安放的电阻金属丝的电阻变化。因此，直的线材绕成敏感栅后，即使总长度相同，应变状态一样，应变片敏感栅的电阻变化仍要小些，灵敏系数有所降低。这种现象称为应变片的横向效应。

由此看来，敏感栅感受应变时，其电阻相对变化应由两部分组成：一部分与纵向应变有关，另一部分与横向应变有关。理论推导和实验都证明了这一点，例如丝绕式应变片，如图 3.44 所示，对于直线部分

$$\frac{(\Delta R/R)l}{R}=\frac{nl}{L}K_0\varepsilon_x \tag{3.26}$$

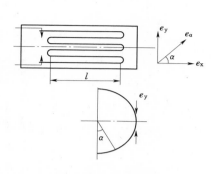

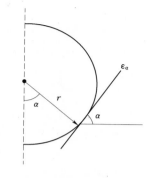

图 3.43　横向效应　　　　　图 3.44　圆弧部分的线应变

对圆弧部分，平面应变场任意方向的线应变为

$$\varepsilon_\alpha=\frac{\varepsilon_x+\varepsilon_y}{2}+\frac{\varepsilon_x-\varepsilon_y}{2}\cos2\alpha-\frac{\gamma_{xy}}{2}\sin2\alpha=\frac{\varepsilon_x+\varepsilon_y}{2}+\frac{\varepsilon_x-\varepsilon_y}{2}\cos2\alpha$$

圆弧部分的变形为

$$\Delta l=\int\varepsilon_\alpha dl=\int\varepsilon_\alpha r d\alpha=\int_0^\pi\left(\frac{\varepsilon_x+\varepsilon_y}{2}+\frac{\varepsilon_x-\varepsilon_y}{2}\cos2\alpha\right)r d\alpha=\frac{\varepsilon_x+\varepsilon_y}{2}\pi r \tag{3.27}$$

圆弧部分的平均应变为

$$\varepsilon_r=\frac{\Delta l}{l}=\frac{\varepsilon_x+\varepsilon_y}{2} \tag{3.28}$$

圆弧部分相对总电阻的变化为

$$\frac{(\Delta R)_r}{R}=\frac{(n-1)\pi r}{L}K_0\varepsilon_r=\frac{(n-1)\pi r}{L}K_0\frac{\varepsilon_x+\varepsilon_y}{2} \tag{3.29}$$

直线部分相对总电阻的变化为

$$\frac{(\Delta R)l}{R}=\frac{nl}{L}K_0\varepsilon_x \tag{3.30}$$

总的电阻变化为

$$\Delta R=(\Delta R)_t+(\Delta R)_r$$

总的电阻相对变化为

$$\frac{\Delta R}{R}=\left[\frac{2nl+(n-1)\pi r}{2L}K_0\right]\varepsilon_x+\left[\frac{(n-1)\pi r}{2L}K_0\right]\varepsilon_y \tag{3.31}$$

式中　l——应变片直线段长度；

　　L——电阻丝总长度；

　　r——圆弧半径；

　　K_0——线材的灵敏系数；

　　ε_x——沿应变片轴向的应变；

　　ε_y——沿应变片横向的应变；

　　n——敏感棚线段段数。

设

$$K_x = \frac{2nl+(n-1)\pi r}{2L}K_0, \quad K_y = \frac{(n-1)\pi r}{2L}K_0, \quad C = \frac{K_y}{K_x}$$

式（3.31）可写成其他类型应变片也适用的一般形式

$$\frac{\Delta R}{R} = K_x\varepsilon_x + K_y\varepsilon_y = K_x(\varepsilon_x + C\varepsilon_y)$$

$$K_x = \left(\frac{\dfrac{\Delta R}{R}}{\varepsilon_x}\right)_{\varepsilon_y=0}, \quad K_y = \left(\frac{\dfrac{\Delta R}{R}}{\varepsilon_x}\right)_{\varepsilon_x=0} \tag{3.32}$$

式中　K_x——应变片对轴向应变的灵敏系数，代表 $\varepsilon_y = 0$ 时敏感栅电阻相对变化与 ε_x 之比；

K_y——应变片对横向应变的灵敏系数，代表 $\varepsilon_x = 0$ 时敏感栅电阻相对变化与 ε_y 之比；

C——应变片的横向灵敏度，说明横向效应对应变片输出的影响，通常前用实验方法来测定 K_x 和 K_y，然后再求出 C。

由于横向效应的存在，电阻应变片如果用来测量 μ 不为 0.285 的试件，或者沿敏感栅为非单向应力状态的情况，其垂直方向应变不符合泊松比关系，如果仍按标称灵敏系数计算应变，必将造成测量误差，可以利用式（3.32）计算这种误差，同时也可看出横向灵敏度 C 的影响。

在单向府力状态下，有

$$\varepsilon_y = -\mu_0\varepsilon_x$$

代入式（3.32）得

$$\frac{\Delta R}{R} = K_x(1-C\mu_0)\varepsilon_x = K\varepsilon_x$$

$$K = K_x(1-C\mu_0) \tag{3.33}$$

式（3.33）说明应变片标定的灵敏系数 K 与 K_x 及 C 的关系。现在假定实测时应变场是任意的 ε_x 和 ε_y，材料的泊松比为 μ，此时其电阻相对变化应按式（3.32）计算，而灵敏系数却仍按标称灵敏系数 K 计算，显然此时计算所得的应变值将与真实应变值不符而带来一定的误差。设计算所得的应变为 ε_x'，则

$$\varepsilon_x' = \frac{\dfrac{\Delta R}{R}}{K} = \frac{K_x(\varepsilon_x + C\varepsilon_y)}{K_x(1-C\mu_0)} = \frac{\varepsilon_x + C\varepsilon}{1-C\mu_0} \tag{3.34}$$

应变的相对误差 e 为

$$e = \frac{\varepsilon_x' - \varepsilon_x}{\varepsilon_x} = \frac{C}{1-C\mu_0}\left(\mu_0 + \frac{\varepsilon_y}{\varepsilon_x}\right) \tag{3.35}$$

式（3.35）说明，相对误差不仅与弹性元件的材料有关，而且与应力状态有关，只有当 $\varepsilon_y/\varepsilon_x = -\mu_0$ 时，此误差 e 才为零。

若取钢的泊松比为 0.28，铸铁为 0.24，混凝土为 0.17，橡胶为 0.47，在单向应力状态下测纵向应变，按式（3.31）计算，其误差在 $\pm1\%$ 以内，一般工程上可以忽略不计。但由于应变状态不同引起的误差却值得注意。譬如 $\varepsilon_y/\varepsilon_x = 1$ 时，误差可达 6%，这就不能

忽视了。

由式（3.35）可知，要减少横向效应所造成的误差，减小横向灵敏度 C 是有效的办法，而 C 主要是与敏感栅的构造及尺寸有关，例如丝绕式敏感栅，其横向灵敏度 C 为

$$C = \frac{K_y}{K_x} = \frac{(n-1)\pi r}{2nl + (n-1)\pi r} \tag{3.36}$$

由式（3.36）可知，r 愈小，l 愈大，则 C 愈小，这就是说，敏感栅窄、基长的应变片，其横向效应引起的误差就小。实验表明，$l < 10\text{mm}$ 时，C 急剧上升，误差增大，应变片灵敏系数很快下降；而当 $l > 15\text{mm}$ 时，C 值大大减小，并趋于定值。因此，使用大基长应变片，横向效应引起的误差小，但是当应力分布变化大时，必须选用小基长的应变片，因为应变片所测得的是在基长内线应变的平均值。

（3）电阻应变片的材料。

1）敏感栅材料。对制造敏感栅的材料有下列要求：

灵敏系数 K_0 和电阻率 ρ 尽可能高而稳定，且 K_0 在很大范围内为常数亦即电阻变化率（$\Delta R/R$）与机械应变 ε 之间应具有良好的线性关系。

电阻温度系数小，电阻—温度的线性关系和重复性好，与其他金属之间的接触热电势小。

机械强度高，压延及焊接性能好，抗氧化、抗腐蚀能力强，机械滞后小。

常用材料有康铜、镍铬、铁铬铝、铁镍铬、贵金属合金等。康铜是应用最广泛的敏感栅材料，它有很多优点，上述要求都能满足，其 K_0 值对应变的恒定性非常好，不但在弹性变形范围内 K_0 保持常值，在微量塑性变形范围内也基本上保持恒定值，所以康铜丝应变片的测量范围大。康铜的电阻温度系数足够小，而且稳定，因而测量时的温度误差小。另外，还能通过改变合金比例，进行冷作加工或不同的热处理来控制其电阻温度系数，使之能在从正值到负值很大范围内变化，因而可做成温度自补偿应变片。康铜的 ρ 值也足够大，便于制造适当的阻值和尺寸的应变片。康铜的加工性好，容易拉丝，易于焊接，因而国内外应变丝材料均以康铜丝为主。

与康铜相比，镍铬合金的电阻系数 ρ 高，抗氧化能力较好，使用温度较高，最大的缺点是电阻温度系数大，因此主要用于动态测量中。

镍铬铝合金也是一种性能良好的敏感栅材料，其电阻率高，电阻温度系数小，K_0 在 2.8 左右，重要特点是抗氧化能力比镍铬合金更高，静态测量时使用温度可达 700℃。因此，宜做成高温应变片。其最大缺点是电阻温度曲线的线性差。

贵金属合金的特点是具有很强的抗氧化能力，电阻温度曲线线性度好，宜作高温应变片，但其电阻温度系数很大，且价格贵，我国资源少。

2）应变片基底材料。应变片基底材料是电阻应变片制造和应用中的一个重要组成部分，有纸和聚合物两大类。纸基材料已逐渐被各方面性能更好的有机聚合物（胶基）所取代。胶基是由环氧树脂、酚醛树脂和聚酰亚胺等制成的胶膜，厚 $0.03 \sim 0.06\text{mm}$。

3）黏合剂。黏合剂是连接应变片和构件表面的重要物质，对黏合剂材料的性能有以下一些要求：

机械强度高，挠性好，即弹性变形大。

黏合力强，固化内应力小（固化收缩小、膨胀系数要和试件接近等）。

电绝缘性能好。

耐老化性好，对温度、湿度、化学药品或特殊介质的稳定性要好，用于长期动应变测量时，还应有良好的耐疲劳性能。

蠕变小，滞后小。

对被黏结构的材料不起腐蚀作用。

对使用者没有毒害或毒害小。

有较宽的使用温度范围。

很难找到一种黏合剂能满足上述全部要求，因为有些要求是相互矛盾的。例如，抗剪切强度高的，固化收缩率就大些，耐疲劳性能较差，在高温下使用的黏合剂，固化程序和粘贴操作就比较复杂。由此看出，只能根据不同试验条件，针对主要性能选用适当的黏合剂。

3. 应变片的主要参数

要正确选用电阻应变片，必须了解影响其工作特性的一些主要参数。

（1）应变片电阻值（R_0）。这是应变片在未安装和不受力的情况下，在室温条件测定的电阻值，也称原始阻值，单位以 Ω 计。应变片电阻值已趋于标准化，有 60Ω、120Ω、600Ω 和 1000Ω 各种阻值，其中，120Ω 为最常使用。电阻值大，可以加大应片承受的电压，从而可以增大输出信号，但敏感栅尺寸也要随之增大。

（2）绝缘电阻。这是敏感栅与基底之间的电阻值，一般应大于 $10^{10}\Omega$。

（3）灵敏系数（K）。当应变片安装于试件表面，在其轴线方向的单向应力作用下，应变片的阻值相对变化与试件表面安装应变片区域的轴向应变之比称灵敏系数 K。K 值的准确性直接影响测量精度，其误差大小是衡量应变片质量优劣的主要标志。K 值尽量大而稳定。当金属丝材做成电阻应变片后，电阻应变特性与金属单丝是不同的，因此，必须重新用实验测定它。测定时规定，将电阻应变片贴在单向应力作用下的试件上，这在前面已介绍过。

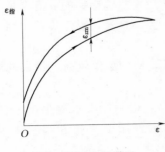

图 3.45　机械滞后

（4）机械滞后。这是指粘贴的应变片在一定温度下受到增（加载）、减（卸载）循环机变时，同一应变量下应变指示值（$\varepsilon_{指}$）的最大差值（ε_{zm}），如图 3.45 所示。

机械滞后的产生主要是敏感栅基底和黏结剂在承受机械应变之后留下的残余变形所致。机械滞后的大小与应变片所承受的应变量有关，加载时的机械应变量大，卸载过程中在同一输入应变处有不同的指示应变，第一次承受应变载荷时常常发生较大的机械滞后，经历几次加卸载循环之后，机械滞后便明显减少。通常，在正式使用之前都预先加卸载若干次，以减少机械滞后对测量数据的影响。

（5）允许电流（I）。这是指应变片不因电流产生的热量而影响测量精度所允许通过的最大电流。它与应变片本身、试件、黏合剂和环境等有关，要根据应变片的阻值和尺寸来计算。工程上使用如下经验公式

$$I = A_g \sqrt{\frac{P}{R}} \tag{3.37}$$

式中　A_g——敏感栅的面积；

　　　P——敏感栅的功率密度，由弹性元件的散热条件确定；

　　　R——应变片的电阻值。

为了保证测量精度，在静态测量时，允许直流一般为 25mA，动态测量时，电流可以取大一些，箔式应变片的允许电流较大。

（6）应变极限。应变片的应变极限是指一定温度下，指示应变值与真实应变的相对差值不超过规定值（一般为 10%）时的最大真实应变值。在一批应变片中，按一定百分率抽样测定应变片的应变极限，取其中最小的应变极限值作为该批应变片的应变极限。

（7）零漂和蠕变。对于已安装好的应变片，在一定温度下不承受机械应变时，其指示应变随时间变化的特性称为该应变片的零漂。

如果在一定温度下使应变片承受恒定的机械应变，这时指示应变随时间而变化的特性称为应变片的蠕变。

可以看出，这两项指标都是用来衡量应变片特性对时间的稳定性的。对于长时间测量的应变片才有意义。实际上，无论是标定或用于测量，蠕变中即已包含零漂，因为零漂是不加载的情况，它是加载情况的特例。

应变片在制造过程中产生的内应力、丝材、黏合剂和基底在不同温度和载荷情况下内部结构的变化是造成应变片零漂和蠕变的因素。

4. 电阻应变片的动态响应特性

电阻应变片测量变化频率较高的动态应变时，要考虑它的动态响应特性。实验表明，在动态测量时，机械应变以相同于声波速度的应变波形式在材料中传播。应变波由试件材料表面经黏合剂、基底到敏感栅，需要一定时间。前两者都很薄，可以忽略不计，但当应变波在敏感栅长度方向传播时，就会有时间的滞后，对动态（高频）应变测量就会产生误差。应变片的动态响应特性就是其感受随时间变化的应变时的响应特性。

（1）应变波的传播过程。应变以波的形式从试件（弹性元件）材料经基底、黏合剂，最后传播到敏感栅，各个环节的情况不尽相同。

1）应变波在试件材料中的传播。应变波在弹性材料中传播时，其速度为

$$v = \sqrt{\frac{E}{\rho}} \quad (\text{m/s}) \tag{3.38}$$

式中　E——试件材料的纵向弹性模量，kg/mm^2；

　　　ρ——试件材料的密度，g/cm^3。

表 3.10 中列出应变波在各种材料中的传播速度。

2）应变波在黏合剂和基底中的传播。应变波由试件材料表面经黏合剂、基底到敏感栅，需要的时间非常短。如应变波在黏合剂中的传播速度为 1000m/s，黏合剂和基底的总厚度为 0.05mm，则所需时间为 $5 \times 10^{-8}s$，因此可以忽略不计。

表 3.10　　　　　　　　　　　　　　　应变波在几种材料中的传播速度

材料名称	传播速度/(m·s⁻¹)	材料名称	传播速度/(m·s⁻¹)
混凝土	2800~4100	有机玻璃	1500~1900
水泥砂浆	3000~3500	赛璐珞	850~1400
石膏	3200~5000	环氧树脂	700~1450
钢	4500~5100	环氧树脂合成物	500~1500
铝合金	5100	橡胶	30
镁合金	5100	电木	1500~1700
铜合金	3400~3800	型钢结构物	5000~5100
钛合金	4700~4900		

3）应变波在应变片敏感栅长度内的传播。当应变波在敏感栅长度方向上传播时，情况与前两者大不一样。由于应变片反映出来的应变是应变片丝栅长度内所感受应变量的平均值，即只有当应变波通过应变片全部长度后应变片所反映的波形才能达到最大值，这就会有一定的时间延迟，将对动态测量产生影响。

（2）应变片可测频率的估算。由上节可知，影响应变片频率响应特性的主要因素是应变片的基长。应变片的可测频率或称截止频率可分下面两种情况来分析。

1）正弦应变波。应变片对正弦应变波的响应特性如图 3.46 所示。

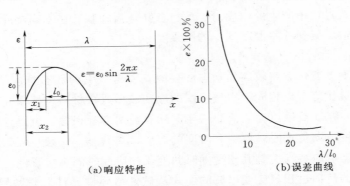

（a）响应特性　　　　　　　　　　（b）误差曲线

图 3.46　应变片对正弦波的响应特性和误差曲线

应变片反映的应变波形是应变片栅长内所感受应变量的平均值，因此应变片所反映的波幅将低于真实应变波，这就造成一定误差。应变片的基长增长，该误差也增大。图 4.1（a）表示应变片正处于应变波达到最大幅值时的瞬时情况。设应变波的波长为 λ，应变片的基长为 l_0，其两端的坐标为

$$x_1 = \frac{\lambda}{4} - \frac{l_0}{2}, \quad x_2 = \frac{\lambda}{4} + \frac{l_0}{2}$$

此时应变片在其基长 l_0 内测得的平均应变 ε_P 最大值为

$$\varepsilon_P = \frac{\int_{x_1}^{x_2} \varepsilon_0 \sin \frac{2\pi}{\lambda} x \, \mathrm{d}x}{x_2 - x_1} = -\frac{\lambda \varepsilon_0}{2\pi l_0} \left(\cos \frac{2\pi}{\lambda} x_2 - \cos \frac{2\pi}{\lambda} x_1 \right) = \frac{\lambda \varepsilon_0}{\pi l_0} \sin \frac{\pi l_0}{\lambda} \tag{3.39}$$

故应变波幅测量误差 e 为

$$e = \left| \frac{\varepsilon_P - \varepsilon_0}{\varepsilon_0} \right| = \left| \frac{\lambda}{\pi l_0} \sin \frac{\pi l_0}{\lambda} - 1 \right| \tag{3.40}$$

由式（3.40）可知，测量误差 e 与应变波长对基长的相对比值 $n = \lambda / l_0$ 有关［图 3.46 (b)］。λ / l_0 愈大，误差愈小，一般可取 $\lambda / l_0 = 10 \sim 20$，其误差小于 $1.6\% \sim 0.4\%$。

因为

$$\lambda = \frac{v}{f}$$

又

$$\lambda = n l_0$$

所以

$$f = \frac{v}{n l_0} \tag{3.41}$$

式中　f——应变片的可测频率；

v——应变波的传播速度；

n——应变波波长与应变片基长之比。

对于钢材，$v = 5000 \text{m/s}$，如 $n = 20$，则利用式（3.41）可算得某一基长的应变片的最高工作频率，如表 3.11 所示。

表 3.11　　　　　　　　　　　不同应变片基长的最高工作频率

应变片基长 l_0/mm	1	2	3	5	10	15	20
最高工作频率/kHz	250	125	83.3	50	25	16.5	12.5

2）阶跃应变波。阶跃应变波的情况如图 3.47 所示。图 3.47（a）为阶跃波形，图 3.47（b）为上升时间滞后，图 3.47（c）为应变片响应波形。由于应变片所反映的波形有一定的时间延迟才能达到最大值，所以，应变片的理论和实际输出波形如图 3.47 所示。若输出从 10% 上升到最大值的 90% 这段时间作为上升时间 t_K，则 $t_K = 0.8 l_0 / v$，应变片可测频率 $f = 0.35 / t_K$，则

$$f = \frac{0.35 v}{0.8 l_0} = 0.44 \frac{v}{l_0} \tag{3.42}$$

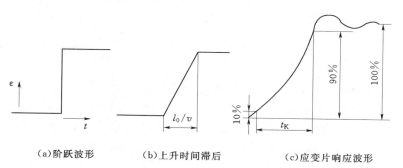

（a）阶跃波形　　　　（b）上升时间滞后　　　　（c）应变片响应波形

图 3.47　应变片对阶跃波的响应特性

传感元件把各种被测非电量转换为 R、L、C 的变化后，必须进一步把它转换为电流或电压变化，才有可能用电测仪器来进行测定，电桥测量线路正是进行这种变换的一种最常用的方法。下面结合电阻应变片介绍电桥的一些基本概念并对电阻应变片桥路作简要分析。

5．应变测量电桥电路

（1）电阻电桥的工作原理。

1）直流电桥。经典的电桥线路如图 3.48（a）所示，U 为直流电源，R_1、R_2、R_3、R_4 为电桥的桥臂，R_L 为负载电阻，可以求出 I_L 与 U 之间的关系

$$I_L = \frac{(R_1 R_4 - R_2 R_3)U}{R_L(R_1 + R_2)(R_3 + R_4) + R_1 R_2(R_3 + R_4) + R_3 R_4(R_1 + R_2)} \qquad (3.43)$$

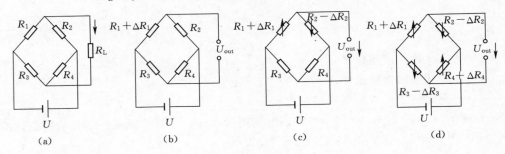

图 3.48　直流电桥

当 $I_L = 0$ 时，称为电桥平衡，平衡条件为

$$R_1 R_4 = R_2 R_3 \qquad (3.44)$$

设 R_1 为工作应变片，$R_L = \infty$，如图 3.48（b）所示，初始状态下，电桥处于平衡状态，$U_{out} = 0$。当有 ΔR_1 时，电桥的输出电压为

$$U_{out} = \frac{\dfrac{R_4}{R_3}\dfrac{\Delta R_1}{R_1}}{\left(1 + \dfrac{\Delta R_1}{R_1} + \dfrac{R_2}{R_1}\right)\left(1 + \dfrac{R_4}{R_3}\right)} U \qquad (3.45)$$

令 $R_2/R_1 = n$，以及忽略分母中的微小项，式（3.45）整理得

$$U_{out} \approx U \frac{n}{(1+n)^2} \frac{\Delta R_1}{R_1} \qquad (3.46)$$

因此，电桥的电压灵敏度为

$$K_U = \frac{U_{out}}{\dfrac{\Delta R_1}{R_1}} = U \frac{n}{(1+n)^2} \qquad (3.47)$$

由式（3.47）可以看出，电桥电压灵敏度与供桥电压和桥臂电阻比值 n 二者有关。供桥电压越高，电压灵敏度越高。当 $n = 1$ 时，即 $R_1 = R_2$，$R_3 = R_4$ 的对称条件下，电压灵敏度最大，这种对称电路得到广泛的应用，这也就是进行温度补偿所需要的电路。这时，上面的三个表达式可简化成下面的式子

$$U_{out} = \frac{1}{4} U \frac{\Delta R_1}{R_1} \frac{1}{1 + \dfrac{1}{2}\dfrac{\Delta R_1}{R_1}} \qquad (3.48)$$

$$U_{out} \approx \frac{1}{4}U\frac{\Delta R_1}{R_1} = K_U\frac{\Delta R_1}{R_1} \tag{3.49}$$

$$K_U = \frac{1}{4}U \tag{3.50}$$

如果采用差动半桥，如图 3.48（c）所示，设 $R_1 = R_2 = R_3 = R_4 = R$，$\Delta R_1 = -\Delta R_2 = \Delta R$，则

$$U_{out} = U\left(\frac{R_1 + \Delta R_1}{R_1 + \Delta R_1 + R_2 + \Delta R_2} - \frac{R_3}{R_3 + R_4}\right) = \frac{U}{2}\left(\frac{\Delta R}{R}\right) \tag{3.51}$$

为了提高电桥灵敏度或进行温度补偿，在桥臂中往往安置多个应变片，电桥也可以采用四等臂电桥，如图 3.48（d），初始 $R_1 = R_2 = R_3 = R_4 = R$，若忽略高阶小量，可得

$$U_{out} = \frac{1}{4}U\left(\frac{\Delta R_1}{R_1} - \frac{\Delta R_2}{R_2} - \frac{\Delta R_3}{R_3} + \frac{\Delta R_4}{R_4}\right) \tag{3.52}$$

设四个应变片的灵敏系数都为 K，产生的应变分别为 ε_1、ε_2、ε_3、ε_4，则

$$U_{out} = \frac{1}{4}UK(\varepsilon_1 - \varepsilon_2 - \varepsilon_3 + \varepsilon_4) \tag{3.53}$$

2）交流电桥。直流电桥在实际工作中有广泛的应用，其主要优点是所需要的高稳定直流电源较易获得；如果测量静态量，输出为直流量，精度较高；其连接导线要求低，不会引起分布参数；在实现预调平衡时电路简单，仅需对纯电阻加以调节。直流电桥的缺点是容易受到工频干扰，产生零点漂移。在动态测量时往往采用交流电桥。

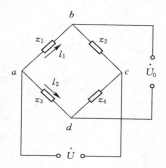

图 3.49　交流电桥

交流电桥电路如图 3.49 所示。在电路具体实现上与直流电桥有两个不同点：①其激励电源是高频交流电压源或电流源（电源频率一般是被测信号频率的十倍以上）；②交流电桥的桥臂既可以是纯电阻，也可以是包含有电容、电感的交流阻抗。

由图 3.49 可以导得交流电桥的平衡条件是

$$z_1 z_4 = z_2 z_3$$

$$z_i = Z_i e^{j\varphi_i} \tag{3.54}$$

式中　z_i——各桥臂的复数阻抗（$i=1,2,3,4$）；

Z_i——复数阻抗的模（$i=1,2,3,4$）；

φ_i——复数阻抗的阻抗角（$i=1,2,3,4$）。

故交流电桥的平衡条件为

$$Z_1 e^{j\varphi_1} Z_4 e^{j\varphi_4} = Z_2 e^{j\varphi_2} Z_3 e^{j\varphi_3}$$

即

$$Z_1 Z_4 e^{j(\varphi_1 + \varphi_4)} = Z_2 Z_3 e^{j(\varphi_1 + \varphi_3)} \tag{3.55}$$

若要方程（3.55）成立，须同时满足下面两个条件，即

$$\begin{cases} Z_1 Z_4 = Z_2 Z_3 \\ \varphi_1 + \varphi_4 = \varphi_2 + \varphi_3 \end{cases} \tag{3.56}$$

可见，交流电桥平衡的条件是四个桥臂中对边阻抗的模乘积相等，对边阻抗角之和相等。所以交流电桥的平衡比直流电桥的平衡要复杂得多。

交流电桥在作动态测试时得到了广泛的应用，它使不同频率的动态信号的后续放大器所要求的特性易于实现。但其缺点也是明显的，如电桥连接的分布参数会对电桥的平衡产生影响。对于纯电阻交流电桥，由于导线间存在分布电容，相当于在桥臂上并联了一个电容，如图 3.50（a）所示。所以在调节平衡时，除了考虑阻抗的模的平衡条件，还需要考虑阻抗角的平衡条件。图 3.50（b）是纯电阻交流电桥的具有调节平衡环节的电路，电容 C_2 是一个差动可变电容。调节它时，使并联到两相邻臂的电容值产生反方向变化，实现相位平衡条件；但在调节电容时，复数阻抗的模也要改变，还需要调节 R_3 来满足模的平衡条件。所以，模与相位因交叉影响需要反复调节才能达到最终的平衡。

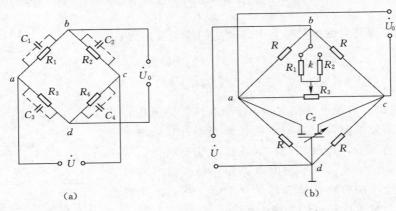

图 3.50　交流电桥平衡调节

交流电桥的激励电源必须具有良好的电压与频率的稳定度，前者影响其输出的稳定度，后者会影响电桥的平衡，因为交流阻抗计算中均含有电源频率的因子。当电源频率不稳定，或电压波形畸变，即包括了高次谐波时，交流阻抗会有变化，或者除了基频交流阻抗外还有高频交流阻抗，这会给平衡调节带来困难。因为若当基波频率阻抗调到平衡，而对高次谐波的交流阻抗仍未达到平衡时，将有高次谐波的输出电压。

（2）电桥的平衡调节。一般电桥四个桥臂的名义阻值相同，但实际上是有偏差的。测量前要求电路处于平衡状态，即电桥输出为 0，这就要求有电阻平衡电路，常采用图 3.51（a）中的电阻平衡电路。即在电路中增加电阻 R_5 和电位器 R_6，见图 3.51（b）。将 R_6 分成 R_6' 及 R_6'' 两部分，见图 3.51（c）。设 $R_6'=n_1 R_6$，$R_6''=n_2 R_6$，$n_1 + n_2 = 1$，$R_6' + R_6'' = (n_1 + n_2)R_6 = R_6$。由电工学中星形连接变为三角形连接，见图 3.51（d），它的计算公式为

$$R_1^t=\frac{R_6'' R_6' + R_6' R_5 + R_6'' R_5}{R_6''}=\frac{n_2 R_6 n_1 R_6 + n_1 R_6 R_5 + n_2 R_6 R_5}{n_2 R_6}=n_1 R_6 + \frac{1}{n_2}R_5 \tag{3.57}$$

同理

$$R_2'=\frac{R_6'' R_6' + R_6' R_5 + R_6'' R_5}{R_6'}=n_1 R_6 + \frac{1}{n_1}R_5 \tag{3.58}$$

这里计算出的 R_1' 和 R_2' 是并联在 R_1 和 R_2 上的，并联后的阻值变化为

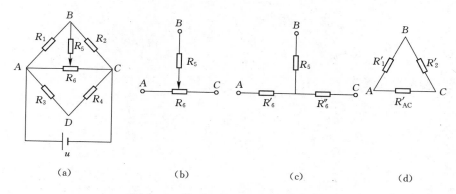

图 3.51　恒压电桥中的电阻平衡电路

$$\Delta R_1' = R_1 \frac{R_1 R_1'}{R_1 + R_1'} = \frac{R_1^2}{R_1 + R_1'} = \frac{R_1^2}{R_1 + n_1 R_6 + \frac{1}{n_2} R_5} \tag{3.59}$$

$$\Delta R_2' = \frac{R_2^2}{R_2 + n_2 R_6 + \frac{1}{n_1} R_5}$$

由式（3.59）可见，当 R_1' 最小（即 $n_1 = 0$，$n_2 = 1$）时，$\Delta R_1'$ 最大，即

$$\Delta R_{1\text{max}}' = \frac{R_1^2}{R_1 + R_5} \tag{3.60}$$

当 R_2' 最小（即 $n_1 = 1$，$n_2 = 0$）时，$\Delta R_2'$ 最大，即

$$\Delta R_{2\text{max}}' = \frac{R_2^2}{R_2 + R_5} \tag{3.61}$$

由式（3.60）和式（3.61）可见，R_5 的大小决定了平衡范围，R_5 越小，调节平衡的范围就越大。表 3.12 是电阻应变敏感元件的阻值 $R = 350\Omega$，选用不同值的 R_5 时，可调节的桥臂的电阻值。

表 3.12　　　　　　　　不同 R_5 值时，可调节的桥臂电阻值

$R_5/\text{k}\Omega$	5	10	20	50	100	200
$\Delta R_{\text{max}}'/\Omega$	22.90	11.84	6.02	2.43	1.22	0.61
$\dfrac{\Delta R_{\text{max}}'}{R}$	0.065	0.034	0.017	0.007	0.0035	0.0017

图 3.51（a）恒压电桥中的电阻平衡电路会引起电桥输出的变化并引起非线性误差。下面进行分析。

桥臂电阻 R_1''、R_2'' 是应变敏感元件的电阻值 R 与 R_1' 或 R_2' 并联后的值，其初始值分别为

$$R_1'' = \frac{R\left(n_1 + R_6 + \dfrac{R_5}{n_2}\right)}{R + n_1 R_6 + \dfrac{R_5}{n_2}}, \quad R_2'' = \frac{R\left(n_2 + R_6 + \dfrac{R_5}{n_1}\right)}{R + n_2 R_6 + \dfrac{R_5}{n_1}} \tag{3.62}$$

当电阻应变敏感元件的电阻值 R 分别变化 ΔR_1、ΔR_2，其桥臂电阻为

$$R_1''' = \frac{(R + \Delta R_1)\left(n_1 R_6 + \dfrac{R_5}{n_2}\right)}{R + \Delta R_1 + n_1 R_6 + \dfrac{R_5}{n_2}}, R_2''' = \frac{(R + \Delta R_2)\left(n_2 R_6 + \dfrac{R_5}{n_1}\right)}{R + \Delta R_2 + n_2 R_6 + \dfrac{R_5}{n_1}} \tag{3.63}$$

桥臂电阻的变化量为

$$\Delta R_1' = R_1''' - R_1'' = \frac{1}{1 + \dfrac{2R + \Delta R_1}{n_1 R_6 + \dfrac{R_5}{n_2}} + \dfrac{R(R + \Delta R_1)^2}{n_1 R_6 + \dfrac{R_5}{n_1}}} \Delta R_1$$

$$\Delta R_2' = R_2''' - R_2'' = \frac{1}{1 + \dfrac{2R + \Delta R_2}{n_2 R_6 + \dfrac{R_5}{n_1}} + \dfrac{R(R + \Delta R_2)^2}{n_2 R_6 + \dfrac{R_5}{n_2}}} \Delta R_2 \tag{3.64}$$

电桥的输出电压为

$$U_0 = \frac{U}{4}\left(\frac{\Delta R_1'}{R_1''} - \frac{\Delta R_2'}{R_2''} - \frac{\Delta R_3}{R} + \frac{\Delta R_4}{R}\right)$$

令 $\dfrac{\Delta R_1}{R} = -\dfrac{\Delta R_2}{R} = -\dfrac{\Delta R_3}{R} = \dfrac{\Delta R_4}{R} = \dfrac{\Delta R}{R}$，将式（3.62）、式（3.63）代入上式并计算两个极限位置（$n_1 = 0$，$n_1 = 1$）的输出电压的差

$$U_{02} - U_{01} = \frac{U}{2} \times \frac{\dfrac{\Delta R}{R_5}}{\left(1 + \dfrac{R}{R_5}\right)^2} \times \frac{\Delta R}{R} \tag{3.65}$$

由平衡电路造成的传感器的灵敏度误差

$$\delta = \frac{\dfrac{\Delta R}{R_5}}{2\left(1 + \dfrac{R}{R_5}\right)^2} \times \frac{\Delta R}{R} \tag{3.66}$$

（3）电桥的非线性误差及其补偿。上面的分析是基于应变片的参数变化很小，即 $\Delta R/R \ll 1$，因此在分析电桥输出电流或电压与各参数关系时，都忽略了分母中的 $\Delta R/R$ 项，从而得到的是线性关系，这是理想情况。当应变片承受很大应变时，$\Delta R/R$ 项就不能忽略，得到的刻度特性呈非线性，于是，实际的非线性特性曲线与理想的线性特性曲线之间就有偏差，即非线性误差 e_f。

设电桥为对称电桥，即 $R_1 = R_2$，$R_3 = R_4$，可以计算出非线性误差

$$e_f = \frac{U_{out} - U_{out}'}{U_{out}'} = \frac{1}{1 + \dfrac{1}{2}\dfrac{\Delta R_1}{R_1}} - 1 \approx -\frac{1}{2}\frac{\Delta R_1}{R_1} \tag{3.67}$$

式中 U_{out}'——电桥的理想输出电压值；

U_{out}——电桥的实际输出电压值。

对于一般的应变片，所感受的应变通常在 5000 微应变以下，若灵敏系数 $K = 2$，则 $K\varepsilon = 0.01$，按上式算得 $e_f = 0.5\%$，这还不算太大。但是对于一些电阻相对变化较大的情况，或者测量精度要求较高时，该误差就不能忽视了。如半导体应变片，其灵敏系数 K

＝125，在承受 1000 微应变时，电阻相对变化达到 0.125，非线性误差达到 6％，这时，必须采取措施来减小非线性误差。

通常有下列两种办法可以减小或消除非线性误差。

1）差动电桥法。根据被测试件的应变情况，在电桥的相邻两臂同时接入两工作应变片，使一受拉，一片受压，便成为差动电桥［图 3.51（c）］。

此时电桥的输出电压为

$$U_{out} = \frac{U}{2}\left(\frac{\Delta R}{R}\right)$$

由上式可知，差动电桥不仅没有非线性误差，且电压灵敏度比单臂电桥提高一倍，同时还起到了温度补偿作用。在接有四片工作片的差动电桥中，其输出比单臂电桥提高四倍，为

$$U_{out} = U\left(\frac{\Delta R}{R}\right) \tag{3.68}$$

由于差动电桥有上述优点，在非电量电测技术中得到广泛的作用。

2）恒流源电桥法。恒流源电桥接法是使电桥工作臂支路中的电流不随 ΔR_1 的变化而变，或尽量变化小些，从而减小非线性误差。

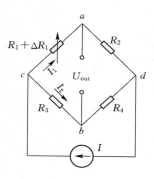

图 3.52　恒流源电路

恒流源电桥电路如图 3.52 所示，供电电流为 I，通过各桥臂的电流为 I_1 和 I_2，若测量电路的阻抗较高时，电流之间的关系为

$$I_1 = \frac{R_3 + R_4}{R_1 + R_2 + R_3 + R_4}I$$

$$I_2 = \frac{R_1 + R_2}{R_1 + R_2 + R_3 + R_4}I$$

其输出电压为

图 3.52 恒流源电桥

$$U_{out} = \frac{R_1 R_4 + R_2 R_3}{R_1 + R_2 + R_3 + R_4}I \tag{3.69}$$

若电桥处于初始平衡状态，$R_1 R_4 = R_2 R_3$，当 R_1 变为 $R_1 + \Delta R_1$ 时，电桥的输出电压为

$$U_{out} = I\frac{R_4 \Delta R_1}{R_1 + R_2 + R_3 + R_4 + \Delta R_1} \tag{3.70}$$

式（3.70）分母中也有 ΔR_1，所以也是非线性的，如果忽略分母中的 ΔR_1，则输出电压理想值为

$$U_{out} = I\frac{R_4 \Delta R_1}{R_1 + R_2 + R_3 + R_4 + \Delta R_1} = \frac{1}{4}I\Delta R_1 \tag{3.71}$$

因此，恒流源电桥的非线性误差 e_f 为

$$e_f = \frac{-\dfrac{\Delta R_1}{R_1}}{\left(1 + \dfrac{R_2}{R_1}\right)\left(1 + \dfrac{R_3}{R_1}\right) + \dfrac{\Delta R_1}{R_1}} \approx \frac{1}{4}\frac{\Delta R_1}{R_1} \tag{3.72}$$

将式（3.72）与式（3.67）相比，可见恒流源电桥的非线性误差减小一半。

3）静态电阻应变仪。静态电阻应变仪可直接用于测量应变，如果配用相应的电阻应变式传感器，也可以测量力、压力、力矩、位移、振动、速度、加速度等物理量。现大多采用带有微处理器的数字电阻应变仪，采用直流电桥、低漂移高精度放大器、大规模集成电路、A/D 转换器及微计算机技术，并带有通信接口。静态电阻应变仪一般带有多个通道，并可扩展测量通道。静态数字电阻应变仪的基本原理方框如图 3.53 所示。

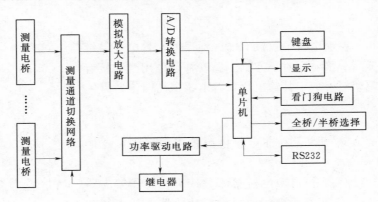

图 3.53　数字电阻应变仪工作原理

被测量经测量电桥，通过模拟放大、A/D 转换，由单片微计算机实时控制，完成数据采集、计算处理、显示、传输；通过单片微计算机还实现了半桥、全桥选择，测量通道切换等实时控制。仪器一般具有通道指示、应变片灵敏系数设置、置零等功能，灵敏系数值设定范围一般为 1.0～2.99。

半桥测量时有两种接线方法，分别为单臂半桥接线法和双臂半桥接线法。

单臂半桥接线法是在 AB 桥臂上接工作应变片，BC 桥臂上接补偿应变片。多点测量时常用这种接线方法，又称为公共补偿法。如图 3.54 所示，各通道的 A、B 线柱上接工作片，补偿片接在 0 通道的 B、C 接线柱上。

双臂半桥接线法是在 AB、BC 桥臂上都接工作应变片，如图 3.55 所示。

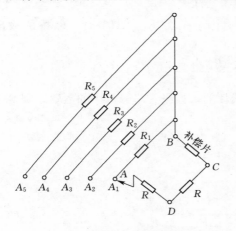

图 3.54　单臂半桥连接方法

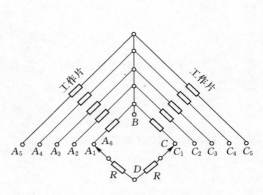

图 3.55　双臂半桥连接方法

6. 电阻应变片的温度误差及其补偿方法

（1）温度误差及其产生原因。作为测量应变的电阻应变片，希望它的电阻只随应变而变，不受任何其他因素影响，但实际上应变片的电阻变化受温度影响很大。假如把应变片安装在一个可以自由膨胀的试件上，使试件不受载荷作用，此时如果环境温度发生变化，应变片的电阻将随之发生变化。在应变测量中如果不排除这种影响，势必给测量带来很大误差，这种由于环境温度带来的误差称为应变片的温度误差，又称热输出。

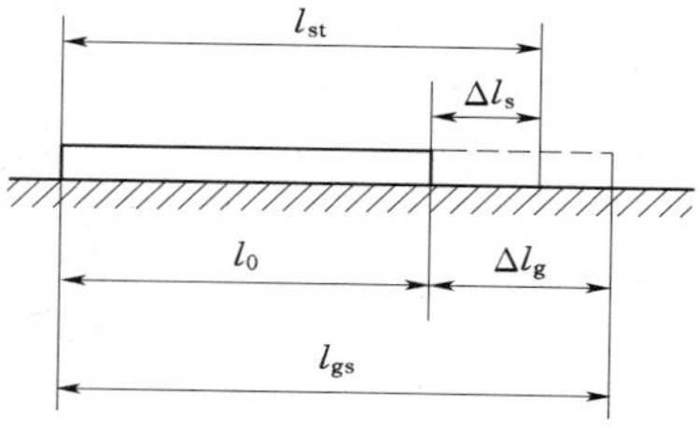

电阻应变片由于温度所引起的电阻变化与试件应变所造成的电阻变化几乎具有相同的数量级，如果不采取适当措施加以解决，应变片将无法正常工作。

造成温度误差的原因有两个，如图 3.56 所示。

图 3.56　应变片的温度误差

1）敏感栅的金属丝电阻本身随温度将发生变化，电阻和温度的关系可用下式表达

$$R_t = R_0(1 + \alpha \Delta t)$$
$$\Delta R_{t\alpha} = R_t - R_0 = R_0 \alpha \Delta t \tag{3.73}$$

式中　　R_t——温度为 t 时的电阻值；

R_0——温度为 t_0 时的电阻值；

Δt——温度的变化值；

$\Delta R_{t\alpha}$——温度变化 Δt 时的电阻变化；

α——应变丝的电阻温度系数，表示温度改变 1℃时的电阻的相对变化。

2）试件材料与应变丝材料的线膨胀系数不相等，使应变丝产生附加从而造成电阻变化。现分析图 3.1 中粘贴在构件上一段长为 l_0 的应变丝变形情况。当温度改变 Δt 时，应变丝受热膨胀到 l_{st}，而应变丝 l_0 下的构件伸长为 l_{gt}，它们的长度与温度关系为

$$l_{st} = l_0(1 + \beta_s \Delta t)$$
$$\Delta l_s = l_{st} - l_0 = \beta_s l_0 \Delta t \tag{3.74}$$
$$l_{gt} = l_0(1 + \beta_g \Delta t)$$
$$\Delta l_g = l_{gt} - l_0 = \beta_g l_0 \Delta t \tag{3.75}$$

式中　　l_0——温度为 t_0 时的应变丝长度；

l_{st}——温度为 t 时应变丝的自由膨胀长度；

β_s、β_g——应变丝与构件材料的线膨胀系数，即温度改变 1℃时长度的相对变化；

Δl_s、Δl_g——应变丝与构件的膨胀量。

由式（3.74）、式（3.75）可知，如果 β_s 与 β_g 不相等，则 Δl_s 与 Δl_g 就不等，但是应变丝与构件是黏结在一起的。因此，应变丝被迫从 Δl_s 拉长到 Δl_g，这就使应变丝产生附加变形 Δl，从而使应变丝产生附加应变 ε_β 以及相应的电阻变化 $\Delta R_{t\beta}$

$$\Delta l = \Delta l_g - \Delta l_s = (\beta_g - \beta_s) l_0 \Delta t$$
$$\varepsilon_\beta = \frac{\Delta l}{l_0} = (\beta_g - \beta_s) \Delta t$$
$$\Delta R_{t\beta} = R_0 K \varepsilon_\beta = R_0 (\beta_g - \beta_s) \Delta t$$

因此，由温度变化而引起的总的电阻变化 ΔR_t 为

$$\Delta R_t = \Delta R_{kl} + \Delta R_{t\beta} = R_0 \alpha \Delta t + R_0 K(\beta_g - \beta_s) \Delta t$$

$$\frac{\Delta R_t}{R_0} = \alpha \Delta t + K(\beta_g - \beta_s) \Delta t$$

折合成应变量为

$$\varepsilon_1 = \frac{\dfrac{\Delta R_t}{R_0}}{K} = \frac{\alpha \Delta t}{K} + (\beta_g - \beta_s) \Delta t \tag{3.76}$$

由式（3.76）可知，因环境温度改变而引起的附加电阻变化所造成的虚假应变，除与环境温度变化有关外，还与应变片本身的性能参数（K，α，β_g）以及被测构件的线膨胀系数有关。

实际上，温度对应变片特性的影响远非上述两个因素所能概括。温度变化还可通过其他途径来影响应变片的工作。例如温度变化会影响黏合剂传递变形的能力，从而对应变片的特性产生影响，过高的温度甚至使黏合剂软化而完全丧失传递变形的能力，但是在一般常温和正常工作条件下，上述两个因素仍然是造成应变片的温度误差的主要原因。

（2）温度误差补偿方法。温度补偿方法通常有桥路补偿和应变片自补偿两大类。在常温应变测量中温度补偿的方法是采用桥路补偿法，这种方法简单、经济、补偿效果好。它是利用电桥特性进行温度补偿的。

1）桥路补偿法。桥路补偿法也称补偿片法，分为补偿块补偿法和工作片补偿法两种。

补偿块补偿法以图 3.57 所示构件为例。在构件被测点处粘贴电阻应变片 R_1，接入电桥的 AB 桥臂另外在补偿块上粘贴一个与工作应变片规格相同的应变片 R_2，称温度补偿片，接入桥臂 BC。在电桥的 AD 和 CD 桥臂接入固定电阻 R 组成电桥。所用的补偿块的材料与被测构件相同，但是不受外力，并将它置于构件被测点附近，使处于同一温度场。因此，R_1 和 R_2 因温度改变引起的电阻变化是相同的。因而可以消除温度的影响。

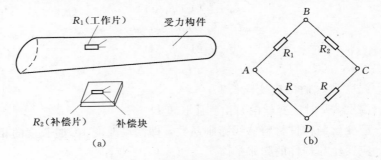

图 3.57　构件表面应变的测量

工作片补偿法不需要补偿块和补偿片，而是在同一被测试件上粘贴几个工作应变片，将它们接入电桥中。当试件受力且测点环境温度变化时，每个应变片的应变片中都包含外力和温度变化引起的应变，根据电桥的基本特性，在读数应变中可以消除温度变化所引起的虚假应变，而得到所需测量的应变。因此，工作应变片既参加工作，又起到了温度补偿的作用。具体应用在应变式传感器中介绍。

2）应变片自补偿法。这是在被测部位粘贴一种特殊应变片来实现温度补偿的方法，当温度变化时，产生的附加应变为零或相互抵消，这种特殊应变片称为温度自补偿应变片。

下面介绍几种自补偿应变片。

a. 选择式自补偿应变片。由式（3.76）可知，实现温度补偿的条件为

$$\varepsilon_t = 0$$

则

$$a = -K(\beta_g - \beta_s) \tag{3.77}$$

被测试件材料确定后就可以选择适合的应变片敏感栅材料来满足式（3.77），达到温度自补偿。这种方法的缺点是，一种 α 值的应变片只能用在一种材料上，局限性很大。

b. 双金属敏感栅自补偿片。也称组合式自补偿应变片，它是用电阻温度系数不同（一个为正，一个为负）的两种电阻丝材料串联绕制成敏感栅，如图 3.58 所示。这两段敏感栅 R_1 与 R_2 由于温度变化而产生的电阻变化分别为 ΔR_{1t} 与 ΔR_{2t}，$\Delta R_{1t} = -\Delta R_{2t}$，起到了温度补偿作用。这种补偿效果较前一种好，在工作温度范围内通常可达到 $0.14\mu\varepsilon/℃$。

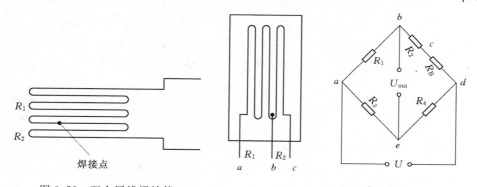

图 3.58　双金属线栅补偿　　　　图 3.59　温度自补偿应变片

c. 双金属半桥片。这种应变片在结构上与双金属自补偿应变片相同，但敏感栅是由同符号电阻温度系数的两种合金丝串接而成，如图 3.59 所示，而且，敏感栅的两部分电阻 R_1 与 R_2 分别接入电桥的相邻两个桥臂上。R_1 是工作臂，R_2 与外接电阻 R_B 组成补偿臂，另两臂只能接入平衡电阻 R_3 与 R_4，适当调节它们之间的长度比和外接电阻 R_B 数值，可以使两桥臂由于温度引起电阻的变化相等或相近，达到热补偿的目的，即

$$\varepsilon_{1t} = \frac{\Delta R_{1t}}{R_1} = \frac{\Delta R_{2t}}{R_2 + R_B} = \frac{R_2}{R_2 + R_B}\varepsilon_{2t} \tag{3.78}$$

外接补偿电阻为

$$R_B = R_2\left(\frac{\varepsilon_{2t}}{\varepsilon_{1t}} - 1\right) \tag{3.79}$$

式中　ε_{1t}、ε_{2t}——工作栅和补偿栅的热输出。

这种补偿法的最大优点是，通过调整 R_B 值，不仅可使热补偿达到最佳状态，而且还

适用于不同线膨胀系数的试件。缺点是对 R_B 的精度要求高。另外，由于 R_1 与 R_2 在构件表面产生的应变符号相同，当有应变时补偿栅对有效工作应变起着抵消的作用，使应变片输出灵敏度降低。因此，补偿栅材料通常选用电阻温度系数大、电阻率小的铂或铂合金，这样只要几欧的铂电阻就能达到温度补偿，同时使应变片的灵敏系数损失少一些。应变片必须使用 ρ 大、α 小的材料，这类应变片就可在不同膨胀系数材料的试件上实现温度自补偿，所以比较通用。

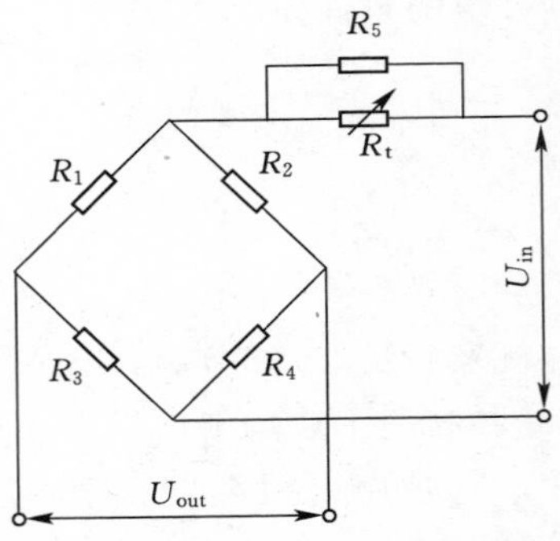

图 3.60　热敏电阻补偿法

3）热敏电阻补偿法。热敏电阻补偿法的原理如图 3.60 所示。热敏电阻 R_t 处在与应变片相同的温度条件下，温度升高时，一方面应变片的灵敏度下降，另一方面热敏电阻 R_t 的阻值也下降，于是，电桥的输入电压增加，结果，电桥的输出增大，补偿了因应变片引起的输出下降。通过选择分流电阻 R_5 的值，可以达到较好的补偿效果。

7. 应变式传感器

在测试技术中，除了直接用电阻应变丝（片）来测定试件的应变和应力外，还广泛利用它制成各种应变式传感器来测定各种物理量，如力矩、压力、加速度等。应变式传感器的基本构成通常可分两部分：弹性敏感元件及应变片（丝）。弹性元件在被测物理量的作用下产生一个与物理量成正比的应变，然后用应变片（丝）作为传感元件将应变转换为电阻变化。应变式传感器与其他类型传感器相比具有以下特点：

1）测量范围广，如应变力传感器可测 $10^{-2} \sim 10^7 N$ 的力，应变式压力传感器可测 $10^{-2} \sim 10^7 Pa$ 的压力。

2）精度高，高精度传感器的精度可达 0.01%。

3）输出特性的线性好。

4）性能稳定，工作可靠。

5）能在恶劣环境、大加速度和振动条件下工作，只要进行适当的构造设计及选用合适的材料，也能在高温或低温、强腐蚀及核辐射条件下可靠工作。

由于应变式传感器具有以上特点，因此它在测试技术中获十分广泛的应用。应变式传感器按照其用途不同可分为测力传感器、位移传感、压力传感器等。按照应变丝的固定方式，可分为粘贴式和非粘贴式两种。下面介绍构成各类应变式传感器的简要原理和结构特点。

（1）应变式力传感器。载荷和力传感器是试验技术和工业测量中用得较多的一种传感器，其中，又采用应变片的应变式力传感器为最多，传感器量程从几克到几百吨。测力传感器主要作为各种电子秤和材料试验机的测力元件，或者用于飞机和发动机的地面测试等。力传感器的弹性元件有柱式、悬臂梁式、环式、框式等数种。

1）柱式力传感器。圆柱式力传感器如图 3.61 所示，其弹性元件分实心圆柱和空心圆柱两种，分别如图 3.61（a）、（b）所示，实心圆柱可以承受较大载荷，在弹性范围内应力与应变成正比关系

$$\varepsilon = \frac{\Delta l}{l} = \frac{\sigma}{E} = \frac{F}{ES} \tag{3.80}$$

式中　F——作用在弹性元件上的集中力；

　　　S——圆柱的横截面积。

　　圆柱的直径要根据材料的允许应力 $[\sigma]$ 来计算。

由于

$$\frac{F}{S} \leqslant [\sigma]$$

而

$$S = \frac{\pi d^2}{4}$$

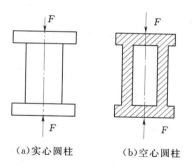

　　（a）实心圆柱　　　（b）空心圆柱

图 3.61　柱式力传感器

式中　d——实心圆柱直径。则

$$d \geqslant \sqrt{\frac{4}{\pi} \frac{F}{[\sigma]}} \tag{3.81}$$

　　由上列各式可知，欲提高变换灵敏度，必须减小横截面积 S，但 S 减小，其抗弯能力也减弱，对横向干扰力敏感。为了解决这个矛盾，在测量小集中力时，都采用空心圆筒或在受力端安装承弯膜片。空心圆筒在同样横截面情况下，横向刚度大，横向稳定性好。同理，承弯膜片的横向刚度也大，横向力都由它承担，而其纵向刚度则小。

　　空心圆柱弹性元件的直径也要根据允许应力来计算：

由于

$$\frac{1}{4}\pi(D^2 - d^2) \geqslant \frac{F}{[\sigma]}$$

所以

$$D \geqslant \sqrt{\frac{4}{\pi}\frac{F}{[\sigma]} + d^2} \tag{3.82}$$

式中　D——空心圆柱外径；

　　　d——空心圆柱内径。

　　弹性元件的高度对传感器的精度和动态特性都有影响。由材料力学可知，高度对沿其横截面的变形有影响，当高度与直径的比值 $H/D \geqslant 1$ 时，沿其中间断面上的应力状态和变形状态与其端面上作用的载荷性质和接触条件无关。根据试验研究结果，建议采用公式

$$H = 2D + l \tag{3.83}$$

式中　l——应变片的基长。

　　对于空心圆柱 $H \geqslant D - d + l$。

　　我国 BLPR-1 型电阻应变式拉压力传感器，BHR 型荷重传感器都采用这种结构，其量程在 $0.1 \sim 100$t。在火箭发动机试验时，台架承受的载荷都用实心结构的传感器，其额定载荷可达数千吨。

　　弹性元件上应变片的粘贴和桥路的连接应尽可能消除偏心和弯矩的影响，如图 3.62 所示。图 3.62（a）为圆柱面展开图，图 3.62（b）为桥路连接。

　　2）梁式力传感器。

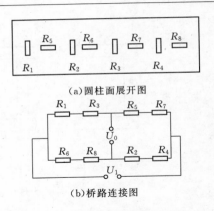

(a)圆柱面展开图

(b)桥路连接图

图 3.62 柱式力传感器应变片粘贴

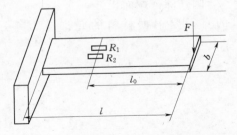

图 3.63 等截面梁式力传感器

a. 等截面梁应变式力传感器。

等截面梁的结构如图 3.63 所示。弹性元件为一端固定的悬臂梁，力作用在自由端，在距载荷作用点为 l_0 的上下表面，顺着轴线方向分别粘贴 R_1、R_2、R_3 和 R_4 电阻应变片，R_1、R_2 粘贴在上表面，R_3、R_4 粘贴在下表面，此时 R_1、R_2 若受拉，则 R_3、R_4 受压，两者发生极性相反的等量应变，若把它们组成全桥，则电桥的灵敏度为单臂工作时的四倍。粘贴应变片处的应变为

$$\varepsilon_0 = \frac{\sigma}{E} = \frac{6Fl_0}{bh_2 E} \tag{3.84}$$

由梁式弹性元件制作的力传感器，适于测量 500kg 以下的载荷，最小可测几十克重的力，这种传感器具有结构简单、加工容易、应变片容易粘贴、灵敏高等特点。

b. 等强度梁应变式力传感器。

另一种梁的结构为等强度梁，如图 3.64 所示。梁上各点的应力为

$$\sigma = \frac{M}{W} \frac{6Fl}{b_0 h_0} \tag{3.85}$$

式中　M——梁所承受的弯矩；

　　　W——梁各横截面的抗弯模量；

　　　F——作用在梁上的力。

从而，可求得等强度梁的应变值。

这种梁的优点是对沿 l 方向上粘贴应变片的位置要求不高，设计时应根据最大载荷 F 和材料允许应力 $[\sigma]$ 选择梁的尺寸。悬臂梁式传感器自由端的最大挠

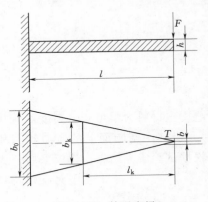

图 3.64 等强度梁

度不能太大，否则荷重方向与梁的表面不垂直，会产生误差。

c. 双端固定梁应变式传感器。

这种梁的结构如图 3.65 所示。梁的两端固定，中间加载荷，应变片 R_1、R_2、R_3、R_4 粘贴在中间位置，梁的宽度为 b，厚度为 h，长度为 l，则梁的应变为

$$\varepsilon = \frac{3Fl}{4bh^2 E} \tag{3.86}$$

这种梁的结构在相同力 F 的作用下产生的挠度比悬臂梁小，并在梁受到过载应力时容易产生非线性，由于两固定端在工作过程中可能滑动而产生误差，所以一般将梁和壳体做成一体。

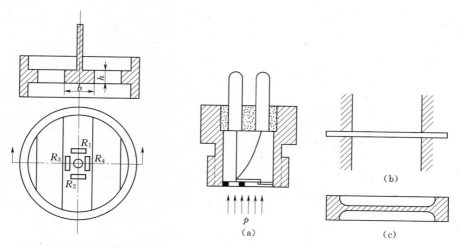

图 3.65　双端固定梁式力传感器　　　　图 3.66　膜片式压力传感器

　　（2）应变式压力传感器。

　　1）膜片式压力传感器。膜片式压力传感器常用于测量液体或气体的压力，其原理如图 3.66 所示。图 3.66（b）、（c）为敏感元件的圆膜片的结构。圆膜片与壳体做在一起，引线从壳体上端引出，工作时将传感器的下端旋入管壁，介质压力 p 均匀地作用在膜片的一面。膜片的另一面粘贴应变片，通过感受的应变反映压力的大小。

　　传感器的线性度、灵敏度、固有频率等参数受膜片周边情况的影响很大。

　　通将膜片周边做成刚性连接，当膜片上有均布压力 p 作用时，可由下式求得膜片上各点的径向应力 σ_r 和切向应力 σ_t

$$\sigma_r = \frac{3}{8}\frac{p}{h^2}\left[(1+\mu)R^2 - (3+\mu)x^2\right] \tag{3.87}$$

$$\sigma_t = \frac{3}{8}\frac{p}{h^2}\left[(1+\mu)R^2 - (1+3\mu)x^2\right] \tag{3.88}$$

从而计算出膜片内任意一点的应变为：

$$\varepsilon_r = \frac{3}{8}\frac{p}{Eh^2}(1-\mu^2)(R^2 - 3x^2) \tag{3.89}$$

$$\varepsilon_t = \frac{3}{8}\frac{p}{Eh^2}(1-\mu^2)(R^2 - x^2) \tag{3.90}$$

式中　ε_r、ε_t——径向应变和切向应变；

　　　R、h——圆板的半径和厚度；

　　　x——离圆心的径向距离；

　　　μ——膜片材料泊松比。

　　由式（3.87）和式（3.90）知，膜片边缘处的应力为

$$\sigma_r = -\frac{3}{4}\frac{p}{h^2}R^2 \tag{3.91}$$

$$\sigma_t = -\frac{3}{4}\frac{p}{h^2}R^2\mu \tag{3.92}$$

可见在膜片周边处的应力为最大，在设计时应根据此处的应力不超过材料许用应力 $[\sigma]$ 的原则选择圆板的厚度 h

$$h = \sqrt{\frac{3pR^2}{4[\sigma]}} \tag{3.93}$$

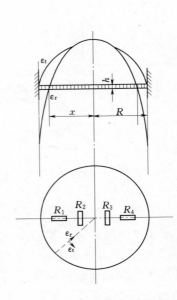

图 3.67　膜片应变分布图

另外，再结合膜片上的应变分布规律可以找出贴片的位置。从膜片应变分布图 3.67 可以看出，在 $x=0$ 时，膜片中心位置处的径向应变和切向应变相等，为

$$\varepsilon_r = \varepsilon_t = \frac{3}{8}\frac{p}{h^2}\left(\frac{1-\mu^2}{E}\right)R^2 \tag{3.94}$$

在 $x=R$ 时，边缘处的应变为

$$\varepsilon_t = 0$$

$$\varepsilon_r = -\frac{3p}{4h^2}\left(\frac{1-\mu^2}{E}\right)R^2 \tag{3.95}$$

此值比中心处高一倍。在 $x=R/\sqrt{3}$ 处，$\varepsilon_r = 0$。应变分布规律表明，切向应变都是正值，中间最大，而径向应变沿膜片的分布有正有负，在中心处与切向应变相等，在边缘处达到最大，其值是中心的二倍，而在 $x=R/\sqrt{3}$ 处，其值为零。因此粘贴应变片时要避开径向应变为零的部位。一般在圆膜片中心处沿切向贴两片，在边缘处沿径向贴两片。应变片 R_1、R_4 和 R_2、R_3 分别接入桥路的相邻桥臂，以提高灵敏度。

至于周边刚性固定的圆膜片，其固有振动频率的计算如下

$$f = 1.57\sqrt{\frac{Eh^3}{12R^4m_0(1-\mu)^2}} \tag{3.96}$$

式中　m_0——平膜片单位厚度的质量。

由式（3.95）、式（3.96）可知，膜板的厚度和弹性模量 E 增加时，传感器的固有频率增大，而灵敏度下降；半径越大，固有频率越低，灵敏度越高，所以设计传感器时要综合考虑这些因素。

2）筒式压力传感器。当被测压力较大时，多采用筒式压力传感器，如图 3.68 所示。圆柱体内有一盲孔，一端有法兰盘与被测系统连接，被测压力 p 进入应变筒的腔内，使筒变形，圆筒外表面上的周向应变 ε_t 和轴向应变固 ε_z 分别为

$$\varepsilon_t = \frac{p(2-\mu)}{E(n^2-1)} \tag{3.97}$$

$$\varepsilon_z = \frac{p(1-2\mu)}{E(n^2-1)} \tag{3.98}$$

式中　$n = D/D_0$。

可见，圆筒外表面的周向应变比轴向应变大，且两者皆为正值。为了提高灵敏度，并达到温度补偿的目的，将两个应变片 R_1 和 R_4 安装在圆筒外壁的周向，两个应变片 R_2 和 R_3 安装在圆柱上，起温度补偿的作用。这类传感器可用来测量机床液压系统的压力（几十至几百千克每平方厘米），也可用来测量枪炮的膛内压力（几千千克每平方厘米），其动特性和灵敏度主要由材料 E 值和尺寸决定。

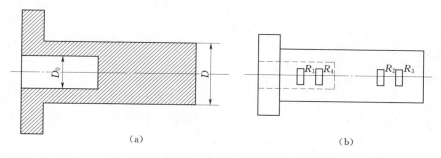

图 3.68　圆筒内压力传感器

（3）应变式位移传感器。应变式位移传感器是把被测位移量变成弹性元件的变形和应变，但它与力传感器要求不同，测力传感器弹性元件的刚度要大，而位移传感器弹性原件的刚度要小，否则，当弹陛元件变形时，将对被测构件形成一个反力，影响被测构件的位移数据。位移传感器的弹性元件也有很多种形式，下面介绍梁式弹性元件位移传感器。

图 3.69 所示为梁式弹性元件的位移传感器，它是一端固定，一端为自由的矩形截面悬臂梁。在固定端附近截面的上下表面各粘贴两个应变片，并接成全桥线路。梁的自由端的挠度为

$$f = \frac{Pl^3}{3EI} = \frac{4Pl^3}{Ebh^3} \tag{3.99}$$

式中　I——梁截面的惯性矩，对矩形截面梁 $I = \frac{bh^3}{12}$；

　　　P——被测构件对梁的作用力。

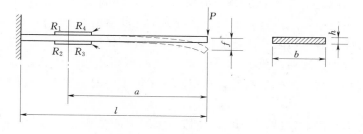

图 3.69　测位移的梁式弹性元件

由应变片测出的应变值，可求出悬臂梁上的载荷为

$$p = \frac{1}{a} E \varepsilon W = \frac{Ebh^2}{6a} \varepsilon \tag{3.100}$$

式中　W——抗弯矩截面模量。

对于矩形截面

$$W = \frac{bh^2}{6}$$

由式（3.99）、式（3.100）得到

$$f = \frac{2}{3}\frac{l^3}{ah}\varepsilon \qquad (3.101)$$

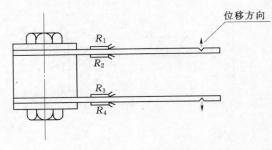

图 3.70　双悬臂梁式弹性元件

接成全桥电路，则应变仪的指示应变为 $\varepsilon_i = -4\varepsilon$，代入式（3.101）得

$$f = \frac{1}{6}\frac{l^3}{ah}\varepsilon_t \qquad (3.102)$$

实际应用时先对传感器进行标定，这种位移传感器所测的位移不能太大，否则会出现失真。

图 3.70 为测位移的双悬臂梁式弹性元件。用它制成的位移传感器结构简单、线性好，已经广泛应用于测量裂纹张开位移。

3.6.7　压阻式传感器

1. 压阻式传感器

我们知道单晶硅电阻阻值的变化率由下式决定，即

$$\frac{\Delta R}{R} = \pi_{//}\sigma_{//} + \pi_{\perp}\sigma_{\perp}$$

式中，纵向压阻系数 $\pi_{//}$ 和横向压阻系数 $\pi_{\perp}$ 与晶向有关，而纵向应力 $\sigma_{//}$ 与横向应力 $\sigma_{\perp}$ 如何确定呢？根据不同功用的传感器，$\sigma_{//}$ 与 $\sigma_{\perp}$ 有不同的计算方法。

在压阻式传感器的设计中主要要考虑的是：作为敏感元件的弹性元件形状与尺寸的设计，以及力敏电阻在弹性元件上的合理布局。对应变式传感器测量电路—直流电阻电桥的分析已知，差动惠斯通全桥具有最高的灵敏度、最好的温度补偿性能和最高的输出线性度。因此，绝大多数压阻式传感器采用了等臂的、差动惠斯通全桥作为敏感检测电路。下面对压阻式压力传感器与压阻式加速度传感器分别进行讨论。

（1）压阻式压力传感器。图 3.71 为一种典型的压阻式压力传感器的结构示意图，敏感元件圆形平膜片采用单晶硅来制作，利用微电子加工中的扩散工艺在硅膜片上制造所期望的压敏电阻。

对压阻式压力传感器来讲，$\sigma_{//}$ 与 $\sigma_{\perp}$ 应该根据圆形硅膜片上各点的径向应力 σ_r 与切向应力 σ_t 来决定。

在仪表弹性元件中，圆形平膜片上各点的径向应力 σ_r 与切向应力 σ_t 可用下列两式表示

$$\sigma_r = \frac{3p}{8h^2}[(1+\mu)a^2 - (3+\mu)r^2] \quad (\text{N/m}^2) \qquad (3.103)$$

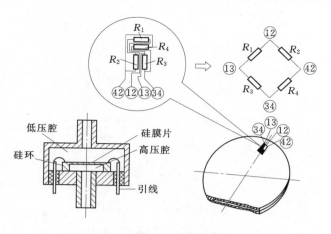

图 3.71　压阻式压力传感器的结构示意图

$$\sigma_t = \frac{3p}{8h^2}\left[(1+\mu)a^2 - (1+3\mu)r^2\right] \quad (\text{N/m}^2) \tag{3.104}$$

式中　a——膜片的有效半径；

　　　r——膜片的计算点半径；

　　　h——膜片厚度，m；

　　　μ——泊松比，对硅来讲取 $\mu=0.35$；

　　　p——压力，Pa。

根据式（3.103）和式（3.104）作出曲线，如图 3.72 所示，就可得圆形平膜片上各点的应力分布图。当 $r=0.65a$ 时，$a_r=0$；$r<0.635a$ 时，$\sigma_r>0$，即为拉应力；$r>0.635a$ 时，$\sigma_r<0$，即为压应力。当 $r=0.812a$ 时，$\sigma_t=0$，仅有 σ_r 存在，且 $\sigma_r<0$，即为压应力。

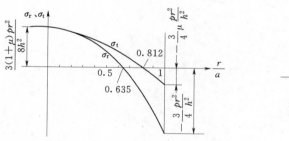

图 3.72　圆形硅环膜片的应力分布

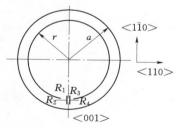

图 3.73　晶向<001>的硅膜片传感器元件

下面结合两种常用的压阻式压力传感器进行讨论。

第一种方案如图 3.73 所示。在<001>晶向的圆形硅膜片上，分别沿相互垂直的 <1$\bar{1}$0>与<110>二晶向，利用扩硼的方法扩散出四个 P 型电阻，构成电桥的两对桥臂电阻，位于圆膜片的边缘处，则<1$\bar{1}$0>晶向的两个径向电阻与<110>晶向的两个切向电阻阻值的变化率分别为

$$\left(\frac{\Delta R}{R}\right)_r = \pi_{//}\sigma_{//} + \pi_{\perp}\sigma_{\perp} = \pi_{//}\sigma_r + \pi_{\perp}\sigma_t \tag{3.105}$$

$$\left(\frac{\Delta R}{R}\right)_t = \pi_{//}\sigma_{//} + \pi_\perp \sigma_\perp = \pi_{//}\sigma_t + \pi_\perp \sigma_r \tag{3.106}$$

而在<1$\bar{1}$0>晶向

$$\pi_{//} = \frac{1}{2}(\pi_{11} + \pi_{12} + \pi_{44}) \approx \frac{1}{2}\pi_{44} \tag{3.107}$$

$$\pi_\perp = \frac{1}{2}(\pi_{11} + \pi_{12} - \pi_{44}) \approx -\frac{1}{2}\pi_{44} \tag{3.108}$$

在<110>晶向

$$\pi_{//} = \frac{1}{2}(\pi_{11} + \pi_{12} + \pi_{44}) \approx \frac{1}{2}\pi_{44} \tag{3.109}$$

$$\pi_\perp = \frac{1}{2}(\pi_{11} + \pi_{12} - \pi_{44}) \approx -\frac{1}{2}\pi_{44} \tag{3.110}$$

将式（3.107）与式（3.108）代入式（3.105），将式（3.109）与式（3.110）代入式（3.106），并将式（3.103）与式（3.104）也代入这两式，则得

$$\left(\frac{\Delta R}{R}\right)_r = -\pi_{44}\frac{3pr^2}{8h^2}(1-\mu) \tag{3.111}$$

$$\left(\frac{\Delta R}{R}\right)_t = \pi_{44}\frac{3pr^2}{8h^2}(1-\mu) \tag{3.112}$$

可见

$$\left(\frac{\Delta R}{R}\right)_r = -\left(\frac{\Delta R}{R}\right)_t$$

作出 $\left(\frac{\Delta R}{R}\right)_r$ 与 $\left(\frac{\Delta R}{R}\right)_t$ 与 r 的关系曲线如图 3.74 所示。R 越大，$\left(\frac{\Delta R}{R}\right)_r$ 与 $\left(\frac{\Delta R}{R}\right)_t$ 的数值越大，所以最好将四个扩散电阻放在膜片有效面积边缘处。

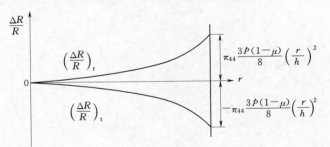

图 3.74　$\left(\frac{\Delta R}{R}\right)_r$ 与 $\left(\frac{\Delta R}{R}\right)_t$ 与 r 的关系曲线

上面讲的是一种设计方法，另一种设计方法是将四个电阻沿两晶向扩散在 $0.812a$ 处，这时因为 $\sigma_t = 0$，只有 σ_r 存在，故式（3.105）与式（3.106）两式分别为

$$\left(\frac{\Delta R}{R}\right)_r = \pi_{//}\sigma_r \tag{3.113}$$

$$\left(\frac{\Delta R}{R}\right)_t = \pi_\perp \sigma_r \tag{3.114}$$

将式（3.107）代入式（3.113），式（3.110）代入式（3.114），则得

$$\left(\frac{\Delta R}{R}\right)_r = \frac{1}{2}\pi_{44}\sigma_r$$

$$\left(\frac{\Delta R}{R}\right)_t = -\frac{1}{2}\pi_{44}\sigma_r$$

同样有

$$\left(\frac{\Delta R}{R}\right)_r = -\left(\frac{\Delta R}{R}\right)_t$$

这种设计方法，$\left(\frac{\Delta R}{R}\right)_r$ 与 $\left(\frac{\Delta R}{R}\right)_t$ 的数值显然要

较上一种设计方法的为小，大约小 $\frac{1}{3}$。

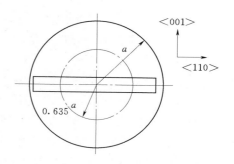

图 3.75　晶向是 $<1\bar{1}0>$ 的硅膜片传感元件

第二种方案在 $<1\bar{1}0>$ 晶向的圆形硅膜片上，沿 $<110>$ 晶向，在 $0.635a$ 半径之内与之外各扩散两个电阻，如图 3.75 所示。由于 $<1\bar{1}0>$ 晶面内所有晶向的纵向压阻系数都较大，而横向压阻系数很小甚至为零，因此压阻式压力传感器可利用圆膜片中心和边缘具有最大的正负应力构成电桥。则由于 $<110>$ 晶向的横向为 $<001>$ 晶向，$<110>$ 晶向的 $\pi_{//}$ 与 $\pi_{\perp}$，分别为

$$\pi_{//} = \frac{1}{2}\pi_{44}$$

$$\pi_{\perp} = 0$$

于是内、外电阻阻值的变化率均为

$$\frac{\Delta R}{R} = \pi_{//}\sigma_{//} + \pi_{\perp}\sigma_{\perp} = \pi_{//}\sigma_r = \frac{1}{2}\pi_{44}\sigma_r$$

不过由于在 $0.635a$ 半径之内 σ_r 为正值，在 $0.635a$ 半径之外 σ_r 为负值，内、外电阻阻值的变化率应为

$$\left(\frac{\Delta R}{R}\right)_i = \frac{1}{2}\pi_{44}\bar{\sigma}_r^{\,i}$$

$$\left(\frac{\Delta R}{R}\right)_o = -\frac{1}{2}\pi_{44}\bar{\sigma}_r^{\,o}$$

式中　$\bar{\sigma}_r^{\,i}$、$\bar{\sigma}_r^{\,o}$——内、外电阻上所受的径向应力平均值。

如果设计得使 $\bar{\sigma}_r^{\,i} = \bar{\sigma}_r^{\,o}$ 必然有

$$\left(\frac{\Delta R}{R}\right)_i = -\left(\frac{\Delta R}{R}\right)_o$$

计算圆形平膜片上径向应力的平均值可通过对式（3.103）作积分运算获得

$$\bar{\sigma}_r = \frac{\int_{r_1}^{r_2} \sigma_r(r)\,dr}{\int_{r_1}^{r_2} dr} \tag{3.115}$$

压阻式压力传感器在设计过程中，为了使输出线性度较好，扩散电阻上所受的应变不

应过大，这可用限制硅膜片上最大应变不超过 400～500 微应变来保证。圆形平膜片上各点的应变考虑横向效应时可用下列两式来计算

$$\varepsilon_r = \frac{3p}{8h^2E}(1-\mu^2)(a^2-3r^2) \quad (\mu\varepsilon) \tag{3.116}$$

$$\varepsilon_t = \frac{3p}{8h^2E}(1-\mu^2)(a^2-r^2) \quad (\mu\varepsilon) \tag{3.117}$$

式中　ε_r、ε_t——径向与切向应变，$\mu\varepsilon$；

　　　　E——单晶硅的弹性模量。

晶向为＜100＞时，$E=1.30\times10^{11}\,\text{N/m}^2$；

晶向为＜110＞时，$E=1.67\times10^{11}\,\text{N/m}^2$；

晶向为＜111＞时，$E=1.87\times10^{11}\,\text{N/m}^2$。

根据上列两式作出曲线，就可得圆形平膜片上各点的应变分布图，如图 3.76 所示。从图中可见，膜片边缘处切向应变等于零，径向应变为最大，也就是说膜片上最大应变发生在边缘处。所以在设计中，膜片边缘处径向应变 ε_r 不应超过 400～500 微应变。

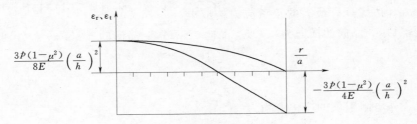

图 3.76　平膜片的应变分布图

事实上根据这一要求，令膜片边缘处的径向应变 ε_r 等于 400～500 微应变；就可求出硅膜片的厚度 h。

利用集成电路工艺制造成的压阻式压力传感器，突出优点之一是可以做得尺寸很小，固有频率很高，因而可以用于测量频率很高的气体或液体的脉动压力。

【例 3－1】 在＜100＞晶面的＜011＞和＜011＞晶向上各放置一电阻条，如图 3.77 所示，试求：

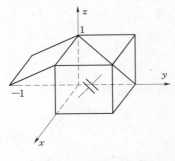

图 3.77　[例 3.1] 图

1）在 0.1MPa 压力作用下电阻条处 σ_r 与 σ_t 为何值（$\mu=0.28$）；

2）两电阻条分别为 P 型和 N 型时的 $\Delta R/R$ 值。

硅膜片尺寸为 $r=4.17\times10^{-3}$ m，$a=5\times10^{-3}$ m，$h=0.15\times10^{-3}$ m，忽略电阻条本身尺寸对输出影响。

解： 压阻式传感器中，晶向是指该晶面的法线方向，在同一晶面上可以扩散无数多根任意方向的 P 型或 N 型电阻条，设 x_1、x_2、y_1、y_2、z_1、z_2 分别为晶体向纵向与横向所对应晶轴的截距。则方向余弦分别为

$$l_1 = \frac{x_1}{\sqrt{x_1^2 + y_1^2 + z_1^2}}, m_1 = \frac{y_1}{\sqrt{x_1^2 + y_1^2 + z_1^2}}, n_1 = \frac{z_1}{\sqrt{x_1^2 + y_1^2 + z_1^2}}$$

$$l_2 = \frac{x_2}{\sqrt{x_2^2 + y_2^2 + z_2^2}}, m_2 = \frac{y_2}{\sqrt{x_2^2 + y_2^2 + z_2^2}}, n_2 = \frac{z_2}{\sqrt{x_2^2 + y_2^2 + z_2^2}}$$

于是，可由题意先求出 P 型电阻条的电阻变化率，设电阻条在（100）晶面内以 $<011>$ 为纵向，$<0\bar{1}1>$ 为横向，由晶轴坐标转换到新坐标代入上式可得

$$l_1 = 0, m_1 = \frac{1}{\sqrt{2}}, n_1 = \frac{1}{\sqrt{2}}$$

$$l_2 = 0, m_2 = -\frac{1}{\sqrt{2}}, n_2 = \frac{1}{\sqrt{2}}$$

再代入式（3.107）、式（3.108），P 型电阻条的 $\pi_{11} = 6.6$，$\pi_{12} = -1.1$，$\pi_{44} = 138.1$，因此

$$\pi_{//} = 6.6 - 2(6.6 + 1.1 - 138.1)\frac{1}{2} \times \frac{1}{2} = 71.8 \times 10^{-11}(\mathrm{m^2/N})$$

$$\approx \frac{1}{2}\pi_{44}$$

$$\pi_{\perp} = -1.1 + (6.6 + 1.1 - 138.1)\frac{1}{2} = -66.2 \times 10^{-11}(\mathrm{m^2/N})$$

$$\approx \frac{1}{2}\pi_{44}$$

分别代入式（3.116）、式（3.117），求出 σ_r 与 σ_t。

$$\sigma_r = \frac{3 \times 0.1 \times 10^6}{8 \times (0.15 \times 10^{-6})^2}[(1 + 0.28)(5 \times 10^{-3})^2 - (3 + 0.28)(4.17 \times 10^{-3})^2]$$

$$= -41.73 \times 10^6(\mathrm{N/m^2})$$

$$\sigma_t = \frac{3 \times 0.1 \times 10^6}{8 \times (0.15 \times 10^{-6})^2}[(1 + 0.28)(5 \times 10^{-3})^2 - (1 + 3 \times 0.28)(4.17 \times 10^{-3})^2]$$

$$= 0$$

由电阻条在圆膜片位置可知，以 $<011>$ 为纵向，它与 σ_r 一致，其横向与 σ_t 一致，而在 $<0\bar{1}1>$ 横向电阻条中，其纵向压阻系数 $\pi_{//}$ 与切向应力 σ_t 一致，所以

$$\left(\frac{\Delta R}{R}\right)_r = \pi_{//}\sigma_r + \pi_{\perp}\sigma_t = \pi_{\perp}\sigma_r$$

$$= 71.8 \times 10^{-11} \times (-41.73) \times 10^6 = -2.996 \times 10^{-2}$$

$$\left(\frac{\Delta R}{R}\right)_t = \pi_{//}\sigma_r + \pi_{\perp}\sigma_t = \pi_{\perp}\sigma_r$$

$$= -66.2 \times (41.73) \times 10^6 = 2.76 \times 10^{-2}$$

所以

$$-\left(\frac{\Delta R}{R}\right)_r \approx \left(\frac{\Delta R}{R}\right)_t$$

电阻变化大小相等方向相反。四个电阻条刚好构成差动全桥电路，可获得最大的输出电压灵敏度。

如果采用 N 型电阻条而其他条件均不变，则用 $\pi_{11} = -102.2$，$\pi_{12} = 53.4$，$\pi_{44} = $

-13.6 代入

$$\pi_{//}=-102.2-2(-102.2-53.4+13.6)\frac{1}{4}=-31.2\times10^{-11}(\mathrm{N/m})$$

$$\pi_{\perp}=53.4+(-102.2-53.4+13.6)\times\frac{1}{2}=-17.6\times10^{-11}(\mathrm{N/m})$$

于是

$$\left(\frac{\Delta R}{R}\right)_{\mathrm r}=\pi_{//}\sigma_{\mathrm r}+\pi_{\perp}\sigma_{\mathrm t}=-31.2\times10^{-11}\times(-41.72)\times10^{6}=1.3\times10^{-2}$$

$$\left(\frac{\Delta R}{R}\right)_{\mathrm t}=\pi_{//}\sigma_{\mathrm t}+\pi_{\perp}\sigma_{\mathrm r}=-16.7\times10^{-11}\times(-41.72)\times10^{6}=0.74\times10^{-2}$$

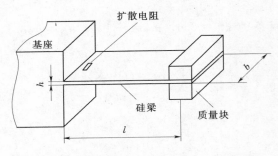

图 3.78　压阻式加速传感器结构示意图

由此看出，用 N 型扩散电阻条引起的电阻变化率小，而且受压力后变化方向一致，构成惠斯通电桥时，输出电压灵敏度很低。

（2）压阻式加速度传感器。压阻式加速度传感器是利用单晶硅作悬臂梁，如图 3.78 所示，在其根部扩散出四个电阻，当悬臂梁自由端的质量块受到加速度作用时，悬臂梁受到弯矩作用，产生应力，使四个电阻阻值发生变化。

如果采用<001>晶向作为悬臂的单晶硅衬底，沿<1$\bar{1}$0>与<110>晶向各扩散两个电阻，由材料力学知悬臂梁根部所受的应力为

$$\sigma_1=\frac{6ml}{bh^2}a \quad (\mathrm{N/m^2}) \tag{3.118}$$

式中　m——质量块的质量，kg；

　b、h——悬臂梁的宽度与厚度，m；

　l——中心至悬臂根部的距离，m；

　a——加速度，m/s²。

另外，<1$\bar{1}$0>晶向的两个电阻阻值的变化率为

$$\left(\frac{\Delta R}{R}\right)_{<1\bar{1}0>}=\pi_{//}\sigma_{//}+\pi_{\perp}\sigma_{\perp}=\pi_{//}\sigma_1 \tag{3.119}$$

<110>晶向的两个电阻阻值的变化率为

$$\left(\frac{\Delta R}{R}\right)_{<110>}=\pi_{//}\sigma_{//}+\pi_{\perp}\sigma_{\perp}=\pi_{\perp}\sigma_1 \tag{3.120}$$

将<1$\bar{1}$0>晶向的纵向压阻系数 $\pi_{//}=\frac{\pi_{44}}{2}$ 与式（3.118）代入式（3.119），将<110>晶向横向压阻系数 $\pi_{\perp}=-\frac{\pi_{44}}{2}$ 代入则得

$$\left(\frac{\Delta R}{R}\right)_{<1\bar{1}0>}=\pi_{44}\frac{3ml}{bh^2}a \tag{3.121}$$

$$\left(\frac{\Delta R}{R}\right)_{<110>}=-\pi_{44}\frac{3ml}{bh^2}a \tag{3.122}$$

可见

$$\left(\frac{\Delta R}{R}\right)_{<1\bar{1}0>}=-\left(\frac{\Delta R}{R}\right)_{<110>}$$

为了保证传感器的输出具有较好的线性度，悬臂梁根部所受的应变不应超过 $400\sim500$ 微应变，具体数值可由下式计算出

$$\varepsilon=\frac{6ml}{Ebh^2}a\mu\varepsilon \tag{3.123}$$

压阻式加速度传感器测量振动加速度时，固有频率应按下式计算

$$f_0=\frac{1}{2\pi}\sqrt{\frac{Ebh^2}{4ml^3}}\quad(\text{Hz}) \tag{3.124}$$

这种加速度传感器如能正确地选择尺寸与阻尼系数，则可用来测量低频加速度与直线加速度。

（3）压阻式传感器的输出。上面已经讨论过压阻式传感器基片上扩散出的四个电阻值的变化率，这四个电阻一般是接成惠斯通电桥，使输出信号与被测量成比例，并且将阻值增加的两个电阻对接，阻值减小的两个电阻对接，使电桥的灵敏度最大。电桥的电源既可采用恒压源供电，也可采用恒流源供电。现分别讨论如下。

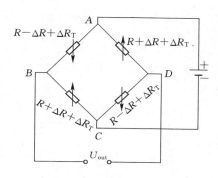

图 3.79　恒压源供电

1）恒压源供电。假设四个扩散电阻的起始阻值都相等且为 R，当有应力作用时，两个电阻的阻值增加，增加量为 ΔR，两个电阻的阻值减小，减小量为 $-\Delta R$；另外由于温度影响，使每个电阻都有 ΔR_T 的变化量。如图 3.79 所示的恒压源供电时，电桥的输出为

$$U_{\text{out}}=U_{\text{DB}}=\frac{U(R+\Delta R+\Delta R_T)}{R-\Delta R+\Delta R_T+R+\Delta R+\Delta R_T}-\frac{U(R-\Delta R+\Delta R_T)}{R+\Delta R+\Delta R_T+R-\Delta R+\Delta R_T}$$

整理后得

$$U_{\text{out}}=U\frac{\Delta R}{R+\Delta R_T}$$

当 $\Delta R_T\neq 0$ 即没有温度影响时，则

$$U_{\text{out}}=U\frac{\Delta R}{R} \tag{3.125}$$

此式说明电桥输出与（$\Delta R_T/R$）成正比，也就是与被测量成正比，同时又与 U 成正比，即电桥的输出与电源的大小与精度都有关。

当 $\Delta R_T\neq 0$ 时，则 U_{out} 与 ΔR_T 有关，也就是说与温度有关，而且与温度的关系是非线性的，所以用恒压源供电时，不能消除温度的影响。

2）恒流源供电。采用如图 3.80 所示的恒流源供电时，假设电桥两个支路的电阻相等，即 $R_{\text{ABC}}=R_{\text{ADC}}=2(R+\Delta R_T)$，故有 $I_{\text{ABC}}=I_{\text{ADC}}=\frac{1}{2}I$。因此电桥的输出为

$$U_{out}=U_{DB}=\frac{1}{2}I(R+\Delta R+\Delta R_T)-\frac{1}{2}I(R-\Delta R+\Delta R_T)$$

整理后的

$$U_{out}=I\Delta R \qquad (3.126)$$

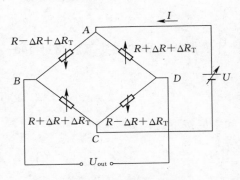

图3.80 恒流源供电

电桥的输出与电阻的变化量成正比，即与被测量成正比，当然也与电源电流成正比，即输出与恒流源供给的电流大小和精度有关。但是电桥的输出与温度无关，不受温度影响，这是恒流源供电的优点。

图3.81是一个压阻式传感器常用的放大线路，它由A_1、A_2、A_3和A_4四个运算放大器组成。其中A_4是一个能提供5～10mA的恒流源电源，A_1、A_2为两个同相输入的放大器，它们提供了$[1+2(R_6/R_G)]$的总差动增益和单位共模增益。输出放大器A_3是一个单位增益的差动放大器。这种IC运算放大器输入阻抗高，放大倍数调节方便，是一种常用的典型放大线路。

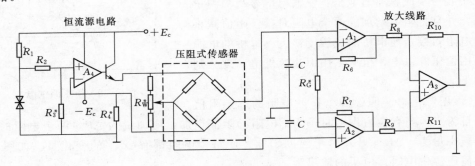

图3.81 压阻式传感器常用的放大线路

2. 扩散电阻的阻值与几何尺寸的确定

压阻式传感器的输出电阻R_{out}。必须要与后面的负载相匹配，如果传感器后面接的负载电阻为R_f，如图3.82所示，则负载上所获得的电压为

$$U_f=U_{out}\frac{R_f}{R_{out}+R_f}=U_{out}\frac{1}{\frac{R_{out}}{R_f}+1}$$

只有$\frac{R_{out}}{R_f}\ll1$时，$U_f\approx U_{out}$，所以传感器的输出电阻（等于电桥桥臂的电阻值）应该小些。设计时一般取电桥桥臂的阻值，也就是每个扩散电阻的阻值为500～3000Ω。

图3.82 传感器与负载的连接

扩散电阻有两种类型，一种胖形，见图3.83（a），这种胖形电阻由于PN结的结面积较大，一般较少采用。另一种是瘦形，见图3.83（b），这是常用的一种类型。为了避免扩散电阻是一直条时太长，常将扩散电阻弯成几折，如图 3.83（c）所示。

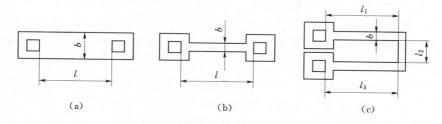

图 3.83　扩散器

瘦形电阻的阻值按下式计算

$$R = R_s \frac{l}{b} \tag{3.127}$$

式中　　l——扩散电阻的长度，即两个引线孔之间的距离；

　　　　b——扩散电阻的宽度；

　　　　R_s——薄层电阻，或称方块电阻，即长宽都等于 b 的电阻值，可用符号 Ω 表示。

在式（3.127）中，薄层电阻 R_s 由扩散杂质的表面浓度 N_s 和结深 x_j 决定，如 N_s 取 $1 \times 10^{18} \sim 5 \times 10^{20} \mathrm{cm}^{-3}$，$x_j$ 为 $1 \sim 3 \mu \mathrm{m}$，则对应的 R_s 为 $10 \sim 80 \Omega$。式（3.127）中 l/b 称为方块数，由所需的电阻值与所选的薄层电阻值决定，一般取 $50 \sim 100$。电阻宽度 b 主要由集成电路工艺水平所决定，目前国内一般采用的宽度是 $5 \sim 30 \mu \mathrm{m}$。电阻长度则是由宽度和方块数决定。

3. 温度漂移的补偿

压阻传感器的敏感元件是构成电桥的四个电阻，在外加压力作用下，电桥就会输出不平衡差分电压信号。信号中的主要部分是与所加压力成正比的有用信号，但也存在着各种误差和外加干扰。单晶硅压阻电桥的主要误差有零点失调温漂、温漂、灵敏度温漂、满量程偏差、满量程偏差温度系数、非线性误差等，它的迟滞等其他误差项比较小，一般可不予考虑。不经任何修正与补偿的单晶硅压电桥，因它的误差过大，如图 3.84 所示，如今已很少直接用于传感器。

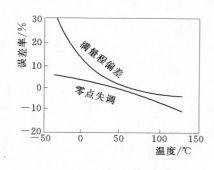

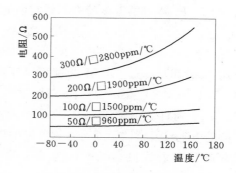

图 3.84　零点失调、满量程偏差及
其与温度的关系　　　　图 3.85　硼扩散电阻的温度系数

零位失调温漂是因扩散电阻的阻值随温度变化引起的。扩散电阻的温度系数随薄层电

阻的不同而不同。硼扩散电阻的温度系数是正值，数值可从图 3.85 查出。薄层电阻小时，也就是表面杂质浓度高时，温度系数小些；薄层电阻大时，也就是表面杂质浓度低时，温度系数大些。但总的来讲，温度系数较大。当温度变化时，扩散电阻的变化就要引起传感器的零位产生漂移。如果将电桥的四个桥臂扩散电阻做得大小差不多，温度系数也一样，电桥的零位温漂就可以很小，但这在工艺上不容易实现。

（1）传感器零位温漂的补偿。传感器的零位失调温漂一般是用串、并联电阻的方法进行补偿，图 3.86 中，R_s 是串联电阻，R_p 是并联电阻，串联电阻主要用来起调零作用，并联电阻主要用来起补偿作用的。并联电阻起补偿作用的原理如下：

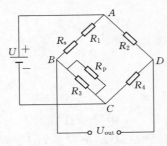

图 3.86　零位温度漂移的补偿

传感器存在零位失调温漂，就是说在温度变化时，输出 B、D 两点电位不相等，譬如说温度升高时，R_3 的增加比较大，则 D 点电位低于 B 点电位，B、D 两点的电位差就是零位温漂。要消除 B、D 两点的电位差，最简单的办法，就是在 R_3 上并联一个负温度系数的阻值较大的电阻 R_p，用它来约束 R_3 的变化。这样当温度变化时，B、D 两点的电位差不至过大，就可以达到补偿的目的。当然这时在 R_4 上并联一个正温度系数的阻值较大的电阻来进行补偿，作用也是一样。

有关 R_s 与 R_p 的计算方法如下：

设 R_1'、R_2'、R_3'、R_4' 和 R_1''、R_2''、R_3''、R_4'' 分别为四个桥臂电阻在低温与高温下的实测数值，R_s'、R_p' 和 R_s''、R_p'' 分别为 R_s、R_p 在低温与高温下的求数值根据高、低温下 B、D 两点的电位应该相等的条件，得

$$\frac{R_1'+R_s'}{\dfrac{R_3'R_p'}{R_3'+R_p'}}=\frac{R_2'}{R_4'} \tag{3.128}$$

$$\frac{R_1''+R_s''}{\dfrac{R_3''R_p''}{R_3''+R_p''}}=\frac{R_2''}{R_4''} \tag{3.129}$$

又根据 R_s、R_p 本身的温度特性，设它们的温度系数 α 与 β 为已知，则得

$$R_s''=R_s'(1+\alpha\Delta T) \tag{3.130}$$

$$R_p''=R_p'(1+\beta\Delta T) \tag{3.131}$$

根据式（3.128）～式（3.131）就可以计算出 R_s'、R_p'、R_s''、R_p'' 四个未知数。实际上只须将式（3.130）与式（3.131）两式代入式（3.128）与式（3.129），计算出 R_s'、R_p' 即可，由 R_s'、R_p' 就可计算出常温下 R_s、R_p 的大小。R_s、R_p 大小计算出后，选择这种温度系数和阻值的电阻接入桥路，就可达到补偿的作用。

如果选择温度系数很小（可认为等于零）的电阻来进行补偿，式（3.128）与式（3.129）应为

$$\frac{R_1'+R_s}{\dfrac{R_3'R_p}{R_3'+R_p}}=\frac{R_2'}{R_4'} \tag{3.132}$$

$$\frac{R_1'' + R_s}{\dfrac{R_3'' R_p}{R_3'' + R_p}} = \frac{R_2''}{R_4''} \tag{3.133}$$

根据式（3.132）和式（3.133）计算出两个未知数 R_s、R_p，用这样大小的两个电阻接入桥路，也可以达到补偿的目的。

一般薄膜电阻的温度系数可以做得很小，可至 10^{-6} 数量级，近似认为等于零，且其阻值又可以修正，能得到任意大小的数值，所以用薄膜电阻进行补偿，可以取得很好的补偿效果。

（2）传感器灵敏度温漂的补偿。传感器的灵敏度温漂，一般采用改变电源电压大小的方法来进行补偿。温度升高时，传感器灵敏度要降低，这时如果使电桥的电源电压提高些，让电桥的输出变大些，就可以达到补偿的目的。反之，温度降低时，传感器灵敏度升高，如果使电桥的电源电压降低些，让电桥的输出变小些，也一样达到补偿目的。图 3.87 所示的两种补偿线路即可达到改变电桥电源电压大小的作用。图 3.87（a）中用正温度系数的热敏电阻敏感温度的大小，改变运算放大器的输出电压，从而改变电桥电源电压的大小，达到补偿的目的。图 3.87（b）中是利用三极管的基极与发射极间的 PN 结敏感温度的大小，使三极管的输出电流发生变化，改变管压降的大小，从而使电桥电压得到改变，达到补偿的目的。

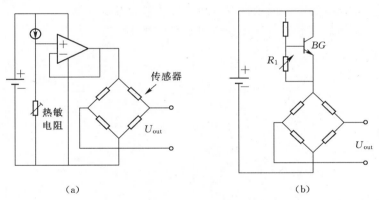

（a）　　　　　　　　　　　　　　　　　　（b）

图 3.87　灵敏度温度漂移补偿电路

单晶硅压阻电桥在制造过程中，可以采取图 3.88 所示的电阻修刻法（激光修刻技术）对失调、温漂以及满量程偏差和满量程偏差温度系数进行修正与补偿。零点修刻电阻 R_{TZ} 是电桥平衡调整电阻，用来补偿传感器在室温下的零位偏置电压，采用激光修刻技术可使电桥初始状态达到高度平衡，从而消除失调误差。与电桥并联的电阻 R_{TS}，其阻值大小能影响电桥供电电流大小，亦即电桥灵敏度的高低，修正满量程偏差与补偿满量程偏差温度系数。R_{TZ} 是热敏电阻，用来补偿温漂。

4. 压阻传感器专用信号调理集成电路

随着电子技术的发展，出现了很多压阻传感器专用信号调理集成电路，如 MAXIM 公司为硅压阻电桥的接口设计了多种 IC 专用信号调理电路，如 MAX1450、MAX1458 等，使完整的压力传感器设计变得更简便了。这些 IC 信号调理电路中除了有基本的高精

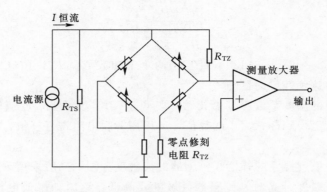

图 3.88　用电阻修刻法修正和补偿各种误差

度测量放大器之外，还安排了为电桥供电的电流源电路和包括失调、温漂、满量程偏差等多项误差修正与补偿电路，使传感器的测压精度大为提高。

有关 MAX1450 型硅压阻电桥 IC 信号调理器简介如下。

MAX1450 型硅压阻电桥信号调理器 IC 芯片内包括有一个可调的驱动硅压阻电桥用的电流源电路、一个 3 位数字控制的增益可编程放大器（PGA）和一个 $A=1$ 的缓冲放大器，如图 3.89 所示。该图中还表示出 MAX1450 外围电路的典型接法，通过人工调整，使失调（OFFSET）与温漂、满量程偏差与温度系数、非线性等误差得以修正或补偿，用一般的硅压阻电桥组成传感器的测压精度可达到优于 1% 的水平。

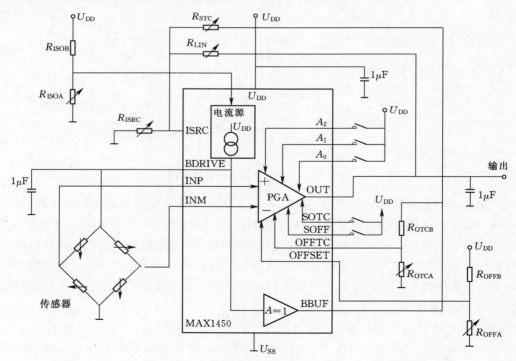

图 3.89　MAX1450 型硅压阻电桥信号调理器 IC 芯片内、外电路的组成

MAX1450 型硅压阻电桥信号调理器 IC 芯片内的电流源电路为电桥提供可调的驱动电流，电流源电路如图 3.90 所示，虚线内部为 IC 芯片处电流源电路，虚线外部为外围电路。FSOTRIM 端电压或 R_{ISRC} 电阻值都将决定电流基准输出 I_{ISRC} 的大小。电桥驱动电流 I_{BDRIVE} 为 I_{ISRC} 的 13 倍，且该比值 13 稳定不变，I_{BDRIVE} 典型值值在 0.5mA 或 1mA。缓冲放大器输出电压等于电桥供电端电压，它的变化代表了温度的变化。I_{ISRC} 端引入与温度相关的 BBUF 信号就可补偿满量程温度系数，又引入输出反馈信号 OUT 可用来改善其线性度。

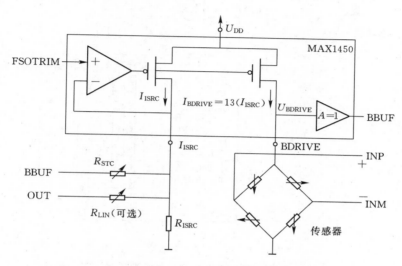

图 3.90　MAX1450 中驱动电桥的电流源电路

增益可编程放大器（PGA）实际上是一个共模抑制比（CMRR）为 90dB 的测量放大器，通常可配接输出范围为 10 ～ 30mV/V 的硅压阻电桥。引脚 A0、A1、A2 输入二进制代码，可按 8 级控制放大器的增益，39，65，91，…，221 倍。PGA 中可引入失调与温漂的修正信号，如图 3.89 与图 3.91 所示，"OFFSET"、"OFF-TC" 分别引入失调与温漂的大小量，而 "SOFF"、"SOTC" 则分别控制失调与温漂的正负方向。由图 3.89 可见，失调与温漂的大小、方向都靠人工调整。

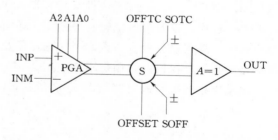

图 3.91　PGA 中引入失调与温漂的修正信号

MAX1458 型硅压阻电桥信号调理器 IC 芯片仍然是一种中等精度（1%等级）的专用单片信号调理器，但它采取了数字控制的误差修正与补偿技术，外围电路要比 MAX1450 简单得多。它的内部组成不仅包括有一个可调的驱动硅压阻电桥用的电流源电路、一个 3 位数字控制的增益可编程放大器（PGA）和多个 $A=1$ 的缓冲放大器，而且还增加了一个储存修正补偿系数用的 128 位 EEPROM、4 个 12 位 D/A 转换器以及控制 EEPROM 写/读逻辑用的串行同步数字通信接口电路等，如图 3.92 所示，取代了原 MAX1450 外围的各电位器。

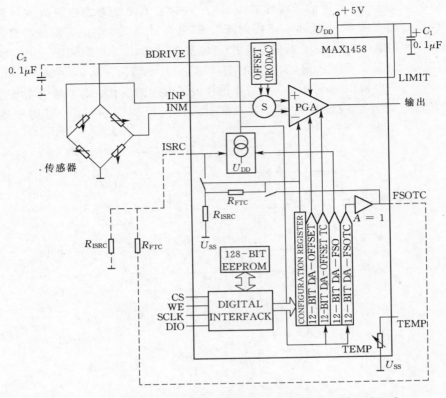

图 3.92　MAX1458 型硅压阻电桥信号调理器 IC 内、外电路组成

　　EEPROM 中有一个 12 位设置寄存器，供存放失调与温漂符号、PGA 增益代码、内部电阻选择代码以及输入偏置码等之用。还有 4×12 位数据寄存器分别存放失调、温漂、满程输出、满程输出温度系数四个数据，以及 2×12 位是供用户使用的。另外还有 40 位寄存器则是厂方保留的，用户不能使用。

　　驱动电桥的电流源电路如图 3.93 所示，满量程输出 FSO 受 EEPROM 中 FSO 寄存器

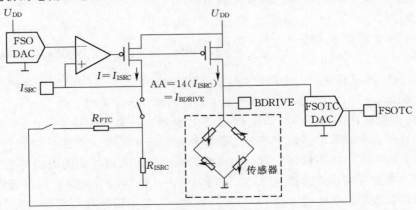

图 3.93　MAX1458 中读懂电桥的电流源电路

中数据且经 D/A 转换而成的电压控制，还受到 R_{ISRC} 等电阻值调整。电桥驱动电流 I_{BDRIVE} 为电流 I_{ISRC} 的 14 倍，且该比值 14 稳定不变，I_{BDRIVE} 典型值调在 0.5mA 或 1mA。电桥供电顶端的电压，它的变化代表了温度的变化，所以温度信号由此而得出。R_{FTC} 支路的接入就是为补偿满程温度系数。

失调与温漂的修正与补偿也通过 EEPROM 中的 OFFSET 和 OFFSET TC 寄存器中数据且经 D/A 转换而成的电压，叠加到 PGA 放大器信号中，类似于图 3.93 所示。

5. 单片集成硅压力传感器

（1）集成硅压力传感器的性能特点。集成化、智能化、网络化和系统化是传感器的发展方向。

集成传感器是采用专门的设计与集成工艺，把构成传感器的敏感元件、晶体管、二极管、电阻、电容等基本元器件，制作在一个芯片上，能完成信号检测及信号处理的集成电路。因此，集成传感器亦称作传感器集成电路。

与传统的由分立元件构成的传感器相比，集成传感器具有功能强、精度高、响应速度快、体积小、微功耗、价格低、适合远距离信号传输等特点。集成传感器的外围电路简单，具有很高的性价比，为实现测控系统的优化设计创造了有利条件。

近年来问世的单片集成化硅压力传感器是采用硅半导体材料制成的，内部除传感器单元外还增加了信号调理、温度补偿和压力修正电路。下面以 MPX4100A 为例介绍单片集成化硅压力传感器的特点和应用。

由美国 Motorola 公司生产的单片集成化硅压力传感器，主要有 MPX2100、MPX4100A、MPX5100 和 MPX5700 系列。这 4 种硅压力传感器的内部结构和工作原理基本相同，主要区别是测量压力的范围及封装形式不同。MPX2100、MPX5100 的测量范围为 0～1100kPa，MPX4100A 为 20～115kPa，MPX5700 为 0～700kPa。由于传感器内部以真空作为参考压力，因此适合测量绝对压力。它们的性能特点主要有以下几个方面：

1）内部有压力信号调理器、薄膜温度补偿器和压力修正电路，利用温度补偿器可消除温度变化对压力的影响，温度补偿范围是 -40～+125℃。

2）传感器的输出电压与被测绝对压力成正比，适配带 A/D 转换器的微控制器，构成压力检测系统，还可构成 LED 条图显示压力计或压力调节系统。

3）采用显微机械加工、激光修正等先进技术和薄膜电镀工艺，具有测量精度高、预热时间短、响应速度快、长期稳定性好、可靠性高、过载能力强等优点。以 MPX4100A 为例，采用 +5V 电源时，在 0～+80℃ 温度范围内的最大测量误差不超过 ±1.8%，满量程输出电压为 4.95V，压力灵敏度为 54mV/kPa，预热时间为 20ms，响应时间仅为 1.0ms，长期稳定度为 ±0.5%，允许过载 248%FS（即最高可承受 400kPa 的压力，FS 代表满量程）。

（2）MPX4100A 系列集成硅压力传感器的工作原理。MPX4100A 的内部电路主要包括三部分：①由压敏电阻构成的传感器单元；②经过激光修正的薄膜温度补偿器及第一级放大器；③第二级放大器及模拟电压输出电路（包含基准电路、压力修正、电平偏移电路等）。当它受到垂直方向上的压力 p 时，就将该压力与真空压力相比较，使输出电压与绝对压力成正比。

MPX4100A 的输出电压与绝对压力的关系曲线如图 3.94 所示。由图可见，在 20～105kPa 的压力范围内，U_O 与 p 成正比。超出测量范围后，U_O 就基本上不随压力而变化。

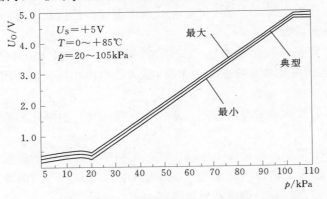

图 3.94　MPX4100A 的输出电压与绝对压力的关系曲线

MPX4100A 的输出电压表达式为

$$U_O = U_S(0.01059p - 0.1518 \pm \alpha p_\gamma) \tag{3.134}$$

式中　U_S——电源电压；

$\quad\quad p$——被测压力；

$\quad\quad \alpha$——温度误差系数；

$\quad\quad p_\gamma$——压力误差。

利用 U_O 的表达式即可完成温度补偿及压力修正，由微处理器计算出被测压力值计算公式为

$$p = 94.4 \times \left(\frac{U_O}{U_S} + 0.1518 \pm \alpha p_\gamma \right) \tag{3.135}$$

（3）MPX4100A 的典型应用电路。MPX4100A 的典型应用电路如图 3.95 所示，它采用 +5V 电源供电，C_1 和 C_2 为电源去耦电容。C_3 为输出端的消噪电容。集成硅压力传感器（ISP）的输出电压首先通过 A/D 转换器转换成数字量，再送至微处理器（μP）计算出被测压力值。为了简化电路，还可采用带 A/D 转换器的单片机，如 Motorola 公司生产的 MC68HC05 型单片机。MPX4100A 用来监测管道压力。

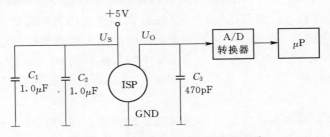

图 3.95　MPX4100A 的典型应用电路

3.6.8　电容式传感器

电容式传感器的基本工作原理是基于物体间的电容量与其结构参数之间的关系。电容

式传感器不但广泛应用于位移、振动、角度、加速度等机械量的精密测量，而且还逐步扩大到用于压力、压差、液位、物位或成分含量等方面的测量。

电容式传感器的主要特点为：①小功率、高阻抗；②小的静电引力和良好的动态特性；③与电阻式传感器相比，电容式传感器本身发热影响小；④可以进行非接触测量；⑤结构简单，适应性强，可以在温度变化比较大或具有各种辐射的恶劣环境中工作。

电容式传感器的主要缺点为：①输出具有非线性；②寄生电容的影响往往降低传感器的灵敏度和精度。

1. 工作原理与分类

由物理学可知，电容器的电容是构成电容器的两极板形状、大小、相互位置及极板间电介质介电常数的函数。以最简单的平板电容器为例，如图 3.96 所示，当不考虑边缘电场影响时，其电容量 C 为

$$C = \frac{\varepsilon S}{\delta} \tag{3.136}$$

式中 ε——介质的介电常数；

S——极板的面积；

δ——极板间的距离。

由式（3.136）可知，平板电容器的电容是 ε、δ、S 的函数，即 $C = f(\varepsilon, \delta, S)$。电容式传感器的工作原弹正是建立在上述关系上的。

具体地说，如将上极板固定，而下极板与被测运动物体固连，当被测运动物体上、下移动（使 δ 变化）或左、右移动（使 S 变化）时，将引起电容的变化，通过一定测量线路可将这种电容变化转换为电压、电流、频率等电信号输出。据输出信号大小，即可测定运动物体位移大小。如果两极板均固定不动，而极板间的介质状态参数

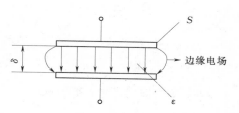

图 3.96 平板电容器

发生变化致使介电常数变化时（如介质在极板间的相对位置、介质的温度、密度、湿度等参数发生变化时，均能导致介电常数的变化），也能引起电容变化，故可据此测定介质的各种状态参数，如介质在极板中间的位置、介质的湿度、密度等。总之，只要被测物理量的变化能使电容器中任意一个参数产生相应改变而引起电容变化，再通过一定的测量线路将其转换为有用的电信号输出，即可根据这种输出信号大小来判定被测物理量的大小，这就是电容式传感器的基本工作原理。

电容式传感器根据其工作原理不同，可分为变间隙式、变面积式、变介电常数三种；按极板形状不同一般有平板和圆柱形两种。

图 3.97 所示为各种电容传感器结构图，图 3.97（a）、（b）是变极距型；图 3.97（c）、（d）、（e）、（f）是变面积型；图 3.97（g）和（h）是变介电常数型。图 3.97（a）、（b）、（c）、（e）是线位移传感器；图 3.97（d）是角位移传感器；图 3.97（b）和（f）是差动传感器，它们包括两个结构完全相同的电容器极板，并都共用一个活动极板；当活动电极处于起始中间位置时，两个电容器的电容相等；当活动电极偏离中间位置时，一个电容增

加，另一个电容减少。差动式与单体式相比，灵敏度高，非线性得到改善，并且能补偿温度误差，在结构条件允许时宜多采用。

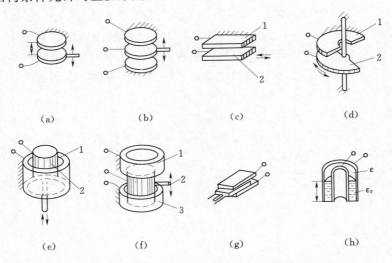

(a)   (b)   (c)   (d)

(e)   (f)   (g)   (h)

图 3.97　几种不同的电容式传感器的原理结构图

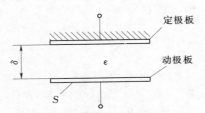

图 3.98　变间隙式平板电容器原理图

变间隙式一般用来测量微小的线位移（小到从 $0.01\mu m$ 至零点几毫米）；变面积式则一般用来测角位移（从一角秒至几十度）或较大的线位移；变介电常数式常用于固体或液体的物位测量，也用于测定各种介质的湿度、密度等状态参数。

2. 主要特性

（1）特性曲线、灵敏度、非线性。

1）变间隙式。如图 3.98 所示，其电容的特性公式为

$$C=\frac{\varepsilon S}{\delta}=\frac{\varepsilon_r\varepsilon_0 S}{\delta} \tag{3.137}$$

式中　C——输出电容，F；

　　　　ε——极板间介质的介电常数，F/m；

　　　　ε_0——真空的介电常数，$\varepsilon_0=\dfrac{10^{-9}}{4\pi\times9}$（F/m），或 $\varepsilon_0=8.85\times10^{-12}$（F/m）；

　　　　ε_r——极板间介质的相对介电常数，$\varepsilon_r=\dfrac{\varepsilon}{\varepsilon_0}$，对于空气介质 $\varepsilon_r\approx1$；

　　　　S——极板间相互覆盖的面积，m^2；

　　　　δ——极板间的距离，m。

由式（3.137）可知，极板间的电容 C 与极板间距离 δ 呈反比的双曲线关系，如图 3.99 所示。由于这种传感器特性的非线性，所以在工作时动极板一般不能在整个间隙范围内变化，而只能限制在一个较小的 $\Delta\delta$ 范围内变化，以使 ΔC 与 $\Delta\delta$ 的关系近似于线性。

进一步看 ΔC 与 $\Delta\delta$ 之间的关系。假如间隙 δ 减小了 $\Delta\delta$，则电容 C 将增加 ΔC

$$\Delta C = \frac{\varepsilon S}{\delta - \Delta \delta} - \frac{\varepsilon S}{\delta}$$

$$\frac{\Delta C}{C} = \frac{\dfrac{\Delta \delta}{\delta}}{1 - \dfrac{\Delta \delta}{\delta}} \tag{3.138}$$

当 $\dfrac{\Delta \delta}{\delta} \leqslant 1$ 时，可将式（3.138）展开为级数

$$\frac{\Delta C}{C} = \frac{\Delta \delta}{\delta}\left[1 + \frac{\Delta \delta}{\delta} + \left(\frac{\Delta \delta}{\delta}\right)^2 + \left(\frac{\Delta \delta}{\delta}\right)^3 + \cdots\right] \tag{3.139}$$

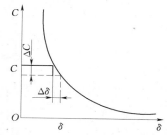

图 3.99　变间隙式平板电容器
的特性曲线

由式（3.139）可见，输出电容的相对变化 $\dfrac{\Delta C}{C}$ 与输入位移

$\Delta \delta$ 之间的关系是非线线性的，只有当 $\dfrac{\Delta \delta}{\delta} \leqslant 1$ 时，略去各非线性项后，才能得到近似线性
关系

$$\frac{\Delta C}{C} = \frac{1}{\delta} \Delta \delta \tag{3.140}$$

$$K = \frac{\dfrac{\Delta C}{C}}{\Delta \delta} = \frac{1}{\delta} \tag{3.141}$$

式中　K——电容式传感器的灵敏度，它说明单位输入能引起输出电容相对变化的大小。

如略去式（3.139）中的方括号内 $\dfrac{\Delta \delta}{\delta}$ 的二次方以上各项，则得

$$\frac{\Delta C}{C} = \frac{\Delta \delta}{\delta}\left(1 + \frac{\Delta \delta}{\delta}\right) \tag{3.142}$$

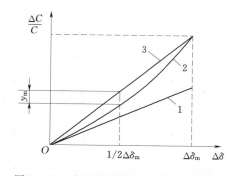

图 3.100　变间隙式平板电容器的非线性

按式（3.140）得到的特性为直线 1，按式（3.142）得到的则为曲线 2，如图 3.100 所示。

如用端基法求特性曲线 2 的线性度，则得非线性误差的绝对值为

$$y = \frac{\dfrac{\Delta \delta_m}{\delta} + \dfrac{\Delta \delta_m^2}{\delta^2}}{\Delta \delta_m} \Delta \delta - \left[\frac{\Delta \delta}{\delta} + \left(\frac{\Delta \delta}{\delta}\right)^2\right]$$

$$= \frac{\Delta \delta_m \Delta \delta}{\delta^2} - \frac{\Delta \delta^2}{\delta^2} \tag{3.143}$$

式中，$\Delta \delta_m$ 如为动极板最大位移值。对式（3.143）求导并令其为零，即可求得最大绝对非线性误差 y_m。

$$\frac{\mathrm{d} y}{\mathrm{d}(\Delta \delta)} = \frac{\Delta \delta_m}{\delta^2} - \frac{2\Delta \delta}{\delta^2} = 0$$

$$\Delta \delta = \frac{1}{2} \Delta \delta_m \tag{3.144}$$

$$y_m = \frac{1}{4} \frac{\Delta \delta_m^2}{\delta^2} \tag{3.145}$$

故非线性误差为

$$e_{\mathrm{f}}=\frac{\frac{1}{4}\left(\frac{\Delta\delta_{\mathrm{m}}}{\delta}\right)^2}{\frac{\Delta\delta_{\mathrm{m}}}{\delta}+\left(\frac{\Delta\delta_{\mathrm{m}}}{\delta}\right)^2}\times 100\%\qquad(3.146)$$

由以上各式可得以下结论：

由式（3.141）可知，欲提高灵敏度 K，应减少间隙 δ，但这受电容器击穿电压的限制，而且增加装配工作的困难。

由式（3.145）和式（3.146）可知，非线性将随最大相对位移增加而增加，因此为了保证一定的线性度，应限制动极片的相对位移量。如取 $\frac{\Delta\delta_{\mathrm{m}}}{\delta}=0.1\sim 0.2$，此时线性度约为 $2\%\sim 5\%$。

为了改善非线性，可以采用差动式，当一个电容增加时，其特性方程如式（3.139），另一个电容则减少，此时其特性方程与式（3.139）相似，但其偶次项均为负号。这时，如差动结构的两电容相减。总输出为

$$\frac{\Delta C}{C}=2\,\frac{\Delta\delta}{\delta}\left[1+\left(\frac{\Delta\delta}{\delta}\right)^2+\left(\frac{\Delta\delta}{\delta}\right)^4+\cdots\right]\qquad(3.147)$$

式中只含奇次项，因此非线性将大大减小，而灵敏度提高了一倍。

【例3-2】 有一只变极距电容传感元件，二极板重叠有效面积为 $8\times 10^{-4}\mathrm{m}^2$，两极板间的距离为 1mm，已知空气的相对介电常数是 1.0006，试计算该传感器的位移灵敏度。

解： 求变极距型电容传感元件的位移灵敏度时只要把计算式 $C=\varepsilon_{\mathrm{r}}\varepsilon_0\dfrac{S}{\delta}$ 对 δ 求导，即

$$\frac{\mathrm{d}C}{\mathrm{d}\delta}=-\frac{\varepsilon_{\mathrm{r}}\varepsilon_0 S}{\delta^2}$$

由此可见，极距 δ 越小，灵敏度就越高。

把已知数据代入上式，得位移灵敏度为

$$\frac{\mathrm{d}C}{\mathrm{d}\delta}=-\frac{8.85\times 10^{-12}\times 1.0006\times 8\times 10^{-4}}{(1\times 10^{-3})^2}$$

$$=-70\times 10^{-10}(\mathrm{F/m})=-7(\mathrm{nF/m})$$

式中，负号表示当极距 δ 增大时电容值减小。

2）变面积式。其结构参数见图 3.101。当动极板移动 Δx 后，两极板间的电容为

$$C=\frac{\varepsilon b(a-\Delta x)}{\delta}=C_0-\frac{\varepsilon b}{\delta}\Delta x$$

$$\Delta C=C-C_0=-\frac{\varepsilon b}{\delta}\Delta x\qquad(3.148)$$

$$K=-\frac{\Delta C}{\Delta x}=\frac{\varepsilon b}{\delta}\qquad(3.149)$$

式中 K——灵敏度。

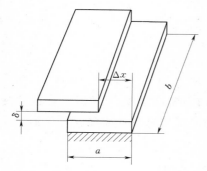

图 3.101　变面积式平板电容器示意图

由式（3.148）和式（3.149）可见，变面积电容式传感器的输出特性是线性的，灵敏度为一常数。增大极板长度 b，减小间隙 δ 可使灵敏度提高。极板宽度 a 的大小不影响灵敏度，但也不能太小，否则边缘电场影响增大，非线性将增大。

3）变介电常数式。电容式液位计中所使用的电容式传感器元件就属于这一类，如图 3.102 所示。当被测液体的液面在电容式传感元件的两同心圆柱形电极间变化时，引起极间不同介电常数介质的高度发生变化，因而导致电容变化，其输出电容与液面高度的关系为

$$C=\frac{2\pi\varepsilon_0(h-x)}{\ln\frac{R_2}{R_1}}+\frac{2\pi\varepsilon_1\ x}{\ln\frac{R_2}{R_1}}=\frac{2\pi\varepsilon_0\ h}{\ln\frac{R_2}{R_1}}+\frac{2\pi(\varepsilon_1-\varepsilon_0)x}{\ln\frac{R_2}{R_1}}\qquad(3.150)$$

式中　ε_1——液体的介电常数，F/m；

$\quad\ \varepsilon_0$——空气的介电常数，F/m；

$\quad\ h$——电极板的总长度，m；

$\quad\ R_1$——内电极板的外径，m；

$\quad\ R_2$——外电极板的内径，m。

由式（3.150）可知，输出电容 C 将与液面高度 x 成线性关系。在航空油量表中，由于油箱的不规则形状，液面高度与油箱中的油量关系是非线性的，为了获得电容输出与油量的线性关系，必须使电容与液面高度成非线性关系，通常的方法是在一个圆柱形极板上开一些缺口，此时电容式传感元件的特性将是非线性的，其示意图如图 3.103 所示。

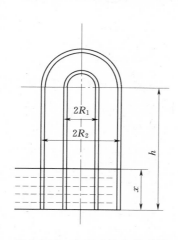

图 3.102　电容式液位传感器

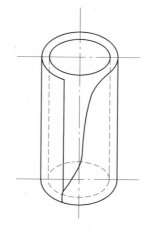

图 3.103　液位传感器用非线性电容器

另一种变介电常数的电容式传感器的原理图见图 3.104。当某种介质在两固定极板间运动时电容输出与介质参数之间的关系为

$$C=\frac{S}{\dfrac{\delta-d}{\varepsilon_0}+\dfrac{d}{\varepsilon_r\varepsilon_0}}=\frac{\varepsilon_0 S}{\delta-d+\dfrac{d}{\varepsilon_r}} \qquad (3.151)$$

式中　　d——运动介质的厚度，m；

　　其他符号意义同前。

　　由式（3.150）可见，当运动介质的厚度 d 保持不变而介电常数 ε_r 改变，如湿度变化，电容将产生相应的变化，据此可做成介电常数 ε 的测试传感器，如湿度传感器。反之，若 ε_r 不变，则可做成测厚传感器。

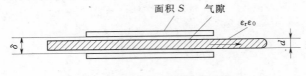

图 3.104　变介电常数的电容

　　以上所有特性计算式均未考虑电场的边缘效应，故实际电容量将比计算值大。例如由两圆形平板构成的电容器，当其半径 R 与间隙 δ 比值 $\dfrac{R}{\delta}=5$ 且板厚度等于间距时，实际电容量将比计算值大 6%。此外型应还将使灵敏度降低、非线性增加。

　　为了减少边缘效应的影响，可以适当减小极板间距，但这易引起击穿，并限制了测量范围。较好的办法是采用防护环，如图 3.105 所示。在使用时，使防护环与被防护的极板具有相等的电位，则在被防护的工作极板面上的电场基本上保持均匀，而发散的边缘电场将发生在防护环外周。

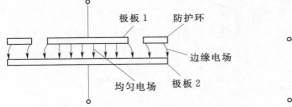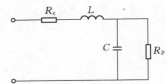

图 3.105　电容传感器防护环　　　　图 3.106　电容式传感器的等效电路

　　（2）电容传感器的等效电路。绝大多数电容式传感器均可用纯电容来表示。在高频下（如几兆赫），即使电容很小，损耗一般亦可忽略。在低频时，其中损耗可用并联电阻 R_p 来表示，如图 3.106 所示，它代表直流漏电阻、电极绝缘基座中的介质损耗和在极板间隙中的介质损耗等。对空气介质电容器来讲，其损耗一般可以忽略；对固体介质来讲，显然损耗与介质性质有关。

　　但在高频情况下，电流的趋肤效应将使导体电阻增加，因此图中 R_c 代表导线电阻、金属支座及极板电阻。此时，连接导线的电感亦应考虑，图中以 L 表示。对于任一谐振频率一下的频率，由于 L 的存在，传感器的有效电容 C_e 将增加 ΔC_e，有效电容的相对变化也将增加 [见式（3.152）、式（3.153）]，因此测量时必须与校准时处在同样条件下，即电缆长度不能改变。

$$C_e = \frac{C}{1 - \omega^2 LC} \tag{3.152}$$

$$\frac{\Delta C_e}{C_e} = \frac{\Delta C_e}{C_e}\left(\frac{C}{1 - \omega^2 LC}\right) \tag{3.153}$$

（3）高阻抗、小功率。电容式传感器由于其几何尺寸较小，一般电容量很小，有的甚至只有几个皮法。电容愈小，容抗 $[X_C = (1/\omega C)]$ 愈大，视在功率（$P_C = UI = U^2\omega C$）愈小。现实举一实例来说明，设有一圆形平板电容式传感器，其直径 $d = 40\text{mm}$，初始间隙 $\delta_0 = 0.25\text{mm}$，两极板间电压为 $U = 30\text{V}$，频率 $f = 400\text{Hz}$，则其起始电容 $C = 44.5\text{pF}$，容抗 $X_C = 11.1 \times 10^6\Omega$，视在功率只 $P_C = 10^{-4}\text{W}$，如动极片移动 $\Delta\delta = 0.1\delta_0$ 时，其电容变化量 ΔC 为 4.45pF。由以上数据可知，电容式传感器的电容量很小，因此是一个高阻抗、小功率的传感器，而且电容变化量极小，这是电容式传感器的重要特征之一。这一特征使它易受外界干扰，且其信号一般需用电子线路加以放大。采用多个传感元件并联以提高总电容量或提高电源频率，都可以减小容抗。

（4）静电吸力。电容式传感器在两极板间存在着静电场，因此极板受到静电吸力或静电力矩的作用。当活动极板有敏感元件来带动时，这种静电力将作用到敏感元件上。如果敏感元件的推动力很小，静电力将使敏感元件产生附加位移，造成测量误差。不过这种静电力一般很小的，因此只有对推动力很小的敏感元件才需对静电吸力加以考虑。

3. 测量线路

电容式传感器将被测物理量变换为电容变化后，必须采用测量线路将其转换为电压、电流或频率信号。电容式传感器的测量线路种类很多，下面仅就一些常用线路作些介绍。

（1）交流不平衡电桥。阻容电桥在实践中使用不多，一般采用变压器式桥路。其测量线路的原理框图见图 3.107。变压器式桥路可以说是阻容电桥的简化，它省去了两桥臂电阻，在原理上已偏离了四臂惠斯通电桥的概念，因此分析方法亦有所不同。

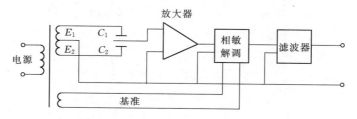

图 3.107　变压器式桥路原理

变压器式桥路的等效电路图见图 3.108。图中 C_1、C_2 可以是两个差动电容器，使其中之一为固定电容，另一为电容式传感器；Z_f 为放大器的输入阻抗，一般可取 $Z_f \to \infty$，Z_f 上的电压降即为电桥输出电压 U_{out}。设在起始时，$E_1 = E_2 = E_0$，下面来求 U_{out} 与传感电容 C_1、C_2 及电路其他参数的关系式。

在这种情况下我们可以直接写出输出电压 U_{out} 的表达式

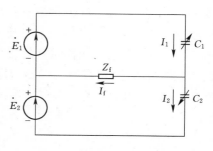

图 3.108　变压器桥式路的等效电路

$$\dot{U}_{out}=\left\{\frac{2\dot{E}}{\frac{1}{j\omega C_1}+\frac{1}{j\omega C_2}}\right\}\frac{1}{j\omega C_2}-\dot{E}=E\left(\frac{2\dot{C}_1}{C_1+C_2}-1\right)=\dot{E}\left(\frac{C_1-C_2}{C_1+C_2}\right)\tag{3.154}$$

对于差动电容器，如图 3.109 所示。

$$\frac{C_1-C_2}{C_1+C_2}=\frac{\frac{\varepsilon S}{\delta_0-\Delta\delta}-\frac{\varepsilon S}{\delta_0+\Delta\delta}}{\frac{\varepsilon S}{\delta_0-\Delta\delta}+\frac{\varepsilon S}{\delta_0+\Delta\delta}}=\frac{\Delta\delta}{\delta}\tag{3.155}$$

将式（3.155）代入式（3.154）可得

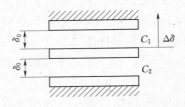

图 3.109　差动电容器示意图

$$\dot{U}_{out}=\dot{E}\frac{\Delta\delta}{\delta_0}\tag{3.156}$$

可见当输出与$(C_1-C_2)/(C_1+C_2)$成正比例时，即使对变间隙电容式传感器来说，输出也将与输入位移成理想线性关系，这一点在以后电路中还将遇到。对变压器式电桥来说，只有当放大器的输入阻抗为无限大时才能做到。

以上所述为不平衡电桥线路，它的输出均与供桥电压成正比例。电源电压的不稳定将直接影响测量精度。对于不平衡电桥，传感器必须工作在小偏离情况下，否则电桥非线性将增大。

平衡电桥以电桥桥臂的平衡条件为基础，这种平衡条件与电源电压无关，因此测量将不受电源电压波动的影响，而电桥输出一般具有线性特征。采取自动平衡电桥线路还能实现自动测量、远距传输以及多信号输出等要求。

（2）二极管式线路。电桥测量线路的输出均为具有一定相位的交流电压，为了获得相应的直流输出，必须进行相敏解调，这就使线路较复杂，且要求输出电压与激励电压之间必须有严格固定的相移，否则将带来误差。美国麻省理工学院教授 K. S. Lion 在 1963 年提出一种二极管电路，称为非线性双 T 网络。这种电路的特点是线路十分简单，不需要附加相敏解调器，即能获得高电平的直流输出，而且灵敏度亦很高，据资料介绍，当输入电源电压为正弦波，有效值为 46V、频率为 1.3MHz、负载为1MΩ，电容变化为±7pF 时，可输出直流电压为±5V。

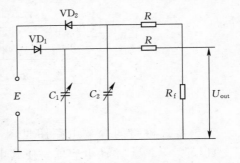

图 3.110　二极管式线路

这种线路的组成见图 3.110。E 为一高频（MHz级）振荡源，可为方波或正弦波；C_1、C_2可为传感器的两差动电容；也可使其中之一为固定电容，另一为电容式传感器的可变电容；R_f 为本双 T 网络的输出负载；VD_1、VD_2 为两个二极管；R 为固定电阻。为了解其工作原理，将图 3.110 改画成图 3.111。为简化分析，假设二极管正向电阻为零，反向为无穷大，且仅考虑负载电阻 R_f 上的电流。由二极管单向导电性可知，当 E 为正半周时如图 3.111（a）所示，VD_1 导通、C_1 充电、VD_2 不导通，其等效电路如图 3.111（c）所示。当 E 为负半周时，VD_2 导通、C_2 充电、VD_1 不导通，其等效电路如图 3.111（b）所示。当线路一开始接通，如 E 为正半周则 C_1 首先充电至 $+E$。当 $t=t_1$ 刚进入负半周时，C_2 亦充电至 E，此时 α 点点位 ϕ_a 与 O 点点位 ϕ_o 相等，$i'_f=0$。以后 C_1 开始放电，e_{C_1} 下降，$\phi_a<\phi_o$，电流 i'_f 增加。当 $t_1=t_2$ 刚进入正半周时，C_1 立刻充电至 E，C_2 上原有的电压还未及放电，所以 $e_{C_2}=E$，此时 $\phi_a=\phi_o$，$i''_f=0$。

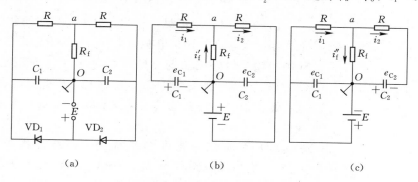

图 3.111　二极管式线路分析

此后 C_2 开始放电，e_{C_2} 下降，$\phi_a>\phi_o$，i''_f 逐渐增加，且其方向与 i'_f 相反波形，见图 3.111（b）。当 $C_1=C_2$ 时，i'_f 与 i''_f 波形相同，方向相反，所以通过 R_f 上的平均电流为零；当 $C_1>C_2$ 时，i'_f 的波形高度将小于 i''_f，所以通过 R_f 的平均电流不为零，因此产生输出电压 U_{out}。

对负半周按图 3.111（b）列出方程为

$$
\begin{cases}
e_{C_1} = E - \dfrac{1}{C_1}\displaystyle\int_0^t i_1\,\mathrm{d}t = i_1 R - i'_f R \\[2mm]
e_{C_2} = E = i'_f R_f + i_2 R \\[2mm]
i_1 = i_2 - i'_f
\end{cases}
\tag{3.157}
$$

对式（3.157）的第一式进行微分，并联解方程可得

$$
i''_f(t) = \frac{E}{R_f + R}\left[1 - \mathrm{e}^{-\frac{R+R_f}{RC_1(R+2R_f)}t}\right]
\tag{3.158}
$$

同理对正半周可得

$$
i''_f(t) = \frac{E}{R_f + R}\left[1 - \mathrm{e}^{\frac{R+R_f}{RC_2(R+2R_f)}t}\right]
\tag{3.159}
$$

所以输出电流在一个周期 T 内对时间的平均值为

$$
\overline{I}_f = \frac{1}{T}\int_0^T \left[i''_f(t) - i'_f(t)\right]\mathrm{d}t
$$

将式（3.158）、式（3.159）代入得

$$
\overline{I}_f = \frac{(R+2R_f)R}{(R+R_f)^2} Ef\left(C_1 - C_2 - C_1\mathrm{e}^{-k_1} + C_2\mathrm{e}^{-k_2}\right)
\tag{3.160}
$$

式中，$k_1 = \dfrac{R+R_f}{2RC_1(R+2R_f)f}$；$k_2 = \dfrac{R+R_f}{2RC_2(R+2R_f)f}$；$f = \dfrac{1}{T}$。适当选择线路中原件参数及电源频率 f，使 $k_1>5$、$k_2>5$，则式（3.160）中非线性项（指数项）在总输出中的比列将小于 1%，如将其忽略则得

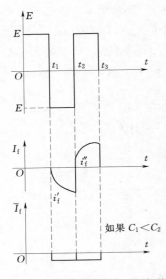

图 3.112 负载电流 i_f 的波形

$$\bar{I} \approx \frac{R(R+2R_f)}{(R+R_f)^2} Ef(C_1-C_2) \qquad (3.161)$$

故输出电压的平均值为

$$\bar{U}_{out} = \bar{I}_f R_f \approx \frac{R(R+2R_f)}{(R+R_f)^2} R_f Ef(C_1-C_2) \qquad (3.162)$$

由式（3.162）可见，输出电压不仅与电源电压 E 的幅值大小有关，而且还与电源频率有关，因此除了要求稳压外，还须稳频。另外输出与 (C_1-C_2) 有关，而不是与 $(C_1-C_2)/(C_1+C_2)$ 有关［见式（3.154）］，因此对这种差动电容式传感器说，原理上也只能减少非线性，而不能完全消除非线性。

（3）差动脉冲宽度调制线路。该线路的原理图如图 3.113。它由比较器 A_1、A_2、双稳态触发器及电容充放电回路组成。C_1、C_2 为传感器的差动电容，双稳态触发器的两个输出端用作线路输出。设电源接通时，双稳态触发器的 A 端为高电位，B 端为低电位，因此，A 点通过 R_1 对 C_1 充电，直至 M 点上的电位等于参考电压 U_f 时，比较器 A_1 产生一个脉冲，触发双稳态触发器翻转，A 点成低电位，B 点成高电位。此时 M 点电位经二极管 VD_1 从 U_f 迅速放电至零。而同时 B 点的高电位经 R_2 向 C_2 充电。当 N 点的电位充至 U_f 时，比较器 A_2 产生一脉冲，使触发器又翻转一次，使 A 点成高电位，B 点成低电位，又重复上述过程。如此周而复始，在双稳态触发器的两输出端各自产生一宽度受 C_1、C_2 调制的脉冲方波。下面来研究此方波脉冲宽度与 C_1、C_2 的关系。当 $C_1 = C_2$ 时，线路上各点电压波形如图 3.114（a）所示，A、B 两点间平均电压为零。但当 C_1、C_2 值不相等时，如 $C_1 > C_2$，则 C_1、C_2 充放电时间常数就发生改变，电压波形如图 3.114（b）所示，A、B 两点间平均电压不再是零。

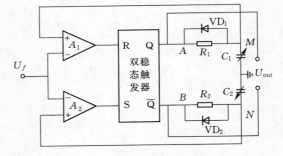

图 3.113 差动脉冲宽度调制电路

输出直流电压 U_{out} 经低通滤波后获得，应等于 A、B 两点间电压平均值 U_{AP} 与 U_{BP} 之差。

$$U_{AP} = U_1 \qquad (3.163)$$

$$U_{BP} = \frac{T_2}{T_1+T_2} U_1 \qquad (3.164)$$

式中 U_1——触发器输出的高电平。

$$U_{out} \approx U_{AP} - U_{BP} = U_1 \frac{T_1-T_2}{T_1+T_2} \qquad (3.165)$$

$$T_1 = R_1 C_1 \ln \frac{U_1}{U_1-U_f} \qquad (3.166)$$

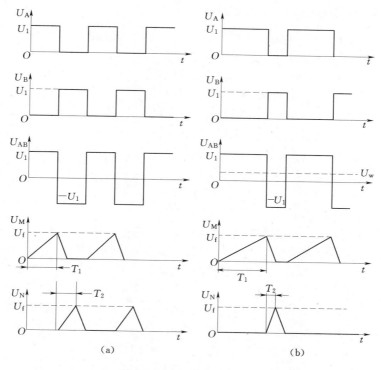

图 3.114　各点电压波形图

$$T_2 = R_2 C_2 \ln \frac{U_1}{U_1 - U_f} \tag{3.167}$$

设充电电阻 $R_1 = R_2 = R_3$，则得

$$U_{out} = U_1 \frac{C_1 - C_2}{C_1 - C_2} \tag{3.168}$$

由式（3.168）可知，差动电容的变化使充电时间不同，从而使双稳态触发器输出端的方波脉冲宽度不同而产生输出。而且不论对于变面积式或变间隙式电容器，均能获得线性输出。此外，脉冲调宽线路还具有如下特点：与二极管式线路相似，不需附加相敏解调器，即能获得直流输出；输出信号一般为 100kHz ~1MHz 矩形波，所以直流输出只需经低通滤波器简单地引出。由于低通滤波器作用，对输出矩形波的纯度要求不高，只需要电压稳定度较高的直流电源；这比其他测量线路中要求高稳定的稳频稳幅的交流电源易于做到。

（4）运算放大器式线路。这种线路的最大特点是能够克服单电容变间隙式传感器的非线性，使输出与输入动极板位移成线性关系。图 3.115 所示为该线路的原理图。

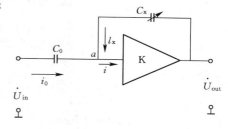

图 3.115　运算放大器式线路

这种线路实质上是反相比例运算电路，只是用 C_0 及 C_x 来代替其中的电阻，而输入及输出电压均为交流电压。

按理想运算放大器的条件，可得其特性式为

$$\frac{U_{out}}{U_{in}} = -\frac{Z_f}{Z_i} = -\frac{-j\frac{1}{\varepsilon C_x}}{-j\frac{1}{\varepsilon C_0}} = -\frac{C_0}{C_x} \tag{3.169}$$

$$U_{out} = U_{in}\frac{C_0}{C_x} \tag{3.170}$$

$$C_x = \frac{S\varepsilon_0}{\delta} \tag{3.171}$$

$$U_{out} = U_{in}\frac{C_0}{\varepsilon_0 S}\delta \tag{3.172}$$

由式（3.172）可知，输出电压与动极板的输入机械位移 δ 成线性关系，这就从原理上解决了单电容变间隙式传感器的非线性问题。当然对实际运算放大器来说，由于不能完全满足理想运放条件，非线性误差仍将存在，但是只要其开环放大倍数足够大，输入阻抗也足够高，这种误差将很小。当在结构上不易采用差动电容时，例如在进行振动测量时，测量头为电容式传感器的定极板，而振动机械的任何一部分导电平面则作为动极板，两者组成单极板电容式传感器，那么这种方案较使用单极板的其他电路能获得更高的线性输出。按这种原理已制成了能测出 $0.1\mu m$ 的电容式测微仪。

由式（3.172）可知，测试精度将取决于信号源电压的稳定性，所以需要高精度的交流稳压源，由于其输出亦为交流电压，故需要经精密整流电压输出，这些附加电路将使整个测量电路较为复杂。

【例 3-3】 现有一个 $0\sim20mm$ 的电容式位移传感器，其结构如图 3.116（a）所示。已知 $L=25mm$，$R_1=6mm$，$R_2=5.7mm$，$r=4.5mm$。其中圆柱 C 为内电极，A、B 为两个外电极，D 为屏蔽套筒。C_{BC} 构成固定电容 C_F，C_{AC} 随活动套筒 D 的伸入而变化，构成变化电容 C_x。拟采用理想运放电路，试回答：

1）要求运放输出电压与输入位移 x 成正比，在运放线路中 C_F 与 C_x 应如何连接？

2）活动导杆每伸入 1mm 所引起的电容变化量为多大？

3）输入电压 $U_m = 6V$ 时，输出电压灵敏度为多少？

4）固定电容 C_F 的作用何在？

5）传感器与运放线路的连接线对传感器的输出有无影响？

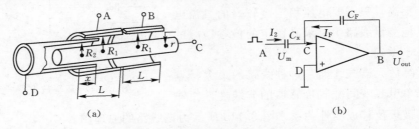

图 3.116 电容式位移传感器的结构示意图及其测量线路

解：电容式传感器是将被测物理量转换为电容量变化，然后再通过测量线路把电容量变成有用电信号（I，U，f）输出。基本的电容计算公式有两个。

对于平板电极电容

$$C = \varepsilon_0 \varepsilon_r \frac{S}{\delta} \quad (\text{F})$$

式中　ε_0——真空介电常数，$\varepsilon_0 = \dfrac{10^{-9}}{4\pi \times 9} = 8.85 \times 10^{12}$，F/m；

　　　ε_r——两极板间介质的相对介电常数，对真空，$\varepsilon_1 = 1$；

　　　S——两极板重叠的有效面积，m^2；

　　　δ——两极板间的距离，m。

对于两同心圆筒状电极

$$C = \frac{2\pi\varepsilon_0\varepsilon_r}{\ln\dfrac{R}{r}} = \frac{\varepsilon_r L}{1.8\ln\dfrac{R_1}{r}}$$

式中　L——电极长度，m；

　　　R_1——外电极的内径，mm；

　　　r——内电极的外径，mm。

因此，根据题意可作出具体计算如下。

1）为了使 $U_{\text{out}} = f(x)$ 呈线性关系，C_F 与 C_x 要分别接在理想运放线路的反馈端和输入端，见图 3.116（b）。按理想运算放大器的条件，可得特性式为

$$\frac{U_{\text{out}}}{U_{\text{in}}} = -\frac{Z_F}{U_x} = \frac{C_x}{U_F}$$

式中　$C_f = \dfrac{\varepsilon_r L}{1.8\ln\dfrac{R_1}{r}} = \dfrac{1 \times 2.5}{1.8\ln\dfrac{6}{4.5}} = 4.828$（pF），$C_x = \dfrac{\varepsilon_r(L-x)}{1.8\ln\dfrac{R_1}{r}}$，$C_x$ 与 x 成正比。因此

$$U_{\text{out}} = -U_{\text{in}}\frac{C_x}{U_F}$$

即 U_{out} 与 x 成正比

2）当 $x = 1\text{mm}$

$$\Delta C_x = \frac{2.5 - 2.4}{1.8\ln\dfrac{6}{4.5}} = 0.193(\text{pF})$$

3）当 $U_{\text{in}} = 6\text{V}$

$$\frac{\Delta U_{\text{out}}}{\Delta x} = -\frac{U_x}{C_F}\frac{\Delta C_x}{\Delta x} = -\frac{6}{4.828} \times 0.193 = -0.24(\text{V/mm})$$

4）由于 C_{AC} 与 C_{BC}（即 C_F）的结构尺寸及材料相同，它们又处于同样环境条件中，在特性式中又处于分子分母地位，因此 C_F 可起到温度与湿度补偿作用。

5）电容传感元件的三个引出头 A、B、C 与理想运放之间可以有一定长度的连接线，用单股屏蔽导线的屏蔽线与地线相连。这样，由电缆所构成的分布电容 C_{AD}、C_{CD}、C_{BD} 对主电容 C_x 与 C_F 基本没有影响，运算放大器不可能完全符合理想条件，因此电缆连接线

不宜太长，一般在 5～10m 内工作还是正常的。

4. 电容式传感器的结构、结构稳定性及抗干扰问题

（1）温度变化对结构稳定性的影响。温度变化能引起电容式传感器各组成零件几何尺寸改变，从而导致电容极板间隙或面积发生改变，产生附加电容变化。这一点对于变间隙电容式传感器来说更显重要，因为一般其间隙都很小，约几十微米至几百微米之间。温度变化使各零件尺寸改变，可能导致对本来就很小的间隙产生很大的相对变化，从而引起很大的特性误差。

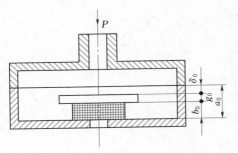

图 3.117　温度对结构稳定性的影响

下面以电容式压力传感器的结构为例来研究这项误差的形成，如图 3.117 所示。

设温度为 t_0 时，极板间间隙为 δ_0，固定极板厚为 g_0，绝缘件厚为 b_0，膜片至绝缘底部之间的壳体长度为 a_0，则有

$$\delta_0 = a_0 - b_0 - g_0$$

当温度从 t_0 改变 Δt 时，各段尺寸均要膨胀，设其膨胀系数分别为 α_a、α_b、α_g，各段尺寸的膨胀最后导致间隙改变为 δ_t，则

$$\Delta \delta_t = \delta_t - \delta_0 = (a_0 \alpha_a - b_0 \alpha_b - g_0 \alpha_g) \Delta t$$

因此由于间隙改变而引起的电容相对变化，即电容式传感器的温度误差为

$$e_1 = \frac{C_t - C_0}{C_0} = \frac{\delta_0 - \delta_t}{\delta_t} = \frac{(a_0 \alpha_a - b_0 \alpha_b - g_0 \alpha_g) \Delta t}{\delta_0 + (a_0 \alpha_a - b_0 \alpha_b - g_0 \alpha_x) \Delta t} \tag{3.173}$$

可见，温度误差与组成零件的几何尺寸及零件材料的线膨胀系数有关。因此在结构设计中，应尽量减少热膨胀尺寸链的组成环节数目及其尺寸。另一方面要选用膨胀系数小、几何尺寸稳定的材料。因此高质量电容式传感器的绝缘材料多采用石英、陶瓷、玻璃等，而金属材料则选用低膨胀系数的镍铁合金。极板可直接在陶瓷、石英等绝缘材料上蒸镀一层金属薄膜来代替，这样既可消除极板尺寸的影响，同时也可以减少电容边缘效应。减少温度误差的另一常用的措施，是采用差动对称结构并在测量线路中对温度误差加以补偿。

（2）温度变化对介质介电常数的影响。温度变化还能引起电容极板间介质介电常数的变化，使传感器电容改变，带来温度误差，温度对介电常数的影响随介质不同而异。对于以空气或云母为介质的传感器来说，这项误差很小，一般不需考虑。但在电容式液位计中，煤油的介电常数的温度系数达 0.07%/℃，因此如环境温度变化 ±50℃，造成的误差将达 7%，这样大的误差必须加以补偿。燃油的介电常数 ε_t 随温度升高而近似线性地减少，其关系如下

$$\varepsilon_t = \varepsilon_{t0} (1 + \alpha_\varepsilon \Delta t) \tag{3.174}$$

式中　ε_{t0}——起始温度下燃油的介电常数；

　　　　ε_t——温度改变 Δt 时的介电常数；

　　　　α_ε——燃油介电常数的温度系数（对于煤油 $\alpha_\varepsilon \approx -0000684/℃$）。

对于同心圆柱式传感器，在液面高度为 H 时，由于温度变化使 ε_t 改变，引起电容量的改变为

$$\Delta C_t = \frac{2\pi H}{\ln\dfrac{R_2}{R_1}}(\varepsilon_t - \varepsilon_0) - \frac{2\pi H}{\ln\dfrac{R_2}{R_1}}(\varepsilon_{t0} - \varepsilon_0) = \frac{2\pi H}{\ln\dfrac{R_2}{R_1}}\varepsilon_{t0}\alpha_\varepsilon\Delta t \tag{3.175}$$

式（3.175）说明，ΔC_t 既与 $\Delta\varepsilon_t = \varepsilon_{t0}\alpha_\varepsilon\Delta t$ 成正比例，还与液面高度 H 有关，即

$$\Delta C_t \propto H\Delta\varepsilon_t \tag{3.176}$$

（3）绝缘问题。之前讲过电容式传感器有一个重要特点，既电容量一般都很小，仅几十皮法，甚至有几个皮法，大的如液位传感器也仅有几百皮法。如果电源频率较低，则电容式传感器本身的容抗就可高达几兆欧到几百兆欧。由于它具有这样高的阻抗，所以绝缘问题显得十分突出。在一般电器设备中绝缘电阻有几兆欧就足够了，但对于电容式传感器来说却不能看作是绝缘，这就对绝缘零件的绝缘电阻提出更高的要求。因此，一般绝缘电阻将被看作是对电容式传感器的一个旁路，称为漏电阻。考虑绝缘电阻的旁路作用，电容式传感器的等效电路如图 3.118 所示，漏电阻将与传感器电容构成一复阻抗而加入测量线路中去影响输出。更重要的是当绝缘材料的性能不够好时，绝缘电阻会随着环境温度和湿度而变化，致使电容式传感器的输出产生缓慢的零位漂移。因此对所选绝缘材料，不仅要求其具有低的膨胀系数和几何尺寸的长期稳定性，还应具有绝缘电阻、低的吸潮性和高的表面电阻，故宜选玻璃、石英、陶瓷、尼龙等，而不用夹布胶木等一般电绝缘材料。为防止水汽的进入使绝缘电阻降低，可将表壳密封。此外，采用高的电源频率（数千赫至数兆赫），以降低电容式传感器的内阻抗，从而也相应地降低了对绝缘电阻的要求。

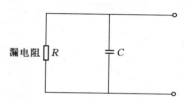

图 3.118　考虑漏电阻时电容传感器的等效电路

（4）寄生电容的干扰及防止。在电容式传感器的设计和使用过程中，要特别注意防止寄生电容的干扰。由于电容式传感器本身电容量很小，仅几十皮法，因此传感器受寄生电容的干扰的问题非常突出。这个问题解决不好，将导致传感器特性严重不稳，甚至完全无法工作。

在任何两个导体之间均可构成电容联系，因此电容式传感器除了极板间的电容外，极板还可能与周围物体（包括仪器中各种元件甚至人体）之间产生电容联系。这种附加的电容联系，称之为寄生电容。寄生电容使传感器电容量改变。由于传感器本身的电容量很小，再加上寄生电容又是极不稳定的，这就会导致传感器特性的不稳定，从而对传感器产生严重干扰。

为了克服这种不稳定的寄生电容的联系，必须对传感器及其引出的导线采取屏蔽措施，即将传感器放在金属壳体内，并将壳体接地，从而可消除传感器与壳体外部物体之间的不稳定的寄生电容联系。传感器的引出线必须采用屏蔽线，且应与壳体相连而无断开的不屏蔽间隙，屏蔽线外套同样应良好接地。

但是，对电容式传感器来说，这样做仍然存在以下所谓的电缆寄生电容问题：

1）屏蔽线本身电容量大，最大每米可达上百皮法，最小的亦有几皮法。由于电容式

传感器本身电容量仅有几十皮法甚至更小，当屏蔽线较长且电容与传感器电容相并联时，传感器电容的相对变化量将大大降低，也就是说传感器的有效灵敏度将大大降低。

2）尤为严重的是，由于电缆本身的电容随放置位置和其形状的改变而有很大变化，这样将使传感器特性不稳。严重时，有用电容信号将被寄生电容噪声所淹没，以至传感器无法工作。

电缆寄生电容的影响长期以来一直是电容式传感器难于解决的棘手技术问题，阻碍着它的发展和应用。目前微电子技术的发展，已为解决这类问题创造了良好的技术条件。

一种可行的解决方案是将测量线路的前级或全部与传感器组装在一起，构成整体式或有源传感器，以便根本消除长电缆的影响。这一点在微电子技术高度发展的今天，在技术上已无多大困难。

另外一种情况，即传感器工作在恶劣环境如低温、强辐射等情况下，当半导体器件经受不住这样恶劣的环境条件而必须将电容敏感部分与电子测量线路分开然后通过电缆连接时，为解决电缆寄生电容问题，可以采用所谓的"双层屏蔽等电位传输技术"，又被称为"驱动电缆技术"。

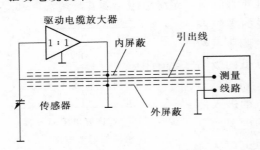

图 3.119 驱动电缆原理图

这种技术的基本思路是连接电缆采用内外双层屏蔽，使内屏蔽与被屏蔽的导线电位相同，这样引线与内屏蔽之间的电缆电容将不起作用，外屏蔽仍接地而起屏蔽作用。其原理图见图 3.119。图中电容式传感器的输出引线采用双层屏蔽电缆，电缆引线将电容极板上的电压输至测量线路的同时，再输入至一个放大倍数严格为 1 的放大器，因而在此放大器的输出端得到一个与输入完全相同的输出电压，然后将其加到内屏蔽上。由于内屏蔽与引线之间处于等电位，因而两者之间没有容性电流存在，这就等效于清除了引线与内屏蔽之间的电容联系。而外屏蔽接地后，内、外屏蔽之间的电容将成为 1：1 放大器的负载，而不再与传感器电容相并联。这样，无论电缆形状和位置如何变化都不会对传感器的工作产生影响。试验证明，采用这种方法，即使传感器电容量很小，传输电缆长达数米时，传感器仍能很好工作。

5. 电容式传感器的应用

（1）电容式压差传感器。图 3.120 为一种比较先进而常见的差动电容式压力传感器的敏感元件（又称模头）的结构原理图，该传感器可用于工业过程的各种压力测量。敏感部的外壳用高强度金属制成。在壳体腔内浇注玻璃绝缘体，在玻璃体相对两内侧磨成光滑的球面，然后在上面镀上一层均匀的金属作为两电容的固定极板，再在它们中间放一测压敏感膜片，并与壳体密封焊接在一起，膜片两侧空腔内充以硅油，并通过引油孔与外部隔离膜片所形成的空腔相通。差动压力不是直接作用在测量敏感膜片上，而是分别作用在两隔离膜片上，然后通过硅油再传递至测量敏感膜片，使其产生位移，引起差动电容变化，再通过引线把差动电容接至测量线路。

膜片直径 7.5～75mm，厚度 0.05～0.25mm，膜片最大位移约 0.1mm，玻璃球面中

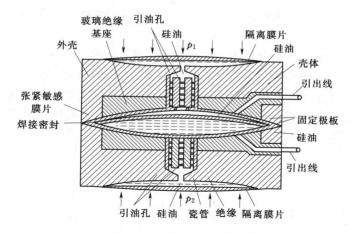

图 3.120　电容式差压传感器的模头结构

心处深度为 0.08~0.25mm。

这种压力传感器的最大特点是承受过压能力极强，特别适用于管道中绝对压力很高但压差很小的所谓"高线压低压差"的情况。为了测量小差压，膜片要做的很薄，但一旦一方压力消失，则膜片一侧将承受极高过压而致使膜片破裂。但在这种结构中，膜片是贴在球形支撑面上，而由该支撑面代替膜片承受高压，如果压力继续增大，则隔离膜片亦将贴在壳体上，使测量膜片不会继续变形。当满量程压力为零点几巴（bar）时，传感器能承受千倍过压，而特性不会明显变化。

该传感器精度高、耐振动、耐冲击、可靠性高、寿命长，但制造工艺要求很高尤其是紧张膜片的焊接是一工艺难题。

（2）电容式液位传感器。以飞机上一种电容式油量表为例来说明其工作原理。图3.121 为电容式油量表的自动平衡电桥线路，它由变压器式桥路、放大器、两相电机、指针等部件组成；电容式传感器 C_x 接入电桥一个臂，C_0 为固定的标准电容器，R 为调整电桥平衡的电位器，其电刷与指针同轴连接，该轴则经减速器由两相电机来带动。当油箱中无油时，电容式传感器有一起始电容 $C_x = C_{x0}$，如使 $C_0 = C_{x0}$，且电刷位于零，即 $R = 0$，

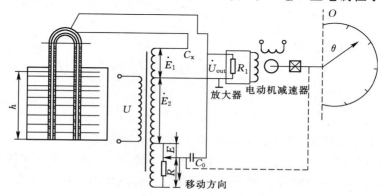

图 3.121　自动平衡电桥液位测量

指针指在零位上，此时电桥无输出，两相电机不转，系统处于平衡状态，故有

$$E_1 C_{x0} = E_2 C_0 \tag{3.177}$$

当油箱中油量变化，液面升高为 h 时，则 $C_x = C_{x0} + \Delta C_x$，$\Delta C_x = k_1 h$，此时电桥平衡被破坏，有电压输出，经放大后，使两相电机转动，通过减速器同时带动电位器及指针转动。当电刷移动至输出电压为 E 的某一位置时，电桥重新恢复平衡，输出电压为零，两相电机停转，指针也停在某一相应的指示角 θ 上，从而指示出油量的多少。根据平衡条件，在新的平衡位置上应有

$$E_1(C_{x0} + \Delta C_x) = (E_2 + E) C_0$$

$$E = \frac{E_1}{C_0} \Delta C_x = \frac{E_1}{C_0} k_1 h_1$$

因为所用的是线性电位器，且指针与电刷同轴连动，故

$$\theta = k_2 E$$

最后得

$$\theta = \frac{E_1}{C_0} k_2 k_1 h \tag{3.178}$$

式（3.178）说明指针转角与油箱液面高度 h 成线性关系。

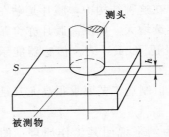

图 3.122　电容式测微仪原理图

（3）电容式位移传感器。高灵敏度电容式位移传感器采用非接触方式精确测量微位移和振动振幅。图 3.122 是电容式位移传感器的原理图。电容探头与待测表面间形成的电容为 C_x

$$C_x = \frac{\varepsilon_0 S}{h} \tag{3.179}$$

式中　C_x——待测电容；

　　　　S——测头端面积；

　　　　h——待测距离。

待测电容 C_x 接在高增益运放的反馈回路中，如图所示的运算法检测电路。因此由式（3.170）可得

$$U_{out} = -\frac{C_0}{C_x} E_0$$

将式（3.179）代入上式，得

$$U_{out} = -\frac{C_0 h}{\varepsilon_0 S} E_0 = K_1 h \tag{3.180}$$

式中　$K_1 = \dfrac{C_0 h}{\varepsilon_0 S}$——常数。

式（3.180）中说明输出电压与待测距离 h 成线性关系。

为了减小圆柱形探头的边缘效应，一般在探头外面加一个与电极绝缘的等位环（即电保护套），在等位环外安置套筒，两者电气绝缘。该套筒使用时接大地供测量时夹样用。图 3.123 是电容探头示意图。

（4）容栅式传感器。近年来，在变面积型电容传感器的基础上发展成一种新型传感

器，称为容栅传感器，它分为长容栅和圆容栅两种，如图 3.124 所示。在图 3.124（a）、（b）中，1 是固定容栅，2 是可动容栅，在它们的 A 和 B 面上分别印制一系列均匀分布并互相绝缘的金属（如铜箔）栅极，形状如图。将固定容栅和可动容栅的栅极面对放置，中间留有间隙 δ，形成对的电容，这些电容并联连接。当固定容栅、可动容栅相对位置移动时，每对电容面积发生变化，因而电容值 C 也随之变化，由此就可测出线位移或角位移。

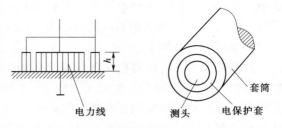

图 3.123　电容式位移传感器探头

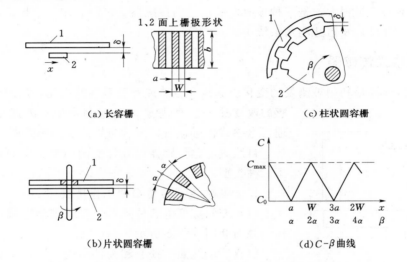

（a）长容栅　　　　　　　　　（c）柱状圆容栅

（b）片状圆容栅　　　　　　　（d）C-β曲线

图 3.124　容栅传感器结构原理图和 C-x（或 C-β）关系曲线

（a）、（b）图中 1—固定容栅，2—可动容栅；（c）图中 1—柱状容栅的定子，2—柱状容栅的转子；

a—栅极长度；b—栅极宽度；W—栅极周期宽度

根据电场理论并忽略边缘效应，长容栅［图 3.124（a）］的最大电容量为

$$C_{max} = n\frac{\varepsilon\alpha b}{\delta} \qquad (3.181)$$

式中　n——可动容栅的栅极数。

理论上最小电容量为零，实际上为固定电容 C_0，称为容栅的固有电容。当可动容栅沿 x 方向平行于固定容栅不断移动时，每对电容的相对遮盖长度 a 将由大到小，再由小到大地周期性变化，电容值也随之由大到小，由小到大地周期性变化，如图 3.124（d）所示。经后续电路信号处理，则可测得位移值。

片状圆容栅结构示意图见图 3.124（b），两圆盘 1、2 同轴安装，栅极成辐射状，当可动容栅 2 随被测量而转动时，忽略边缘效应，最大电容量为

$$C_{max} = n\frac{\varepsilon\alpha(R-r)}{2\delta} \qquad (3.182)$$

式中　*R*、*r*——圆盘上栅极外半径和内半径；

　　　　α——每条栅极对应的圆心角，rad；

其他符号含义同上。

片状圆容栅的可动容栅不断转动得到的 $C-\beta$ 曲线见图 3.124（d）。柱状圆容栅〔图 3.124（c）〕是由同轴安装的定子（圆套）1 和转子（圆柱）2 组成，在他们的内、外柱面上刻有一系列宽度相等的齿和槽，因此也可称为齿形传感器。当转子旋转时就形成了一个可变电容器：定子、转子齿面相对时电容量最大，错开时电容量最小。其转角与电容量关系曲线见图 3.124（d）。

容栅传感器除了具有电容传感器的特点（如动态响应快，结构简单，易于实现非接触测量等）外，还因多极电容及其平均效应，因此分辨力更高，测量精度高，对刻制精度和安装等要求不高，量程大，是一种很有发展前途的传感器。现已应用于数显量具（如数显卡尺、数显千分尺）及雷达测角系统中。

3.6.9　电感式传感器

电感式传感器是利用被测量的变化引起线圈自感或互感系数的变化，从而导致线圈电感的改变这一物理现象来实现测量的。因此根据转换原理，电感式传感器可以分为自感式和互感式两大类。

自感式电感传感器可分为变间隙型、变面积型和螺管型三种类型。

1. 自感式电感传感器的工作原理

（1）变间隙型电感传感器。变间隙型电感传感器的结构示意图如图 3.125 所示。

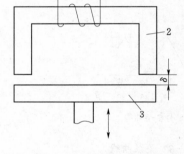

图 3.125　变间隙型电感传感器
1—线圈；2—铁心；3—衔铁

传感器由线圈、铁心和衔铁组成。工作时衔铁与被测物体连接，被测物体的位移将引起空气隙的长度发生变化。由于气隙磁阻的变化，导致了线圈电感的变化。

线圈的电感可用下式表示

$$L = \frac{N^2}{R_m} \tag{3.183}$$

式中　*N*——线圈匝数；

　　　R_m——磁路总磁阻。

对于变间隙式电感传感器，如果忽略磁路铁损，则磁路总磁阻为

$$R_m = \frac{l_1}{\mu_1 A} + \frac{l_2}{\mu_2 A} + \frac{2\delta}{\mu_0 A} \tag{3.184}$$

式中　l_1——铁心磁路长；

　　　l_2——衔铁磁路长；

　　　A——截面积；

　　　μ_1——铁心磁导率；

　　　μ_2——衔铁磁导率；

μ_0——空气磁导率；

δ——空气隙厚度。

因此有

$$L=\frac{N^2}{R_{\mathrm{m}}}=\frac{N^2}{\dfrac{l_1}{\mu_1 A}+\dfrac{l_2}{\mu_2 A}+\dfrac{2\delta}{\mu_0 A}} \tag{3.185}$$

当铁心、衔铁的结构和材料确定后，上式分母中第一、二项为常数，在截面积一定的情况下，电感量 L 是气隙长度 δ 的函数。

一般情况下，导磁体的磁阻与空气隙磁阻相比是很小的，因此线圈的电感值可近似地表示为

$$L=\frac{N^2 \mu_0 A}{2\delta} \tag{3.186}$$

由上式可以看出传感器的灵敏度随气隙的增大而减小。为了改善非线性，气隙的相对变化量要很小，但过小又将影响测量范围，所以要兼顾考虑两个方面。

（2）变面积型电感传感器。由变气隙型电感传感器可知，气隙长度不变，铁心与衔铁之间相对覆盖面积随被测量的变化而改变，从而导致线圈的电感发生变化，这种形式称之为变面积型电感传感器，其结构示意图见图 3.126。

通过对式（3.186）的分析可知，线圈电感量 L 与气隙厚度是非线性的，但与磁通截面积 A 却成正比，是一种线性关系，特性曲线参见图 3.127。

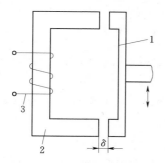

图 3.126　变面积型电感传感器

1—衔铁；2—铁心；3—线圈

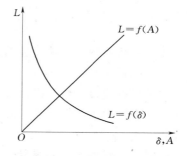

图 3.127　电感传感器特性

（3）螺管型电感式传感器。图 3.128 为螺管型电感式传感器的结构图。螺管型电感传感器的衔铁随被测对象移动，线圈磁力线路径上的磁阻发生变化，线圈电感量也因此而变化。线圈电感量的大小与衔铁插入线圈的深度有关。

设线圈长度为 l、线圈的平均半径为 r、线圈的匝数为 N、衔铁进入线圈的长度为 l_a、衔铁的半径为 r_a、铁心的有效磁导率为 μ_m，则线圈的电感量 L 与衔铁进入线圈的长度 l_a

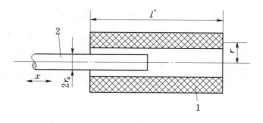

图 3.128　螺管型电感式传感器

1—线圈；2—衔铁

的关系可表示为

$$L = \frac{4\pi^2 N^2}{l^2}\left[lr^2 + (\mu_m - 1)l_a r_a^2\right] \tag{3.187}$$

通过对以上三种形式的电感式传感器的分析，可以得出以下几点结论：

1）变间隙型灵敏度较高，但非线性误差较大，且制作装配比较困难。

2）变面积型灵敏度较前者小，但线性较好，量程较大，使用比较广泛。

3）螺管型灵敏度较低，但量程大且结构简单易于制作和批量生产，是使用最广泛的一种电感式传感器。

（4）差动电感传感器。在实际使用中，常采用两个相同的传感器线圈共用一个衔铁，构成差动式电感传感器，这样可以提高传感器的灵敏度，减小测量误差。

图 3.129 是变间隙型、变面积型及螺管型三种类型的差动式电感传感器。

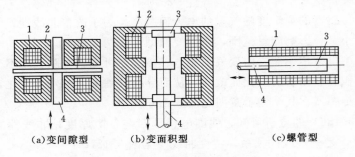

（a）变间隙型　　　　（b）变面积型　　　　（c）螺管型

图 3.129　差动式电感传感器
1—线圈；2—铁心；3—衔铁；4—导杆

差动式电感传感器的结构要求两个导磁体的几何尺寸及材料完全相同，两个线圈的电气参数和几何尺寸完全相同。

差动式结构除了可以改善线性、提高灵敏度外，对温度变化、电源频率变化等影响，也可以进行补偿，从而减少了外界影响造成的误差。

2. 自感式电感传感器的测量电路

交流电桥是电感式传感器的主要测量电路，它的作用是将线圈电感的变化转换成电桥电路的电压或电流输出。

前面已提到差动式结构可以提高灵敏度，改善线性，所以交流电桥也多采用双臂工作形式。通常将传感器作为电桥的两个工作臂，电桥的平衡臂可以是纯电阻，也可以是变压器的二次侧绕组或紧耦合电感线圈。图 3.130 是交流电桥的几种常用形式。

（1）电阻平衡臂电桥。电阻平衡臂电桥如图 3.130（a）所示。Z_1、Z_2 为传感器阻抗。设 $R_1' = R_2' = R'$；$L_1 = L_2 = L$ 则有 $Z_1 = Z_2 = Z = R' + j\omega L$，另有 $R_1 = R_2 = R_0$。由于电桥工作臂是差动形式，所以在工作时，$Z_1 = Z + \Delta Z$ 和 $Z_2 = Z - \Delta Z$，当 $Z_L \to \infty$ 时，电桥的输出电压为

$$U_0 = \frac{Z_1}{Z_1 + Z_2}U - \frac{R_1}{R_1 + R_2}U = \frac{Z_1 \times 2R - R(Z_1 + Z_2)}{(Z_1 + Z_2) \times 2R}U = \frac{U}{2}\frac{\Delta Z}{Z} \tag{3.188}$$

当 $\omega L \gg R'$ 时，上式可近似为

$$U_0 \approx \frac{U}{2}\frac{\Delta L}{L} \qquad (3.189)$$

由上式可以看出交流电桥的输出电压与传感器线圈电感的相对变化量是成正比的。

（2）变压器式电桥。变压器式电桥如图 3.130（b）所示，它的平衡臂为变压器的两个二次侧绕组，当负载阻抗无穷大时输出电压为

$$U_0 = IZ_2 - \frac{U}{2} = \frac{U}{Z_1 + Z_2}Z_2 - \frac{U}{2} = \frac{U}{2}\frac{Z_2 - Z_1}{Z_1 + Z_2} \qquad (3.190)$$

由于是双臂工作形式，当衔铁下移时，$Z_1 = Z - \Delta Z$，$Z_2 = Z + \Delta Z$，则有

$$U_0 = \frac{U}{2}\frac{\Delta Z}{Z} \qquad (3.191)$$

同理，当衔铁上移时，则有

$$U_0 = -\frac{U}{2}\frac{\Delta Z}{Z} \qquad (3.192)$$

由式（3.191）和式（3.192）可见，输出电压反映了传感器线圈阻抗的变化，由于是交流信号，因此还要经过适当电路处理才能判别衔铁位移的大小及方向。

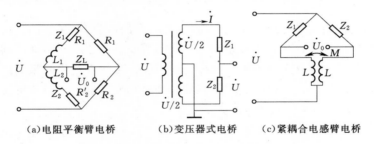

（a）电阻平衡臂电桥　　（b）变压器式电桥　　（c）紧耦合电感臂电桥

图 3.130　交流电桥的几种常用形式

图 3.131 是一个采用了带相敏整流的交流电桥。差动电感式传感器的两个线圈作为交流电桥相邻的两个工作臂，指示仪表是中心为零刻度的直流电压表或数字电压表。

设差动电感传感器的线圈阻抗分别为 Z_1 和 Z_2。当衔铁处于中间位置时，$Z_1 = Z_2 = Z$，电桥处于平衡状态，C 点电位等于 D 点地位，电表指示为零。

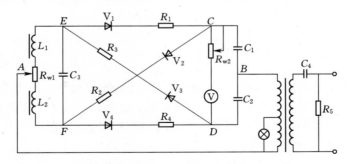

图 3.131　带相敏整流的交流电桥

当衔铁上移，上部线圈阻抗增大，则下部线圈阻抗减少，$Z_2 = Z - \Delta Z$。如果输入交流电压为正半周，则 A 点电位为正，B 点电位为负，二极管 V_1、V_4 导通，V_2、V_3 截止。

在 $A - E - C - B$ 支路中，C 点电位由于 Z_1 增大而比平衡时的 C 点电位降低；而在 $A - F - D - B$ 支路中，D 点电位由于 Z_2 的降低而比平衡时 D 点胸电位增高，所以 D 点电位高于 C 点电位，直流电压表正向偏转。

如果输入交流电压为负半周，A 点电位为负，B 点电位为正，二极管 V_2、V_3 导通，V_1、V_4 截止，则在 $A - F - C - B$ 支路中，C 点电位由于 Z_2 减少而比平衡时降低（平衡时，输入电压若为负半周，即 B 点电位为正，A 点电位为负，C 点相对于 B 点为负电位，Z_2 减小时，C 点电位更负）；而在 $A - E - D - B$ 支路中，D 点电位由于 Z_1 的增加而比平衡时的电位增高，所以仍然是 D 点电位高于 C 点电位，电压表正向偏转。

同样可以得出结果：当衔铁下移时，电压表总是反向偏转，输出为负。

可见采用带相敏整流的交流电桥，输出信号既能反映位移大小又能反映位移的方向。

（3）紧耦合电感臂电桥。该电桥如图 3.130（c）所示。它以差动电感传感器的两个线圈作电桥工作臂，而紧耦合的两个电感作为固定臂组成电桥电路。采用这种测量电路可以消除与电感臂并联的分布电容对输出信号的影响，使电桥平衡稳定，另外还可简化接地和屏蔽的问题。

3. 差动变压器

（1）差动变压器的工作原理。差动变压器的工作原理类似变压器的作用原理。这种类型的传感器主要包括有衔铁、一次绕阻和二次绕阻等。一、二次绕组间的耦合能随衔铁的移动而变化，即绕组间的互感随被测位移改变而变化。由于在使用时采用两个二次绕组反向串接，以差动方式输出，所以把这种传感器称为差动变压器式电感传感器，通常简称差动变压器。图 3.132 为差动变压器的结构示意图。

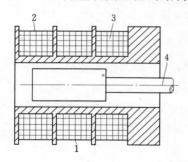
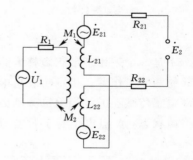

图 3.132　差动变压器的结构示意图　　　图 3.133　差动变压器的等效电路
1—一次绕组；2、3—二次绕组；4—衔铁

差动变压器工作在理想情况下（忽略涡流损耗、磁滞损耗和分布电容等影响），它的等效电路如图 3.133 所示。图中 U_1 为一次绕组激励电压；M_1、M_2 分别为一次绕组与两个二次绕组间的互感；L_1、R_1 分别为一次绕组的电感和有效电阻；L_{21}、L_{22} 分别为两个二次绕组的电感；R_{21}、R_{22} 分别为两个二次绕组的有效电阻。

对于差动变压器，当衔铁处于中间位置时，两个二次绕组互感相同，因而由一次侧激励引起的感应电动势相同。由于两个二次绕组反向串接，所以差动输出电动势为零。

当衔铁移向二次绕组 L_{21} 边，这时互感 M_1 大，M_2 小，因而二次绕组 L_{21} 内感应电动势大于二次绕组 L_{22} 内感应电动势，这时差动输出电动势不为零。在传感器的量程内，衔铁移动越大，差动输出电动势就越大。

同样道理，当衔铁向二次绕组 L_{22} 边移动时，差动输出电动势仍不为零，但由于移动方向改变，所以输出电动势反相。

因此通过差动变压器输出电动势的大小和相位可以知道衔铁位移量的大小和方向。

由图 3.133 可以看出一次绕组的电流为

$$\dot{I} = \frac{\dot{U}_1}{R_1 + j\omega L_1}$$

二次绕组的感应电动势为

$$\dot{E}_{21} = -j\omega M_1 \dot{I}_1$$

$$\dot{E}_{22} = -j\omega M2 \dot{I}_1$$

由于二次绕组反向串接，所以输出总电动势为

$$\dot{E}_2 = -j\omega (M_1 - M_2) \frac{\dot{U}_1}{R_1 + j\omega L_1} \tag{3.193}$$

其有效值为

$$E_2 = \frac{\omega (M_1 - M_2) U_1}{\sqrt{R_1^2 + (\omega L_1)^2}} \tag{3.194}$$

差动变压器的输出特性曲线如图 3.134 所示。图中 E_{21}、E_{22} 分别为两个二次绕组的输出感应电动势，E_2 为差动输出电动势，x 表示衔铁偏离中心位置的距离。其中 E_2 的实线部分表示理想的输出特性，而虚线部分表示实际的输出特性。E_0 为零点残余电动势；这是由于差动变压器制作上的不对称以及铁心位置等因素所造成的。

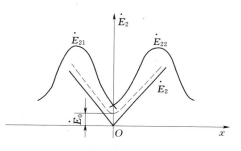

图 3.134　差动变压器输出特性

零点残余电动势的存在，使得传感器的输出特性在零点附近不灵敏，给测量带来误差，此值的大小是衡量差动变压器性能好坏的重要指标。

为了减小零点残余电动势可采取以下方法：

1）尽可能保证传感器几何尺寸、线圈电气参数和磁路的对称。磁性材料要经过处理，消除内部的残余应力，使其性能均匀稳定。

2）选用合适的测量电路，如采用相敏整流电路，既可判别衔铁移动方向又可改善输出特性，减小零点残余电动势。

3）采用补偿线路减小零点残余电动势。图 3.135 是几种减小零点残余电动势的补偿电路。在差动变压器二次侧串、并联适当数值的电阻电容元件，当调整这些元件时，可使零点残余电动势减小。

（2）差动变压器的测量电路。

1）差动相敏检波电路。图 3.136 是差动相敏检波电路的一种形式。相敏检波电路要

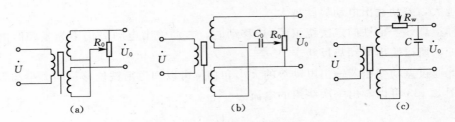

(a)   (b)   (c)

图 3.135 减小零点残余电动势的补偿电路

求比较电压与差动变压器二次侧输出电压的频率相同，相位相同或相反。另外还要求比较

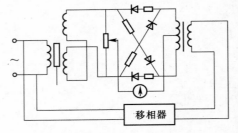

电压的幅值尽可能大，一般情况下，其幅值应为信号电压的 3～5 倍。

    2）差动整流电路。差动整流电路结构简单，一般不需要调整相位，不考虑零点残余电动势的影响，适于远距离传输。图 3.137 是差动整流的两种典型电路。图 3.137（a）是简单方案的电压输出型。为了克服上述电路中二极管的非线性影响以及二极管正向饱和压降和反向漏电流的不利影响，可以采用图 3.137（b）所示电路。

图 3.136 差动相敏检波电路

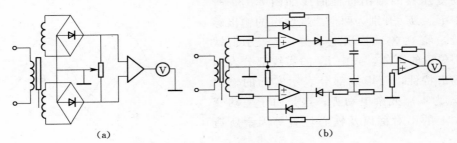

（a）   （b）

图 3.137 差动整流电路

    4. 电感式传感器的应用

    电感式传感器主要用于测量微位移，凡是能转换成位移量变化的参数，如压力、力、压差、加速度、振动、应变、流量、厚度、液位等都可以用电感式传感器来进行测量。

    （1）位移测量。图 3.138（a）是电感测微仪的原理框图，图 3.138（b）是轴向式测试头的结构示意图。测量时测头的测端与被测件接触，被测件的微小位移使衔铁在差动线圈中移动，线圈的电感将产生变化，这一变化通过引线接到交流电桥，电桥的输出电压就反映被测件的位移变化量。

    （2）力和压力的测量。图 3.139 是差动变压器式力传感器。当力作用于传感器时，弹性元件产生变形，从而导致衔铁相对线圈移动。线圈电感的变化通过测量电路转换为输出电压，其大小反映了受力的大小。

    差动变压器和膜片、膜盒和弹簧管等相结合，可以组成压力传感器。图 3.140 是微压力传感器的结构示意图。在无压力作用时，膜盒在初始状态，与膜盒连接的衔铁位于差动变压器线圈的中心。当压力输入膜盒后，膜盒的自由端产生位移并带动衔铁移动，差动变压器产生一正比于压力的输出电压。

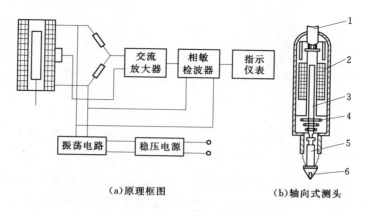

（a）原理框图　　　　　　　（b）轴向式测头

图 3.138　电感测微仪

1—引线；2—线圈；3—衔铁；4—测力弹簧；5—导杆；6—测端

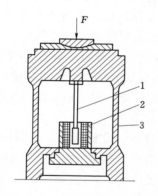

图 3.139　差动变压器式力传感器

1—衔铁；2—线圈；3—弹性体

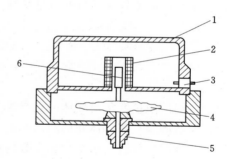

图 3.140　微压力传感器

1—罩壳；2—差动变压器；3—插座；
4—膜盒；5—接头；6—衔铁

（3）振动和加速度的测量。图 3.141 为测量振动与加速度的电感传感器结构图。衔铁受振动和加速度的作用，使弹簧受力变形，与弹簧连接的衔铁的位移大小反映了振动的幅度和频率以及加速度的大小。

（4）液位测量。图 3.142 是采用了电感式传感器的沉筒式液位计。由于液位的变化，沉筒所受浮力也将产生变化，这一变化转变成衔铁的位移，从而改变了差动变压器的输出电压，这个输出值反映了液位的变化值。

5. 电涡流式传感器

电涡流式传感器是一种建立在涡流流效应原理上的传感器。

电涡流式传感器可以对表面为金属导体的物体实现多种物理量的非接触测量，如位移、振动、厚度、转速、应力、硬度等。这种传感器也可用于无损探伤。

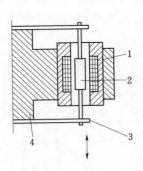

图 3.141　加速度传感器

1—差动变压器；2—衔铁；3—弹簧；4—壳体

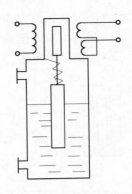

图 3.142　沉筒式液位计

电涡流式传感器结构简单、频率响应宽、灵敏度高、测量范围大、抗干扰能力强，特别是有非接触测量的优点，因此在工业生产和科学技术的各个领域中得到了广泛的应用。

（1）电涡流式传感器的工作原理。当通过金属体的磁通发生变化时，就会在导体中产生感生电流，这种电流在导体中是自行闭合的，这就是所谓的电锅流。电锅流的产生必然要消耗一部分能量，从而使产生磁坊的线圈阻抗发生变化，这一物理现象称为锅流效应。电锅流式传感器是利用涡流效应，将非电量转换为阻抗的变化而进行测量的。

如图 3.143 所示，一个扁平线圈置于金属导体附近，当线圈中通有交变电流 I_1 时，线圈周围就产生一个交变磁场 H_1。置于这一磁场中的金属导体就产生电涡流 I_2，电涡流也将产生一个新磁场 H_2，H_2 与 H_1 方向相反，因而抵消部分原磁场，使通电线圈的有效阻抗发生变化。

一般来说，线圈的阻抗变化与导体的电导率、磁导率、几何形状、线圈的几何参数、激励电流频率以及线圈到被测导体间的距离有关。如果改变上述参数中的一个参数，而其余参数恒定不变，则阻抗就成为这个变化参数的单值函数。如其他参数不变，阻抗的变化就可以反映线圈到被测金属导体间的距离的大小变化。

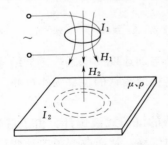

图 3.143　电涡流作用原理

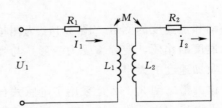

图 3.144　电涡流传感器等效电路

可以把被测导体上形成的电涡流等效成一个短路环，这样就可得到如图 3.144 的等效电路。图中 R_1、L_1 为传感器线圈的电阻和电感。短路环可以认为是一匝短路线圈，其电阻为 R_2、电感为 L_2。线圈与导体间存在一个互感 M，它随线圈与导体间距的减小而增大。

根据等效电路可列出电路方程组

$$R_1 I_1 + j\omega L_1 I_1 - j\omega M I_2 = U_1$$
$$R_2 I_2 + j\omega L_2 I_2 - j\omega M I_1 = 0$$

通过解方程组，可得 I_1、I_2：

因此传感器线圈的复阻抗为

$$Z = \frac{U_1}{I_1} = \left[R_1 + \frac{\omega^2 M^2}{R_2^2 + (\omega L_2)^2} R_2 \right] + j\left[\omega L_1 - \frac{\omega^2 M^2}{R_2^2 + (\omega L_2)^2} \omega L_2 \right] \qquad (3.195)$$

线圈的等效电感为

$$L = L_1 - L_2 \frac{\omega^2 M^2}{R_2^2 + (\omega L_2)^2} \qquad (3.196)$$

由式（3.195）和式（3.196）可以看出，线圈与金属导体系统的阻抗、电感都是该系统互感平方的函数，而互感是随线圈与金属导体间距离的变化而改变的。

（2）高频反射式电涡流传感器。这种传感器的结构很简单，主要由一个固定在框架上的扁平线圈组成。线圈可以粘贴在框架的端部，也可以绕在框架端部的槽内。图 3.145 为某种型号的高频反射式电涡流传感器。

电涡流传感器的线圈与被测金属导体间是磁性耦合，电涡流传感器是利用这种耦合程度的变化来进行测量的。因此，被测物体的物理性质，以及它的尺寸和形状都与总的测量装置特性有关。一般来说，被测物的电导率越高，传感器的灵敏度也越高。

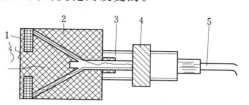

图 3.145　高频反射式电涡流传感器
1—线圈；2—框架；3—框架衬套；
4—固定螺母；5—电缆

为了充分有效地利用电涡流效应，对于平板型的被测体则要求被测体的半径应大于线圈半径的 1.8 倍，否则灵敏度要降低。当被测物体是圆柱体时，被测导体直径必须为线圈直径的 3.5 倍以上，灵敏度才不受影响。

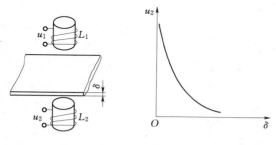

图 3.146　低频透射式电涡流传感器原理图及特性

（3）低频透射式电涡流传感器。这种传感器采用低频激励，因而有较大的贯穿深度，适合于测量金属材料的厚度。图 3.146 为这种传感器的原理图和输出特性。

传感器包括发射线圈和接收线圈，并分别位于被测材料的上、下方。由振荡器产生的低频电压 u_1 加到发射线圈 L_1 两端，于是在接收线圈 L_2 两端将产生感应电压 u_2，它的大小与 u_1 的幅值、频率以及两个线圈的匝数、结构和两者的相对位置有关。若两线圈间无金属导体，则 L_1 的磁力线能较多地穿过 L_2，在 L_2 上产生的感应电压最大。

如果在两个线圈之间设置一金属板，则在金属板内产生电涡流，该电涡流消耗了部分能量，使到达线圈 L_2 的磁力线减小，从而引起 u_2 的下降。

金属板厚度越大，电涡流损耗越大，u_2 就越小。可见 u_2 的大小间接反映了金属板的厚度。线圈 L_2 的感应电压与被测厚度的增大按负幂指数的规律减小，即

$$u_2 \propto e^{-\frac{\delta}{t}} \tag{3.197}$$

式中 δ——被测金属板厚度；

        t——贯穿深度，它与 $\sqrt{\dfrac{\rho}{f}}$ 成正比，其中 ρ 为金属板的电阻率；

        f——交变电磁场的频率。

为了较好地进行厚度测量，激励频率应选得较低。频率太高，贯穿深度小于被测厚度，不利进行厚度测量，频率通常选 1kHz 左右。

一般地说，测薄金属板时，频率应略高些，测厚金属板时，频率应低些。在测量 ρ 较小的材料时，应选较低的频率（如 500Hz），测量 ρ 较大的材料，则应选用较高的频率（如 2kHz），从而保证在测量不同材料时能得到较好的线性和灵敏度。

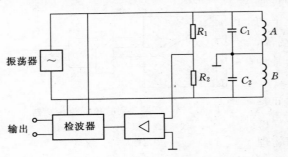

图 3.147 电桥法原理图

（4）测量电路。

1）电桥电路。电桥法是将传感器线圈的阻抗变化转换为电压或电流的变化。图 3.147 是电桥法的电原理图，图中线圈 A 和 B 为传感器线圈。传感器线圈的阻抗作为电桥的桥臂，起始状态时电桥平衡。在进行测量时，由于传感器线圈的阻抗发生变化，使电桥失去平衡，将电桥不平衡造成的输出信号进行放大并检波，就可得到与被测量成正比的电压或电流输出。电桥法主要用于两个电涡流线圈组成的差动式传感器。

2）谐振法。这种方法是将传感器线圈的等效电感的变化转换为电压或电流的变化。传感器线圈与电容并联组成 LC 并联谐振回路。

并联谐振回路的谐振频率为

$$f_0 = \frac{1}{2\pi \sqrt{LC}}$$

且谐振时回路的等效阻抗最大，等于

$$Z_0 = \frac{L}{R'C}$$

式中 R'——回路的等效损耗电阻。

当电感 L 发生变化时，回路的等效阻抗和谐振频率都将随 L 的变化而变化，因此可以利用测量回路阻抗的方法或测量回路谐振频率的方法间接测出传感器的被测值。

谐振法主要有调幅式电路和调频式电路两种基本形式。调幅式由于采用了石英晶体振荡器，因此稳定性较高，而调频式结构简单，便于遥测和数字显示。图 3.148 为调幅式测量电路原理框图。

由图中可以看出 LC 谐振回路由一个频率及幅值稳定的晶体振荡器提供一个高频信号

激励谐振回路。LC 回路的输出电压为

$$u = i_0 F(Z) \tag{3.198}$$

式中　i_0——高频激励电流；

　　　Z——LC 回路的阻抗。

可以看出，LC 回路的阻抗 Z 越大，回路的输出电压越大。

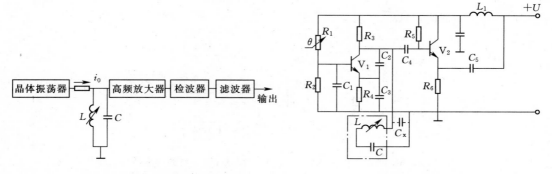

图 3.148　调幅式测量电路原理框图　　　　　图 3.149　调频式测量电路

调频式测量电路的原理是被测量变化引起传感器线圈电感的变化，而电感的变化导致振荡频率发生变化。频率变化间接反映了被测量的变化。这里电涡流传感器的线圈是作为一个电感元件接入振荡器中的。图 3.149 是调频式测量电路的原理图，它包括电容三点式振荡器和射极输出器两个部分。

为了减小传感器输出电缆的分布电容 C_x 的影响，通常把传感器线圈 L 和调整电容 C 都封装在传感器中，这样电缆分布电容并联到大电容 C_2、C_3 上，因而对谐振频率的影响大大减小了。

（5）电涡流传感器的应用。

1）测量位移。电涡流传感器可用于测量各种形状金属零件的动、静态位移。采用此种传感器可以做成测量范围另 0～15μm，分辨率为 0.05μm 的位移计，也可以做成测量范围为 0～500mm，分辨率为 0.1% 的位移计。凡是可以变换为位移量的参数，都可用电涡流传感器来测量。这种传感器可用于测量汽轮机主轴的轴向窜动、金属件的热膨胀系数、钢水液位、纱线张力、流体压力等，参见图 3.150。

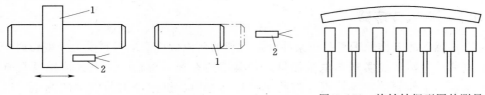

图 3.150　位移计　　　　　　　　　图 3.151　旋转轴振型图的测量
1—被测零件；2—电涡流传感器

2）测量振动。电涡流传感器可无接触地测量各种振动的幅值，如用来监控汽轮机主轴径向振动。在研究轴的振动时可以用多个传感器测量出轴的振动形状，如图 3.151 所示。

3）测量转速。在旋转体上加装一个如图 3.152 所示的金属体，在其旁边安装一个电涡流传感器。当旋转体转动时，传感器的输出信号将周期地变化，通过记录下的频率可以测量旋转体的转速。转速 n（单位为 r/min）可用下式计算

$$n = \frac{f}{N} \times 60$$

式中　　N——槽数或齿数；

　　　　f——频率值，Hz。

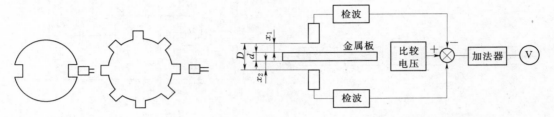

图 3.152　转速测量示意图　　　　　　图 3.153　高频涡流测厚仪框图

4）测量厚度。除低频透射型电涡流传感器可用于测量厚度外，高频反射型电涡流传感器也可用来测量厚度。图 3.153 为高频涡流测厚仪的原理框图。

由图中可知板厚 $d = D - (x_1 + x_2)$，当两个传感器在工作时分别测得 x_1、x_2，并转换成电压值相加，相加后的电压值再与和两传感器间距离相应的给定电压值相减，就可得到与板厚相对应的电压值。

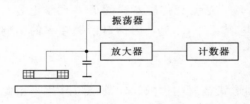

图 3.154　电涡流温度计结构示意图

5）温度测量。金属材料的电阻率随温度的变化而变化，若能测出电阻率随温度的变化，就可求得相应的温度值。

利用电涡流传感器，保持线圈的几何参数、电源频率、磁导率以及线圈与被测体之间的距离等不变，则传感器的输出只与被测体的电阻率变化有关，即可间接测得温度的变化。图 3.154 为电涡流温度计结构示意图。

6）其他用途。电涡流传感器还可用于作接近开关、记数、尺寸检测以及探伤用。

3.6.10　压电式传感器

压电式感器的工作原理是基于某些介质材料的压电效应。当材料受力而变形时，其表面会有电荷产生，从而实现非电量测量，是典型的有源传感器。压电式传感器具有体积小、重量轻、工作频带宽等特点，因此在各种动态力、机械冲击与振动的测量，以及声学、医学、力学、宇航等方面都得到了非常广泛的应用。

（1）压电效应。某些电介质物质，在沿一定方向上受到外力的作用而变形时，内部会产生极化现象，同时在其表面上产生电荷；当外力去掉后，又重新回到不带电的状态，这种机械能转变为电能的现象，称为"顺压电效应"，简称压电效应。相反，在电介质的极化方向上施加电场，它会产生机械变形，当去掉外加电场时，电介质的变形随之消失。这

种将电能转换为机械能的现象，称为"逆压电效应"。具有压电效应的电介质物质称为压电材料。常见的压电材料有石英晶体、压电陶瓷等。

　　（2）石英晶体的压电效应。图 3.155 所示为右旋石英晶体的理想外形，它具有规则的几何形状。这是由于晶体内部结构对称性的缘故。石英晶体有三个晶轴，如图 3.156 所示。其中 z 轴称为光轴，它是用光学方法确定的，z 轴方向上没有压电效应。经过晶体的棱线，且垂直于光轴的 x 轴称为电轴；垂直于 z-z 平面的 y 轴称为机械轴。

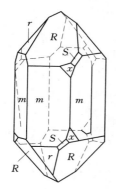

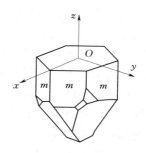

图 3.155　石英晶体的理想外形　　　　　图 3.156　石英晶体的直角坐标系

　　石英晶体的压电效应与其内部结构有关。为了直观地了解其压电效应，将组成石英（SiO_2）晶体的硅离子和氧离子的排列在垂直于晶体 z 轴的 xy 平面上投影，等效为图 3.157 中的正六边形排列。图中代表"$\oplus$"代表 Si^{4+}，"$\ominus$"代表 $2O^{2-}$。

　　当石英晶体未受力作用时，正、负离子（即 Si^{4+} 和 $2O^{2-}$）正好分布在正六边形的角上，形成三个大小相等、互成 120°夹角的电偶极矩 p_1、p_2 和 p_3，如图 3.157（a）所示。$p=ql$，q 为电荷量，l 为正、负电荷之间距离。电偶极矩的矢等于零，即 $p_1+p_2+p_3=0$。这时晶体表面不产生电荷，石英晶体从整体上呈电中性。当石英晶体受到沿 x 方向的压缩力作用时，晶体沿 x 方向产生压缩变形，正、负离子的相对位置随之变动，正、负电荷中心不再重合，如图 3.157（b）所示。电偶极矩在 x 轴方向的分量为 $(p_1+p_2+p_3)_x>0$，在 x 的正方向的晶体表面上出现正电荷。而在 y 轴和 z 轴方向的分量均为零，即 $(p_1+p_2+p_3)_y=0$，$(p_1+p_2+p_3)_z=0$。在垂直于 y 轴和 z 轴的晶体表面上不出现电荷。这种沿 x 轴作用力，而在垂直于此轴晶面上产生电荷的现象，称为"纵向压电效应"。

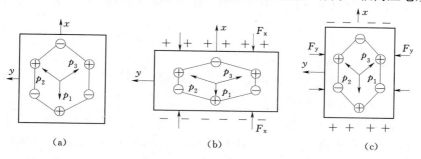

（a）　　　　　　　　　（b）　　　　　　　　　（c）

图 3.157　石英晶体压电效应机理示意图

当石英晶体 y 轴方向的压缩力作用时，晶体的变形如图 3.157（c）所示，电偶极矩在 x 轴方向的分量为 $(p_1+p_2+p_3)_x<0$，在 x 轴的正方向的晶体表面上出现负电荷。而在 y 轴和 x 轴的晶面上不出现电荷。这种沿 y 轴作用力，而垂直在 x 轴晶面上产生电荷的现象，称为"横向压电效应"。

当石英晶体受到沿 z 轴方向的力（无论是压缩力还是拉伸力）作用时，晶体在 x 方向和 y 方向的变形相同，正、负电荷中心始终保持重合，电偶极矩在 x、y 方向的分量等于零，所以沿光轴方向施加作用力，石英晶体不会产生压电效应。

当作用力 F_x 或 F_y 的方向相反时，电荷的极性将随之改变。如果石英晶体在各个方向同时受到均等的作用力（如液体压力），石英晶体将保持电中性，所以石英晶体没有体积变形的压电效应。

（3）压电陶瓷的压电效应。压电陶瓷是人工制造的多晶压电材料。它是由无数细微的电畴组成，这些电畴实际上是自发极化的小区域，自发极化的方向完全是任意排列，如图 3.158（a）所示。在无外电场作用时，从整体来看，这些电畴的极化效应被互相抵消了，使原始的压电陶瓷呈电中性，不具有压电性质。

为了使压电陶瓷具有压电效应，必须进行极化处理。所谓极化处理，就是在一定温度下沿一定方向对压电陶瓷施加强电场（如 $20\sim30\mathrm{kV/cm}$ 直流电场），经过过 $2\sim3\mathrm{h}$ 以后，压电陶瓷就具备压电性能了。这是因为陶瓷内部电畴的极化方向在外电场作用下都趋向于电场的方向［图 3.158（b）］。这个方向就是电陶瓷的极化方向，通常取 z 轴方向。

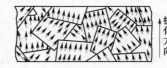

（a）未极化情况　　　　　　　　　　　　（b）极化情况

图 3.158　钛酸钡电压陶瓷的电畴结构示意图

压电陶瓷的极化过程与铁磁材料的磁化过程极其相似。经过极化处理的压电陶瓷，在外电场去掉后，其内部仍存在着很强的剩余极化强度。当压电陶瓷受外力作用时，电畴的界限发生移动，因此，剩余极化强度将发生变化，压电陶瓷就呈现出压电效应。

（4）压电常数与表面电荷的计算。

根据压电效应，压电材料在一定方向的力作用下，在材料一定表面产生电荷，可以用下式表示

$$\eta_{ij}=d_{ij}\sigma_j$$

式中　σ_j——j 方向的应力；

　　　d_{ij}——j 方向的力使得 i 面产生电荷的压电常数；

　　　η_{ij}——j 方向的力在 i 面产生的电荷密度。

压电常数 d_{ij} 有两个下标，即 i 和 j，其中 $i(i=1、2、3)$ 表面在 i 面上产生电荷，如 $i=1、2、3$ 分别表示在垂直于 x、y、z 轴的晶片表面，即 x、y、z 面上产生电荷。下标 $j=1、2、3、4、5、6$，其中 $j=1、2、3$ 分别表示晶体沿 x、y、z 轴方向承受单向应力；$j=4、5、6$ 则分别表示晶体在 jz 平面、zx 平面和 xy 平面上承受剪切应力（图 3.159）。

1）石英晶体的压电常数和表面电荷的计算。从石英晶体上切下一片平行六面体——晶体切片，使它的晶面分别平行于 x、y、z 轴，如图 3.160 所示。当晶片受到 x 方向压缩应力 σ_1（N/m²）作用时，晶片将产生厚度变形，在垂直于 x 轴表面上产生的电荷密度 η_1（C/m²）与应力 σ_1 成正比，即

$$\eta_1 = d_{11}\sigma = d_{11}\frac{F_1}{l\omega} \tag{3.199}$$

式中　F_1——沿晶轴 x 方向施加的压缩力，N；

　　　d_{11}——压电常数，压电常数与受力和变形方式有关，石英晶体在 x 方向承受机械应力时的压电常数 $d_{11} = 2.31\times10^{-12}$ C/N；

　　　l、ω——石英晶片的长度和宽度，m。

因为

$$\eta_1 = \frac{q_1}{l\omega}$$

式中　q_1——垂直于 x 轴晶片表面上的电荷，C。所以式（3.199）可写成如下形式

$$q_1 = d_{11}F_1 \tag{3.200}$$

由式（3.200）可知，当石英晶片的 x 轴方向施加压缩力时，产生的电荷 q 正比于作用力 F_1，而与晶片的几何尺寸无关。电荷的极性如图 3.161（a）所示。如果晶片在晶轴 x 方向受到拉力（大小与压缩力相等）的作用，则仍在垂直于 x 轴表面上出现等量的电荷，但极性却相反，如图 3.161（b）所示。

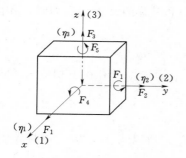

图 3.159　压电效应力——电分布

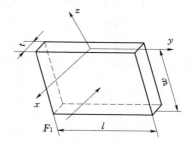

图 3.160　石英晶体切片

当晶片受到沿 y（即机械轴）方向的力 F_2 作用时，在垂直于 x 轴表面上出现电荷，电荷的极性如图 3.161（c）（受压缩应力）和图 3.161（d）（受拉伸应力）所示。电荷密度 η_{12} 与施加压力的应力 σ_2 成正比，即

电荷密度 $$\eta_{12} = d_{12}\sigma_2 \tag{3.201}$$

由此可得到电荷量为

$$q_{12} = d_{12}\frac{l\omega}{t\omega}F_2 = d_{12}\frac{l}{t}F_2 \tag{3.202}$$

$$q_{12} = -d_{11}\frac{l}{t}F_2 \tag{3.203}$$

式中　F_2——沿 y 方向对晶体施加的作用力，N；

q_{12}——在 F_2 作用下，在垂直于 x 轴的晶片表面上出现的电荷量，C；

l、t——石英晶片的长度和厚度，m。

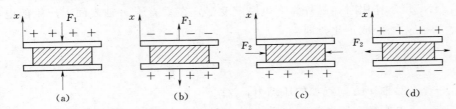

图 3.161 石英晶体上的电荷极性与受力方向的关系

由式（3.203）可知，沿机械轴方向对晶片施加作用力时，产生的电荷量与晶片的尺寸有关。适当选择晶片的尺寸（长度和厚度），可以增加电荷。

当石英晶体受到 z（即光轴）方向力 F_3，作用时，无论是拉伸应力，还是压缩应力，都不会产生电荷，即

$$\eta_{13} = d_{13}\sigma_3 = 0 \tag{3.204}$$

因为 $\sigma_3 \neq 0$，所以 $d_{13} = 0$。

当石英晶体分别受到剪切应力 σ_4，σ_5，σ_6 作用时，则有

$$\eta_{14} = d_{14}\sigma_4 \tag{3.205}$$

$$\eta_{15} = d_{15}\sigma_5 = 0（即 d_{15} = 0） \tag{3.206}$$

$$\eta_{16} = d_{16}\sigma_6 = 0（即 d_{16} = 0） \tag{3.207}$$

综上所述，只有在沿 x、y 方向作用单向应力和晶片的 x 剪切应力时，才能在垂直于 x 轴的晶片表面上产生电荷，即

$$\eta_1^* = d_{11}\sigma_1 - d_{11}\sigma_2 + d_{14}\sigma_4 \tag{3.208}$$

同理，通过实验可知，在垂直于 y 轴的晶片表面上，只有在剪切应力 F_5 和 F_6 的作用下才出现电荷，即

$$\eta_2^* = d_{25}\sigma_5 + d_{26}\sigma_6 \tag{3.209}$$

因为石英晶体的压电常数 $d_{25} = -d_{14}$，$d_{26} = -2d_{11}$，所以式（3.209）可写成

$$\eta_2^* = -d_{14}\sigma_5 - 2d_{11}\sigma_6 \tag{3.210}$$

在垂直于 x 轴向的晶片表面上的电荷密度为

$$\eta_3^* = 0 \tag{3.211}$$

综合式（3.208）、式（3.209）、式（3.210）和式（3.211），则得到石英晶体在所有的应力作用下的顺压电效应表达式，写成矩阵形式为

$$\begin{bmatrix} \eta_1^* \\ \eta_2^* \\ \eta_3^* \end{bmatrix} = \begin{bmatrix} d_{11} & d_{12} & 0 & d_{14} & 0 & 0 \\ 0 & 0 & 0 & 0 & d_{25} & d_{26} \\ 0 & 0 & 0 & 0 & 0 & 0 \end{bmatrix} \begin{bmatrix} \sigma_1 \\ \sigma_2 \\ \sigma_3 \\ \sigma_4 \\ \sigma_5 \\ \sigma_6 \end{bmatrix}$$

$$= \begin{bmatrix} d_{11} & -d_{11} & 0 & d_{14} & 0 & 0 \\ 0 & 0 & 0 & 0 & -d_{14} & -2d_{11} \\ 0 & 0 & 0 & 0 & 0 & 0 \end{bmatrix} \begin{bmatrix} \sigma_1 \\ \sigma_2 \\ \sigma_3 \\ \sigma_4 \\ \sigma_5 \\ \sigma_6 \end{bmatrix} \tag{3.212}$$

由压电常数矩阵可知，石英晶体独立的压电常数只有两个，即

$$d_{11} = \pm 2.31 \times 10^{-12} \text{C/N}$$

$$d_{14} = \pm 0.73 \times 10^{-12} \text{C/N}$$

按无线电工程协会（Institute of Radio Engineer，IRE）标准规定，右旋石英晶体的 d_{11} 和 d_{14} 值取负号；左旋石英晶的 d_{11} 和 d_{14} 值正号。

压电常数矩阵是正确选择压电元件、受力状态、变形方式、能量转换率以及晶片几何切型的重要依据。

由压电常数矩阵还可以知道，压电元件承受机械应力作用时，有哪几种变形方式具有能量转换作用。例如，石英晶体通过 d_{ij} 有四种基本变形方式可将机械能转换为电能，即：①厚度变形，通过 d_{11} 产生 x 方向的纵向压电效应；②长度变形，通过 d_{12} 产生 y 方向的横向压电效应；③面剪切变形，晶体受剪切面与产生电荷的面共面。例如，对于 x 切晶片，当 x 面（即 yz 平面）上作用有剪切应力时，通过 d_{14} 在此同一面上将产生电荷。对于 y 切晶片，通过 d_{25} 可在 y 面（即 zx 平面）产生面剪切式能量转换；④厚度剪切变形，晶体受剪切面与产生电荷的面不共面。例如，对于 y 切晶体，当 z 面（即 xy 平面）上作用有剪切应力时，通过 d_{26} 在 y 面（即 zx 平面）上产生电荷。

2）压电陶瓷的压电常数和表面电荷的计算。压电陶瓷的极化方向通常取 z 轴方向，在垂直于 z 轴平面上的任何直线都可取作为 x 轴或 y 轴，对于 x 轴和 y 轴，其压电特性是等效的。压电常数 d_{ij} 的两个下标中的 1 和 2 可以互换，4 和 5 也可以互换。这样在 18 个压电常数中，不为零的只有 5 个，而其中独立的压电常数只有三个，即 d_{33}、d_{31} 和 d_{15}。例如，钛酸钡压电陶瓷的压电常数矩阵为

$$\begin{bmatrix} 0 & 0 & 0 & 0 & d_{15} & 0 \\ 0 & 0 & 0 & d_{24} & 0 & 0 \\ d_{31} & d_{32} & d_{33} & 0 & 0 & 0 \end{bmatrix} \tag{3.213}$$

其中

$$d_{33} = 190 \times 10^{-12} \text{C/N}; d_{31} = d_{32} = -0.41 d_{33}$$

$$= -78 \times 10^{-12} \text{C/N}; d_{15} = -d_{24} = 250 \times 10^{-12} \text{C/N}$$

由式（3.213）可知，钛酸钡压电陶瓷除厚度变形、长度变形和剪切变形外，还可以利用体积变形获得压电效应。

小　结

本项目主要介绍常见的霍尔、超声波、振动、气压、接近开关等机械量传感器的原理及使用方法。详细讲述了各个传感器应用模块的设计方法。

习　题　3

1. 机械量传感器包括哪些种类？
2. 试述超声波传感器的工作原理。
3. 试述振动传感器的工作原理。
4. 试述气压传感器的技术参数。

项目4　光学量传感器及应用

学习目标

1. 专业能力目标：能根据传感器使用手册懂得传感器的原理；能根据测控系统要求设计传感器模块。

2. 方法能力目标：掌握常用传感器的使用方法；掌握工具、仪器的规范操作方法。

3. 社会能力目标：培养协调、管理、沟通的能力；具有自主学习新技能的能力，责任心强，能顺利完成工作任务；具有分析问题、解决问题的能力，善于创新和总结经验。

项目导航

本项目主要讲解红外传感器、光照传感器等光学量传感器的原理，设计相应的传感器应用模块。

任务4.1　红外传感器应用

任务目标：

（1）掌握红外传感器的原理。

（2）掌握红外传感器模块的设计方法。

（3）掌握红外传感器模块的调试方法。

任务导航：

以智能家居为载体，设计红外传感器模块。

1. 红外传感器简介

D203S 热释电红外传感器是利用温度变化的特性来探测红外线的辐射，采用双灵敏元互补的方法抑制温度变化产生的干扰，提高了感测器的工作稳定性。

2. 参考元器件列表

表 4.1 为红外传感器模块所用元器件列表。

表 4.1　　　　　　　　　　　传感器模块所用元器件列表

序号	类型	名称	封装
C_1	电容	47U6V3	1206
C_2	电容	10U16V	0805
C_3、C_5、C_6	电容	10N16V	0603
C_4	电容	10U10V	0805

续表

序号	类型	名称	封装
C_7、C_8、C_{11}	电容	100N16V	0603
C_9、C_{10}	电容	10U10V	0805
VD_1	光敏二极管	LED	0805
VD_2	肖特基整流器	IN5819	1210
JP_1、JP_2	插座	MHDR2×10	JP20T
L_1	电感	$10\mu H$	1210
VT_1	三极管	SOT23	SOT95P240 – 3N
R_1、R_{12}	电阻	$47k\Omega$	0603
R_2	电阻	33Ω	0603
R_3、R_4	电阻	0Ω	0603
R_5、R_6、R_{11}、R_{18}、R_{22}	电阻	$10k\Omega$	0603
R_7、R_{13}、R_{16}	电阻	$1k\Omega$	0603
R_8、R_{15}、R_{17}	电阻	$1M\Omega$	0603
R_9、R_{10}	电阻	$3.3k\Omega$	0603
R_{14}	电阻	3.9Ω	0603
R_{19}	电阻	$30k\Omega$	0603
R_{20}、R_{21}	电阻	$100k\Omega$	0603
U_1	红外传感信号处理器	BISS0001	SOIC127P600 – 16N
U_2	热释电红外传感器	D203S	D203S
U_3	升压芯片	MP1540DJ – LF – Z	SOP5

3. 设计与制作步骤

（1）了解红外传感器 D203S 的原理。

（2）设计红外传感器 D203S 的应用电路原理图，参考原理图如图 4.1 所示。

（3）设计红外传感器 D203S 的应用电路 PCB 图，参考 PCB 图如图 4.2 所示。

（4）制作 PCB 板。

（5）检测元器件，并焊接电路板。

4. 调试设备与方法

（1）调试设备。这包括电源、万用表等。

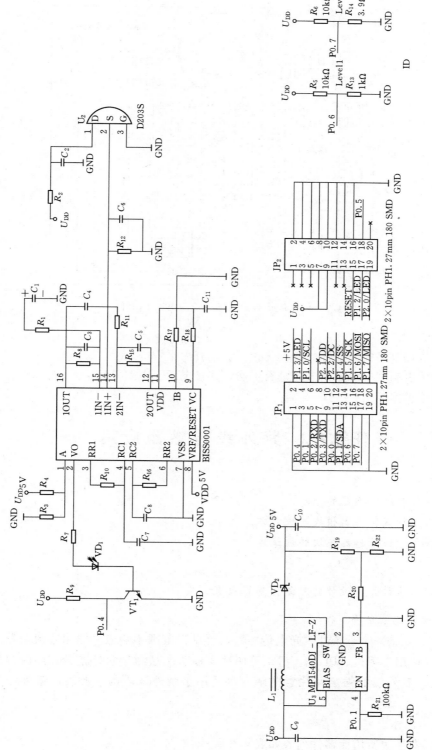

图 4.1 红外传感器 D203S 的应用电路原理图

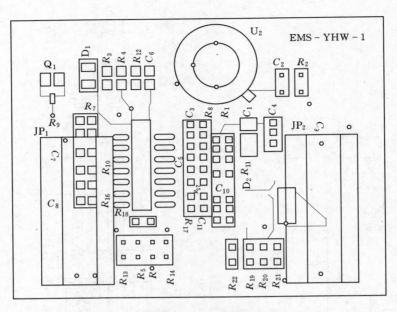

图 4.2 红外传感器 D203S 的应用电路 PCB 图

(2) 调试方法。

1) 认真核查电路板元器件的安装是否正确，有无虚焊等。

2) 用万用表测试电源输出电压是否正确，连接电源至电路模块。

3) 测试传感器输出。

任务 4.2 紫外线传感器应用

任务目标：

(1) 掌握紫外线传感器的原理。

(2) 掌握紫外线传感器模块的设计方法。

(3) 掌握紫外线传感器模块的调试方法。

任务导航：

以智能家居为载体，设计紫外线传感器模块。

1. 紫外线传感器简介

UVA - 1210 是一个近紫外波光电传感器，可见光范围不响应，输出电流与紫外指数呈线性关系。适用于手机、PDA、MP4 等便携式移动产品测量紫外指数，随时提醒人们（特别是女士）紫外线的强度并注意防晒，也适用于紫外波段的检测器、紫外线指数检测器。

2. 参考元器件列表

紫外传感器模块所用元器件列表如表 4.2 所示。

表 4.2　　　　　　　　　　　　　　**传感器模块所用元器件列表**

序号	类型	名称	封装
C_1	电容	100N6V	0603
C_2	电容	100P50V	0603
VD_1	紫外传感器	UVA－1210	1210
JP_1、JP_2	插座	MHDR2×10	JP20T
LED0	二极管	NC	0805
R_1	电阻	10kΩ	0603
R_2	电阻	1kΩ	0603
R_3	电阻	1MΩ	0603
R_4、R_6	电阻	10kΩ	0603
R_5	电阻	3.9Ω	0603
R_7	电阻	1kΩ	0603
U_1	运算放大器	TLV2761C	SOIC127P600－8N

3. 设计与制作步骤

（1）了解紫外线传感器 UVA－1210 的原理。

（2）设计紫外线传感器 UVA－1210 的应用电路原理图，参考原理图如图 4.3 所示。

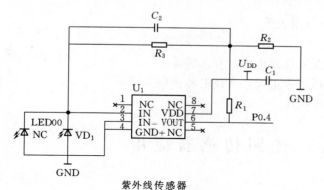

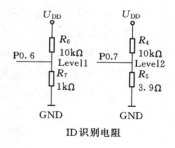

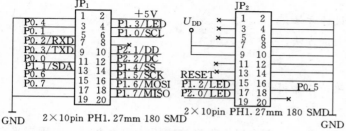

图 4.3　紫外线传感器 UVA－1210 的应用电路原理图

（3）设计紫外线传感器 UVA－1210 的应用电路 PCB 图，参考 PCB 图如图 4.4 所示。

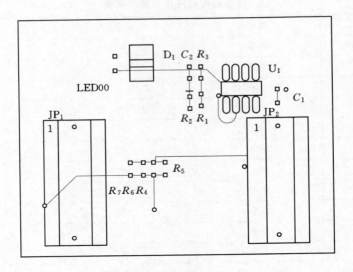

图 4.4 紫外线传感器 UVA－1210 的应用电路 PCB 图

（4）制作 PCB 板。

（5）检测元器件，并焊接电路板。

4．调试设备与方法

（1）调试设备。这包括电源、万用表等。

（2）调试方法。

1）认真核查电路板元器件的安装是否正确，有无虚焊等。

2）用万用表测试电源输出电压是否正确，连接电源至电路模块。

3）测试传感器输出，记录输出电压。

任务 4.3 光照传感器应用

任务目标：

（1）掌握光照传感器的原理。

（2）掌握光照传感器模块的设计方法。

（3）掌握光照传感器模块的调试方法。

任务导航：

以智能家居为载体，设计光照传感器模块。

1．光照传感器简介

光敏电阻是一种光电效应半导体器件，它能提供很经济实用的解决方案，应用于光存在与否的感应（数字量）以及光强度的测量（模拟量）等领域。

2．参考元器件列表

光照传感器模块所用元器件列表见表 4.3。

表 4.3   **传感器模块所用元器件列表**

序号	类型	名称	封装
JP₁、JP₂	插座	MHDR2×10	JP20T
R_1	电阻	10kΩ	0603
R_2、R_4	电阻	10kΩ	0603
R_3、R_5	电阻	1kΩ	0603
U₁	光敏电阻	Photo Sen	PIN2

3. 设计与制作步骤

（1）了解光敏电阻的原理。

（2）设计光敏电阻传感器的应用电路原理图，参考原理图如图 4.5 所示。

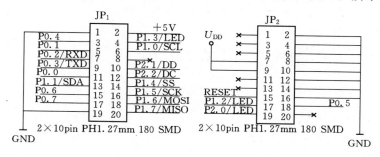

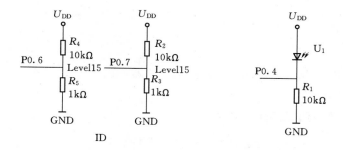

图 4.5 光敏电阻的应用电路原理图

（3）设计光敏电阻传感器的应用电路 PCB 图，参考 PCB 图如图 4.6 所示。

（4）制作 PCB 板。

（5）检测元器件，并焊接电路板。

4. 调试设备与方法

（1）调试设备。这包括电源、万用表等。

（2）调试方法。

1）认真核查电路板元器件的安装是否正确，有无虚焊等。

2）用万用表测试电源输出电压是否正确，连接电源至电路模块。

3）测试传感器输出。

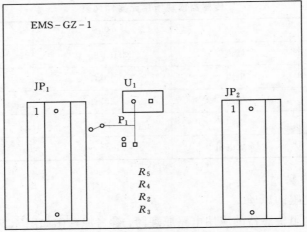

图 4.6   光敏电阻的应用电路 PCB 图

任务4.4   光 电 池 应 用

任务目标：

（1）掌握光电池的原理。

（2）掌握光电池模块的设计方法。

（3）掌握光电池模块的调试方法。

任务导航：

以智能家居为载体，设计光电池模块。

1. 光电池简介

硅光电池是一种直接把光能转换成电能的半导体器件。

2. 参考元器件列表

光电池传感器模块所用元器件列表见表 4.4。

表 4.4   传感器模块所用元器件列表

序号	类型	名称	封装
BT_1	光电池	Solar Battery	BAT－2
VD_2	二极管	LED	LED－0
JP_1、JP_2	插座	MHDR2×10	JP20T
R_1、R_3	电阻	10kΩ	0603
R_2	电阻	1kΩ	0603
R_4	电阻	3.9Ω	0603
R_5	电阻	100Ω	0603
R_6	电阻	NC	0603

3. 设计与制作步骤

（1）了解光电池的原理。

（2）设计光电池的应用电路原理图，参考原理图如图 4.7 所示。

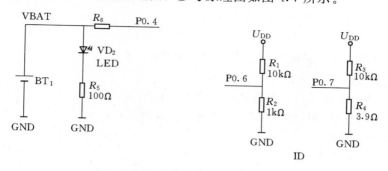

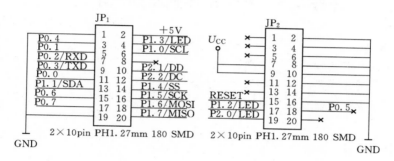

图 4.7　光电池的应用电路原理图

（3）设计光电池的应用电路 PCB 图，参考 PCB 图如图 4.8 所示。

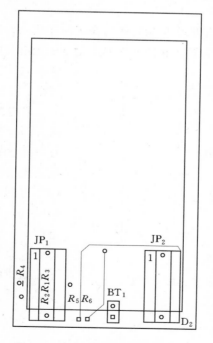

图 4.8　光电池的应用电路 PCB 图

（4）制作 PCB 板。

（5）检测元器件，并焊接电路板。

4．调试设备与方法

（1）调试设备。这包括电源、万用表、毫伏表等。

（2）调试方法。

1）认真核查电路板元器件的安装是否正确，有无虚焊等。

2）用万用表测试电源输出电压是否正确，连接电源至电路模块。

3）测试传感器输出。

任务4.5　光学量传感器知识学习

任务目标：

（1）掌握各种光学量传感器的原理。

（2）掌握光学量传感器应用电路设计方法。

（3）了解光学量传感器数据手册。

任务导航：

以智能家居为载体，学习光学量传感器的原理知识。

4.5.1　光电式传感器

1．概述

光电式传感器是将被测量的变化量转换为光量的变化，再通过光电子元件把光量的变化转换成电信号的一种测量装置。它的转换原理是基于光电效应。光电效应分为外光电效应、内光电效应和光电伏特效应三种。

光电式传感器通常由光路和电路两大部分组成。光路部分实现被测信号对光量的控制和调制；电路部分完成从光信号到电信号的转换。图4.9（a）为测量光量时的组成框图，图4.9（b）是测量其他物理量时的组成框图。

一束光是由一束以光速运动的粒子流组成的，这些粒子称为光子。光子具有能量，每个光子具有的能量由

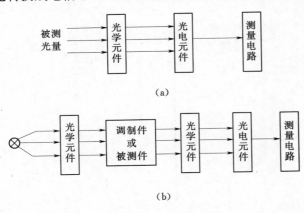

（a）

（b）

图 4.9　光电式传感器的基本组成

下式确定：

$$E = hv \tag{4.1}$$

式中　h——普朗克常数，$h = 6.626 \times 10^{-34}$，J·s；

v——光的频率，s^{-1}。

所以光的波长越短，即频率越高，其光子的能量也越大；反之，光的波长越长，其光子的能量也就越小。

在光线作用下，物体内的电子溢出物体表面向外发射的现象称为外光电效应。向外发射的电子叫光电子。基于外光电效应的光电器件有光电管、光电倍增管等。

光照射物体，可以看成一连串具有一定能量的光子轰击物体，物体中电子吸收的入射光子能量超过溢出功率 A_0 时，电子就会溢出物体表面，产生光电子发射，超过部分的能量表现为溢出电子的动能。根据能量守恒定理：

$$hv = \frac{1}{2}mv_0^2 + A_0 \qquad (4.2)$$

式中　m——电子质量；

v_0——电子溢出速度。

式（4.2）为爱因斯坦光电效应方程式，由式（4.2）可知：光子能量必须超过溢出功率 A_0，才能产生光电子；入射光的频谱成分不变，产生的光电子与光强成正比；光电子溢出物体表面时具有初始动能 $\frac{1}{2}mv_0^2$，因此对于外光电效应器件，即使不加初始阳极电压，也会有光电流产生，为使光电流为零，必须加负的截止电压。

在光线作用下，物体的导电性能发生变化或产生光生电动势的效应称为内光电效应。内光电效应又可分为以下两类。

（1）光电导效应。在光线作用下，对于半导体材料吸收了入射光子能量，若光子能量大于或等于半导体材料的禁带宽度，就激发出电子—空穴对，使载流子浓度增加，半导体的导电性增加，阻值减低，这种现象称为光电导效应。光敏电阻就是基于这种效应的光电器件。

（2）光电伏特效应。在光线的作用下能够使物体产生一定方向的电动势的现象称为光电伏特效应。基于该效应的光电器件有光电池。

光电式传感器具有很多优良特性，例如，具有频谱宽、不受电磁干扰的影响、非接触测量、体积小、重量轻、造价低等优点。特别是 20 世纪 60 年代以来，随着激光、光纤、CCD 技术的起步与发展，光电式传感器也得到了飞速发展，广泛地应用在生物、化学、物理和工程技术等各个领域中。

光纤（Optical Fiber）是 20 世纪 70 年代发展起来的一种新型的光电子技术材料，它与激光器、半导体光电探测器一起形成了光电子学。光纤的研究最初是为了通讯的需要，后来把光纤通讯、直接信息交换和把待测量与光纤内部的导光联系起来，形成了光纤传感器。光纤传感器具有灵敏度高、响应速度快、动态范围大、抗电磁干扰能力强、超高电绝缘、防燃、防爆、安全性能高、耐腐蚀、材料资源丰富、成本低、体积小、灵巧轻便、使用方便等优点。光纤传感器可实现的传感物理量很广，广泛应用于对磁、声、力、温度、位移、旋转、加速度、液位、转矩、应变、光、电流、电压、传像以及某些化学量的测量等，应用前景十分广阔。

红外辐射技术是近年来发展起来的一门新型技术学科。在科学研究、军事工程和医学方面有着极其重要的作用。它的重要工具就是红外辐射传感器,它是遥感技术、空间科学的敏感部件,能将红外辐射量的变化转换为点亮变化的装置称为红外传感器,一般分为光电红外传感器和热敏红外传感器两大类。

2. 光电管

(1)光电管的结构。光电管有真空光电管和充气光电管两种,两者结构相似,它们由一个涂有光电材料的阴极 K 和一个阳极 A 封装在真空玻璃壳内,如图 4.10(a)所示。光电管的特性主要取决于光管阴极材料。光电管阴极材料有:银氧铯、锑铯、铋银氧铯以及多碱光电阴极等。

(2)光电管的工作原理。如图 4.10(b)所示,将阳极 A 接电源正极,阴极 K 接电源负极。无光照时,因光电管阴极不发射光电子,电路不通,$I=0$。当入射光照射在阴极上时,光电管阴极就发射光电子,由于阳极的电位高于阴极,阳极便会收集由阴极发射来的电子,在光电管组成的回路中形成电流 I,并在负载 R_L 上输出电压 U_0。在入射光的频谱成分和光电管电压不变的条件下,输出电压与入射光通量成正比。

(3)光电管的主要特征。光电管的性能主要由伏安特性、光照特性、光谱特性、响应时间、峰值探测率和温度性来描述。下面仅对其主要性能作简单介绍。

1)伏安特性。光电管的伏安特性指在一定的光通量(ϕ)照射下,其阳极和阴极之间的电压 U_{AK} 与光电流 I 之间的关系,即 $I=f(U_{AK})$,如图 4.11 所示。

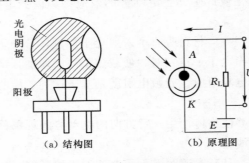

（a）结构图　　　　（b）原理图

图 4.10　光电管的结构和原理图

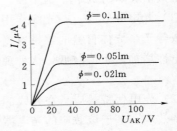

图 4.11　伏安特性曲线

当阳极电压 U_A 较小时,阴极发射的光电子只有一部分被阳极收集,其余部分仍返回阴极。因此,随着阳极电压 U_A 的升高,阳极在单位时间收集到的光电子数增多,光电流 I 增大,此时伏安特性呈线性关系。

当阳极电压以 U_A 升高到一定数值时,阴极发射的光电子全部被阳极收集,成为饱和状态。这时,阳极电压再升高,光电流也不再增加。

2)光谱特性。光电管的光谱特性通常指阳极和阴极之间所加电压不变时,入射光的波长 λ(或频率 ν)与其绝对灵敏度的关系,即 $K=f(\nu)|_{U=c}$ 主要取决于阴极材料。阴极材料不同的光电管适用于不同的光谱范围。另一方面,同一光电管对于不同频率(即使光强度相同)的入射光,其灵敏度也不同。

3)光电特性。光电特性指在光电管阳极电压和入射光频谱不变的条件下,入射光的光通量与光电流之间的关系。在光电管阳极电压 U 足够大,使光电管工作在饱和状态下,

入射光通量和光电流呈线性关系。即 $I = f(\phi)$

$$\begin{cases} U_C - C \\ u = C \end{cases}$$，如图 4.12 所示。曲线 1 为氧铯阴极光

电管的光电特性，曲线 2 为锑铯阴极光电管的光

电特性。光电特性曲线的斜率称为光电管的灵敏

度 K。

$$K = \frac{\mathrm{d}I}{\mathrm{d}\varphi} = \frac{I}{\varphi} \qquad (4.3)$$

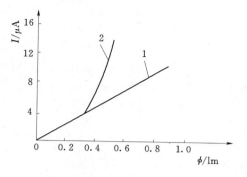

图 4.12　光电管的光电特性

4）暗电流。将光电管置于无光的黑暗条件

下，当施加正常的使用电压时，光电管产生微弱

电流。此电流称为暗电流，它主要由漏电流引

起的。

3. 光电倍增管

光电管的灵敏度很低，当入射光微弱时，光电管产生的光电流很小，只有几十微安，造成测量误差，甚至无法检测。为提高光电管灵敏度，在光电阴极 K 与阳极 A 之间安装一些倍增极，就构成了光电倍增管。倍增极过去又叫打拿级。它是基于二次发射原理，故又称其为二次发射体。所谓二次发射，是由高速电子冲击物体使其产生电子发射的现象。二次电子由三部分组成：一次电子打出来的二次电子；一次电子打在二次发射体上被弹回来成为二次电子；一次电子打在二次发射体上打出二次电子后，本身又离开二次发射体表面成为二次电子。

（1）光电倍增管的结构。如图 4.13 所示。光电倍增管由光电阴极 K、倍增电极 $D_1 \sim D_n$ 以及阳极 A 三部分组成。光电阴极由半导体光电材料锑铯做成。倍增电极使在镍或铜—铍衬底上涂锑铯材料而形成。通常有 12~14 级，多者达 30 级，阳极用来最后收集电子。

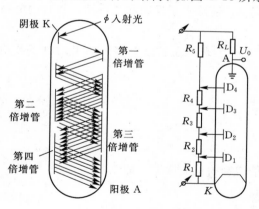

图 4.13　光电倍增管的结构

（2）光电倍增管的工作原理。光电倍增管中各倍增电极上均加有电压，阴极电位最低。各倍增电极的电位依次升高。由于相邻两个倍增电极之间有电位差，因此存在加速电场对电子加速。从阴极发出的光电子，在电场加速下，打在电位较阴极高的第一倍增级上，打出 3~6 倍的二次电

子；被打出来的二次电子再经加速电场加速，又打在比第一倍增电极电位高的第二倍增电极上，电子数又增加 3~6 倍；如此不断连续倍增，直到最后一级倍增电极产生的二次电子被更高电位的阳极收集为止。其电子数将达到阴极发射电子数的 $10^5 \sim 10^6$（100 万）倍。可见，光电倍增管的放大倍数是很高的。因此在很微弱的光照时，它能产生很大的光电流。

（3）光电倍增管的主要参数。

1）二次电子发射系数 σ。二次电子数与一次电子数之比：

$$\sigma_1 = \frac{I_1}{I_2} = \frac{N_1}{N_2}; \quad \sigma_2 = \frac{I_3}{I_2} = \frac{N_3}{N_2}; \quad \cdots; \quad \sigma_n = \frac{I_{n+1}}{I_n} = \frac{N_{n+1}}{N_n}$$

2）利用系数 θ。由于存在电子散射现象，前一级电子不可能全部打在下一级的倍增级上，故存在利用系数 θ。

3）倍增系数 M。

$$M = \theta\sigma^n = \frac{I_A}{I_K} \times \beta \tag{4.4}$$

式中　θ——二次电子利用系数；

σ——二次电子发射系数；

n——倍增电极的级数；

I_A——阳极电流；

I_K——光电阴极的光电流；

β——电流放大倍数。

4）暗电流。将光电流倍增管置于黑暗中，管上施加正常电压，管中有微小电流，便称为暗电流。

倍增管产生暗电流的原因有：光电阴极和倍增电极的热电子发射；阴极与其他各电极之间的漏电流；产生漏电流的原因有二：一是多余的铯原子沉积于各电极之间，导致绝缘电阻下降；二是管基受潮，使玻璃内硅酸盐水解形成电解液，导致绝缘电阻下降，离子反馈和负反馈，场致发射。

减小倍增管的暗电流的方法是：尽量减小光电阴极与倍增电极的热电子发射；消除管内多余的铯原子和保持管壳干燥；将管内抽成真空，清除离子反馈和光反馈；将管内电极边缘转弯、尖角修圆，减小场致发射。

5）光电阴极灵敏度和光电倍增管总灵敏度：一个光子在阴极上打出的平均电子数叫做光电阴极的灵敏度，即：

$$S_K = \frac{I_K}{\phi} \tag{4.5}$$

式中　I_K——光电管阴极电流；

ϕ——入射光通量，即光子个数。

一个光子在阳极上产生的平均电子数叫做倍增管的总灵敏度，即

$$S_K = \frac{I_A}{\phi} \tag{4.6}$$

式中　I_A——阳极电流；

ϕ——入射光通量，即光子个数。

则

$$S = \frac{I_A}{\phi} = \frac{\beta I_K}{\phi} = \beta S_K \tag{4.7}$$

其最大灵敏度可达 10A/lm。使用光电倍增管时应注意：由于倍增管的灵敏度很高，所以不能受强光照射，以免使其损坏。

6）光电倍增管的伏安特性。其伏安特性与光电管相类似，即 $I_A = f(U_{AD})I\big|_{\phi=c}$，如图

4.14 所示，也有线性区和饱和区。

7）光电倍增管的光电特性。即 $I_A = f(\phi) \begin{cases} v = C \\ v_- = c \end{cases}$，如图 4.15 所示。由该曲线可知：当光电管在 $10^{-12} \sim 10^{-4}$ lm 范围内，曲线有较好的线性关系；当光线太大，超过 10^{-4} lm 时，曲线明显弯曲，因此，在实际使用中，光电流不要超过 1mA。

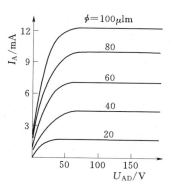

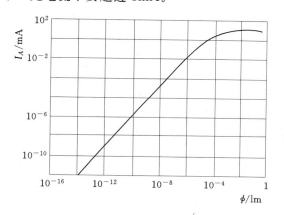

图 4.14　光电倍增管的伏安特性　　　　图 4.15　光电倍增管的光电特性

4. 光敏二极管和光敏晶体管

（1）结构原理。光敏二极管的结构与一般二极管相似。它装在透明玻璃外壳中，其 PN 结装在管的顶部，可以直接受到光照射，如图 4.16 所示。光敏二极管在电路中一般是处于反向工作状态，如图 4.17 所示，在没有光照射时，反向电阻很大，反向电流很小，反向电流称为暗电流，当光照射在 PN 结上，光子打在 PN 结附近，使 PN 结附近产生光生电子和光生空穴对，它们在 PN 结处的内电场作用下作定向运动，形成光电流。光的照度越大，光电流因此光敏二极管在不受光照射时处于截止状态，受光照射时处于导通状态。

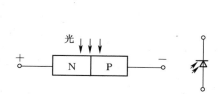

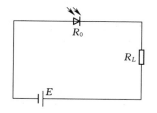

图 4.16　光敏二极管结构简图和符号　　　图 4.17　光敏二极管接线图

　　光敏晶体管与一般晶体管很相似，具有两个 PN 结，如图 4.18（a）所示，只是它的发射极一边做得很大，以扩大光的照射面积。光敏晶体管接线如图 4.18（b）所示，大多数光敏晶体管的基极无引出线，当集电极加上相对于发射极为正的电压而不接基极时，集电结就是反向偏压，当光照射在集电结时，就会在集电结附近产生电子—空穴对，光生电子被拉到集电极，基区留下空穴，使基极与发射极间的电压升高，这样便会有大量的电子流向集电极，形成输出电流，且集电极电流为光电流的 β 倍，所以光敏晶体管有放大作用。

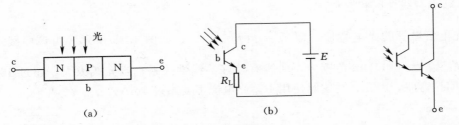

图 4.18　NPN 型光敏晶体管结构简图和基本电路　　　图 4.19　达林顿光敏管
的等效电路

光敏晶体管的光电灵敏度虽然比光敏二极管高得多，但在需要高增益或大电流输出的场合，需采用达林顿光敏管。图 4.19 是达林顿光敏管的等效电路，它是一个光敏晶体管和一个晶体管以共集电极连接方式构成的集成器件。由于增加了一级电流放大，所以输出电流能力大大加强，甚至可以不必经过进一步放大，便可直接驱动灵敏继电器。但由于无光照时的暗电流也增大，因此适合于开关状态或位式信号的光电变换。

（2）基本特性。

1）光谱特性。光敏管的光谱特性是指在一定照度时，输出的光电流（或用相对灵敏度表示）与入射光波长的关系。硅和锗光敏二（晶体）极管的光谱特性曲线如图 4.20 所示。从曲线可以看出，

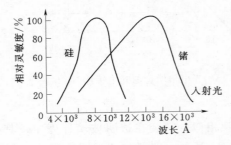

图 4.20　光敏二极（晶体）管的光谱特性

硅的峰值波长约为 $0.9\mu m$，锗的峰值波长约为 $1.5\mu m$，此时灵敏度最大，而当入射光的波长增长或缩短时，相对灵敏度都会下降。一般来讲，锗管的暗电流较大，因此性能较差，故在可见光或探测赤热状态物体时，一般都用硅管。但对红外光的探测，用锗管较为适宜。

2）伏安特性。图 4.21（a）为硅光敏二极管的伏安特性，横坐标表示所加的反向偏

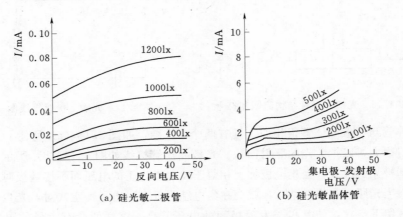

（a）硅光敏二极管　　　　（b）硅光敏晶体管

图 4.21　硅光敏管的伏安特性

压。当光照时，反向电流随着光照强度的增大而增大，在不同的照度下，伏安特性曲线几乎平行，所以只要没达和饱和值，它的输出实际上不受偏压大小的影响。图 4.21（b）为硅光敏晶体管的伏安特性。纵坐标为光电流，横坐标为集电极—发射极电压。从图中可见，由于晶体管的放大作用，在同样照度下，其光电流比相应的二极管大上百倍。

3）频率特性。光敏管的频率特性是指光敏管输出的光电流（或相对灵敏度）随频率变化的关系。光敏二极管的频率特性是半导体光电器件中最好的一种，普通光敏二极管的频率响应时间达 $10 \mu s$。光敏晶体管的频率特性受负载电阻的影响，图 4.22 为光敏晶体管频率特性，减小负载电阻可以提高频率响应范围，但输出电压响应也减小。

4）温度特性。光敏管的温度特性是指光敏管的暗电流及光电流与温度的关系。光敏晶体管的温度特性曲线如图 4.23 所示。从特性曲线可以看出，温度变化对光电流影响很小，如图 4.23（b），而对暗电流影响很大，如图 4.23（a），所以在电子线路中应该对暗电流进行温度补偿，否则将会导致输出误差。

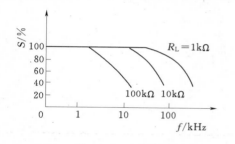

图 4.22　光敏晶体管的频率特性

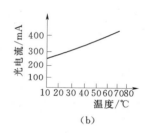

图 4.23　光敏晶体管的温度特性

5. 光电耦合器件

光电耦合器件是由发光元件（如发光二极管）和光电接收元件合并使用，以光作为媒介递信号的光电器件。根据其结构和用途不同，它又可分为用于实现电隔离的光电耦合器和用于检测有无物体的光电开关。

（1）光电耦合器。光电耦合器的发光元件和接收元件都封装在一个外壳内，一般有金属封装和塑料封装两种。发光器件通常采用砷化镓发光二极管，其管芯由一个 PN 结组成，随着正向电压的增大，正向电流增加，发光二极管产生的光通量也增加。光电接收元件可以是光敏二极管和光敏三极管，也可以是达林顿光敏管。图 4.24 为光敏三极管和达林顿光敏管输出型的光电耦合器。为了保证光电耦合器有较高的灵敏度，应使发光元件和接收元件的波长匹配。

（2）光电开关。光电开关是一种利用感光元件对变化的入射光加以接收，并进行光电转换，同时加以某种形式的放大和控制，从而获得最终的控制输出"开"、"关"信号的器件。图 4.25 为典型的光电开关结构图。图 4.25（a）是一种透射式的光电开关，它的发光元件和接收元件的光轴是重合的。当不透明的物体位于或经过它们之间时，会阻断光路，使接收元件接收不到来自发光元件的光，这样就起到了检测作用。图 4.25（b）是一种反射式的光电开关，它的发光元件和接收元件的光轴在同一平面且以某一角度相交，交点一般即为待测物所在处。当有物体经过时，接收元件将接收到从物体表面反射的光，没有物体时则接收不到。光电开关的特点是小型、高速、非接触，而且与 TTL、MOS 等电路容易结合。

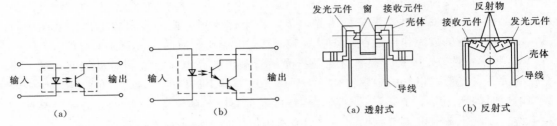

图 4.24　光电耦合器组合形式　　　　　图 4.25　光电开关的结构

用光电开关检测物体时，大部分只要求其输出信号有"高—低"（1—0）之分即可。图 4.26 是光电开关的基本电路示例。图 4.26（a）、（b）表示负载为 CMOS 比较器等高输入阻抗电路时的情况，图 4.26（c）表示用晶体管放大光电流的情况。

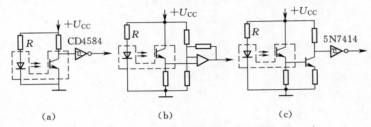

图 4.26　光电开关的基本电路

光电开关广泛应用于工业控制、自动化包装线及安全装置中作为光控制和光探测装置。可在自动控制系统中用作物体检测、产品计数、料位检测、尺寸控制、安全报警及计算机输入接口等。

6. 电荷耦合器件

电荷耦合器件（Charge Couple Device，CCD）是一种大规模金属氧化物半导体（MOS）集成电路光电器件。它以电荷为信号，具有光电信号转换、存储、转移并读出信号电荷的功能。CCD 自 1970 年问世以来，由于其独特的性能而发展迅速，广泛应用于航天、遥感、工业、农业、天文及通讯等军用及民用领域信息存储及信息处理等方面，尤其适用以上领域中的图像识别技术。

（1）CCD 的结构及工作原理。

1）结构。CCD 是由若干个电荷耦合单元组成的。其基本单元是 MOS（金属—氧化物—半导体）电容器，如图 4.27（a）所示。它以 P 型（或 N 型）半导体为衬底，上面覆盖一层厚度约 120nm 的 SiO_2，再在 SiO_2 表面依次沉积一层金属电极而构成 MOS 电容转移器件。这样一个 MOS 结构称为一个光敏元或一个像素。将 MOS 阵列加上输入、输出结构就构成了 CCD 器件。

2）工作原理。构成 CCD 的基本单元是 MOS 电容器。与其他电容器一样，MOS 电容器能够存储电荷。如果 MOS 电容器中的半导体是 P 型硅，当在金属电极上施加一个正电压 U_g 时，P 型硅中的多数载流子（空穴）受到排斥，半导体内的少数载流子（电子）吸引到 P-Si 界面处来，剧界面附近形成一个带负电荷的耗尽区，也称表面势阱，如图

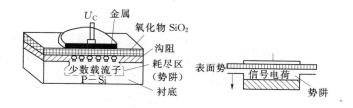

（a）MOS 电容截面　　　　　　　（b）势阱图

图 4.27　MOS 电容器

4.27（b）所示。对带负电部来说，耗尽区是个势能很低的区域。如果有光照射在硅片上，在光子作用下，半导体硅产生了电子—空穴对，由此产生的光生电子就被附近的势阱所吸收，势阱内所吸收的光生电，电量与入射到该势阱附近的光强成正比，存储了电荷的势阱被称为电荷包，而同时产生的空穴被排斥出耗尽区。并且在一定的条件下，所加正电压 U_g 越大，耗尽层就越深，Si 表面吸收少量载流子表面势（半导体表面对于衬底的电势差）也越大，这时势阱所能容纳的少数载流子电荷的量就越大。

CCD 的信号电荷产生有两种方式：光信号注入和电信号注入。CCD 用作固态图像器时，接收的是光信号，即光信号注入。图 4.28（a）是背面光注入方法，如果用透明电可用正面光注入方法。当 CCD 器件受光照射时，在栅极附近的半导体内产生电子—空；其多数载流子（空穴）被排斥进入衬底，而少数载流子（电子）则被收集在势阱中，形成信荷，并存储起来。存储电荷的多少正比于照射的光强，从而可以反映图像的明暗程度，光信号与电信号之间的转换。所谓电信号注入，就是 CCD 通过输入结构对信号电压或进行采样，将信号电压或电流转换成信号电荷。图 4.28（b）是用输入二极管进行电注入，该二极管是在输入栅衬底上扩散形成的。当输入栅 IG 加上宽度为 Δt 的正脉冲时，输入 PN 结的少数载流子通过输入栅下的沟道注入 Φ_1 电极下的势阱中，注入电荷量 $Q = I_D \Delta t$。

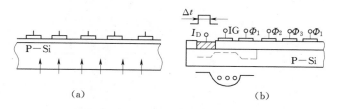

（a）　　　　　　　　　　　　　　（b）

图 4.28　电荷注入方法

CCD 最基本的结构是一系列彼此非常靠近的 MOS 电容器，这些电容器用同一半导体衬底制成，衬底上面涂覆一层氧化层，并在其上制作许多互相绝缘的金属电极，相邻电极之间仅隔极小的距离，保证相邻势阱耦合及电荷转移。对于可移动的电荷信号都将力图向表面势大的位置移动。

为保证信号电荷按确定方向和路线转移，在各电极上所加的电压严格满足相位要求，下面以三相（也有二相和四相）时钟脉冲控制方式为例说明电荷定向转移的过程。把 MOS 光敏元电极分成三组，在其上面分别施加三个相位不同的控制电压 Φ_1、Φ_2、Φ_3，三相 CCD 时钟制电压 Φ_1、Φ_2、Φ_3 的波形见图 4.29 所示。

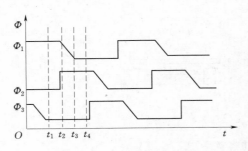

图 4.29　三相 CCD 时钟电压脉冲波形

三相 CCD 电荷转移过程见图 4.30，当 $t=t_1$ 时，Φ_1 相处于高电平，Φ_2，Φ_3 相处于低电平，在电极 1、4 下面出现势阱，存储了电荷。在 $t=t_2$ 时，Φ_2 相也处于高电平，电极 2、5 下面出现势阱。由于相邻电极之间的间隙很小，电极 1、2 及 4、5 下面的势阱互相耦合，使电极 1、4 下的电荷向电极 2、5 下面势阱转移。随着 Φ_1 电压下降，电极 1、4 下的势阱相应变浅。在 $t=t_3$ 时，有更多的电荷转移到电极 2、5 下势阱内。

在 $t=t_4$ 时，只有 Φ_2 处于高电平，信号电荷全部转移到电极 2、5 下面的势阱内。随着控制脉冲的变化，信号电荷便从 CCD 的一端转移到终端，实现了电荷的耦合与转移。图 4.31 是 CCD 输出端结构示意图。它实际上是在 CCD 阵列的末端衬底上制作一个输出二极管，当输出二极管加上反向偏压时，转移到终端的电荷在时钟脉冲作用下移向输出二极管，被二极管的 PN 结所收集，在负载 R_L 上就形成脉冲电流，D_0 输出电流的大小与信号电荷大小成正比，并通过负载电阻 R_L 变为信号电压 U_0 输出。

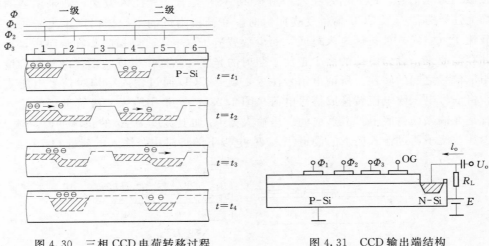

图 4.30　三相 CCD 电荷转移过程　　　　图 4.31　CCD 输出端结构

　　（2）CCD 的应用（CCD 固态图像传感器）。电荷耦合器件用于固态图像传感器中，作为摄像或像敏的器件。CCD 固态图像传感器由感光部分和移位寄存器组成。感光部分是指在同一半导体衬底上布设的由若干光敏单元组成的阵列元件，光敏单元简称"像素"。固态图像传感器利用光敏单元的光电转换功能将投射到光敏单元上的光学图像转换成电信号"图像"，即将光强的空间分布转换为与光强大小不等的电荷包空间分布，然后利用移位寄存器的移位功能将电信号"图像"传放大器输出。根据光敏元件排列形式的不同，CCD 固态图像传感器可分为线型和面型两种。

　　1）线型 CCD 图像传感器。线型 CCD 图像传感器是由一列 MOS 光敏单元和一列 CCD 移位寄存器构成的与移位寄存器之间有一个转移控制栅，基本结构如图 4.32（a）所示。转移控制栅控制光电荷向移位寄存器转移，一般使信号转移时间远小于光积分时间。在光积分周期里单元中所积累的光电荷与该光敏元上所接收的光照强度和光积分时间成正比，光电荷存储于光敏单元的势阱中。当转移控制栅开启时，各光敏单单元收集的信号电荷并行地转移到位寄存器的相应单元。当转移控制栅关闭时，MOS 光敏单元阵列又开始下一行光电何积累。同时，在移位寄存器上施加时钟脉冲，将已转移到 CCD 移位寄存器内的上一行的信号电荷由移位寄存器串行输出，如此重复上述过程。

图 4.32（b）为 CCD 的双行结构图。光敏元中的信号电荷分别转移到上下方移位寄存器中，然后在时钟脉冲的作用下向终端移动，在输出端交替合并输出。这种结构与长度相同的单行结构相比较，可以获得高出两倍的分辨率；同时由于转移次数减少一半，使 CDD 电荷转移损失大为减少；双行结构在获得相同效果情况下，又可缩短器件尺寸。双行结构已发展成为线型 CCD 图像传感器的主要结构形式。

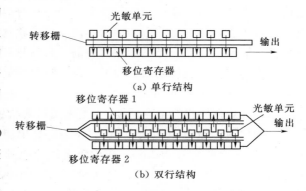

图 4.32　线型 CCD 图像传感器

线型 CCD 图像传感器可以直接接收一维光信息，不能直接将二维图像转变为输出，为了得到整个二维图像的视频信号，就必须用扫描的方法。线型 CCD 图像传用于测试、传真和光学文字识别技术等方面。

2）面型 CCD 图像传感器。按一定的方式将一维线型光敏单元及移位寄存器排列成二维阵列，即可以构成面型 CCD 图像传感器。

面型 CCD 图像传感器有三种基本类型：线转移型、帧转移型和行间转移型。

图 4.33（a）为线转移面型 CCD 的结构图。它由行扫描发生器、感光区和输出寄存器等组成。行扫描发生器将光敏元件内的信息转移到水平（行）方向上，驱动脉冲将信号电荷一位位地按箭头方向转移，并移入输出寄存器，输出寄存器亦在驱动脉冲的作用下使信号电荷经输出端输出。这种转移方式具有有效光敏面积大、转移速度快、转移效率高等特点，但电路比较复杂，易引起图像模糊。

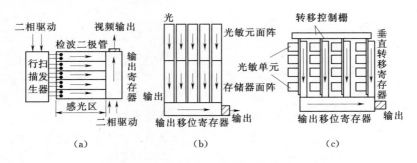

图 4.33　面型 CCD 图像传感器结构

图 4.33（b）为线转移面型 CCD 的结构图。它由光敏元面阵（感光区）、存储器面阵和输出移位寄存器三部分构成。图像成像到光敏元面阵，当光敏元的某一相电极加有适当

的偏压时，光生电荷将收集到这些光敏单元的势阱里，光学图像变成电荷包图像。当光积分周期结束时，信号电荷迅速转移到存储器面阵，经输出端输出一帧信息。当整帧视频信号自存储器面阵移出后，就开始下一帧信号的形成。这种面型 CCD 的特点是结构简单，光敏单元密度高，但增加了存储区。图 4.33（c）所示结构为行间转移型的结构图，是用得最多的一种结构形式。它将光敏单元与垂直转移寄存器交替排列。在光积分期间，光生电荷存储在感光区光敏单元的势阱里；当光积分时间结束，转移栅的电位由低变高，信号电荷进入垂直转移寄存器中。随后一次一行地移动到输出移位寄存器中，然后移位到输出器件，在输出端得到与光学图像对应的一行行视频信号。这种结构的感光单元面积减小，图像清晰，但单元设计复杂。面型 CCD 图像传感器主要用于摄像机及测试技术。

7. 光电传感器的应用

（1）火焰探测报警器。图 4.34 是采用以硫化铅光敏电阻为探测元件的火焰探测器电路图。硫化铅光敏电阻的暗电阻为 $1M\Omega$，亮电阻为 $0.2M\Omega$（在光强度 $0.01W/m^2$ 下测试），峰值响应波长为 $2.2\mu m$，硫化铅光敏电阻处于 V_1 管组成的恒压偏置电路，其偏置电压约为 6V，电流约为 $6\mu A$。V_1 管集电极电阻两端并联 $68\mu F$ 的电容，可以抑制 100Hz 以上的高频，使其成为只有几十赫兹的窄带放大器。V_2、V_3 构成二级负反馈互补放大器，火焰的闪动信号经二级放大后送给中心控制站进行报警处理。采用恒压偏置电路是为了在更换光敏电阻或长时间使用后，器件阻值的变化不至于影响输出信号的幅度，保证火焰报警器能长期稳定的工作。

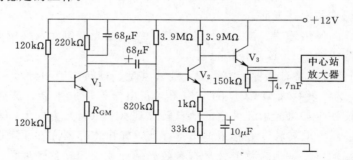

图 4.34　火焰探测报警器电路图

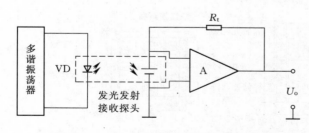

图 4.35　光电式纬线探测器原理电路图

（2）光电式纬线探测器。光电式纬线探测器是应用于喷气织机上，判断纬线是否断线的一种探测器。图 4.35 为光电式纬线探测器原理电路图。

当纬线在喷气作用下前进时，红外发光管 VD 发出的红外光，经纬线反射，由光电池接收，如光电池接收不到反射信号时，说明纬线已断，因此利用光电池的输出信号，通过后续电路放大、脉冲整形等，控制机器正常运转，或关机报警。

由于纬线线径很细，又是摆动着前进，形成光的漫反射，削弱了反射光的强度，伴有背景杂散光，因此要求探纬器具有高的灵敏度和分辨率。为此，红外发光管 VD；占空比很小的强电流脉冲供电，这样既能保证发光管使用寿命，又能在瞬间有强光射出，提高检测灵敏度。一般来说，光电池输出信号比较小，需经放大、脉冲整形，以提高分辨。

（3）燃气器具中的脉冲点火控制器。由于燃气是指易燃、易爆气体，所以对燃气器具中的点火控制器的要求是安全、稳定，可靠。为此电路中有这样一个功能，即打火确认针产生火花，才可以打开燃气阀门；否则燃气阀门关闭，这样就保证使用燃气器具的安全性。图 4.36 为燃气器具中高压打火确认电路原理图。在高压打火时，火花电压可达 1 万多伏，这个脉冲高电压对电路工作影响极大，为了使电路正常工作，采用光电耦合器 V_B 进行电平隔离，大大增加了电路抗干扰能力。当高压打火针对打火确认针放电时，光电耦合器中的发光二极管发光，耦合器中的光敏三极管导通，经 V_1、V_2、V_3 放大，驱动强吸电磁阀，将气路打开，燃气碰到火花即燃烧。若高压打火针与打火确认针之间不放电，则光电耦合器不工作，V_1 等不导通，燃气阀门关闭。

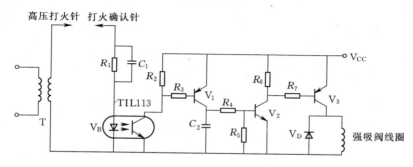

图 4.36　燃气热水器的高压打火确认原理图

（4）CCD 图像传感器应用。CCD 图像传感器在许多领域内获得了广泛的应用。前面介绍的电荷耦合器件（CCD）具有将光像转换为电荷分布，以及电荷的存储和转移等功能，所以它是构成 CCD 固态图像传感器的主要光敏器件，取代了摄像装置中的光学扫描系统或电子束扫描系统。

CCD 图像传感器具有高分辨率和高灵敏度，具有较宽的动态范围，这些特点决定了它可以广泛应用于自动控制和自动测量中，尤其适用于图像识别技术。CCD 图像传感器在检测物体的位置、工件尺寸的精确测量及工件缺陷的检测方面有独到之处。

下面是一个利用 CCD 图像传感器进行工件尺寸检测的例子。图 4.37 为应用线型 CCD 图像传感器测量物体尺寸系统。物体成像聚焦在图像传感器的光敏面上，视频处理器对输出的视频信号进行存储和数据处理，整个过程由微机控制完成。根据光学几何原理，可以推导被测物体尺寸的计算公式，即：

$$D = \frac{np}{M} \qquad\qquad (4.8)$$

式中　　n——覆盖的光敏像素数；

　　　　p——像素间距；

　　　　M——倍率。

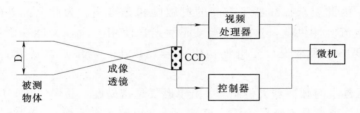

图 4.37　CCD 图像传感器工件尺寸检测系统

　　微机可对多次测量求平均值，精确得到被测物体的尺寸。任何能够用光学成像的零件都可以用这种方法，实现不接触的在线自动检测的目的。

4.5.2　光纤传感器

　　光纤传感器是 20 世纪 70 年代中期发展起来的一种新技术，它是伴随着光纤及光通信技术的发展而逐步形成的。

　　光纤传感器和传统的各类传感器相比有一定的优点，如不受电磁干扰、体积小、重量轻、可绕曲、灵敏度高、耐腐蚀、高绝缘强度、防爆性好、集传感与传输于一体、能与数字通统兼容等。光纤传感器能用于温度、压力、应变、位移、速度、加速度、磁、电、声和 pH 值等 70 多个物理量的测量，在自动控制、在线检测、故障诊断、安全报警等方面具有极为广应用潜力和发展前景。

　　1. 光纤的结构和传输原理

　　（1）光纤结构。光导纤维简称光纤，它是一种特殊结构的光学纤维，结构如图 4.38 所示。中心的圆柱体叫纤芯，围绕着纤芯的圆形外层叫包层。纤芯和包层通常由不同掺杂的石英玻璃制成。纤芯的折射率 n_2，略大于包层的折射率 n_1，光纤的导光能力取决于纤芯和包层的性质。在包层外面还常有一层保护套，多为尼龙材料，以增加机械强度。

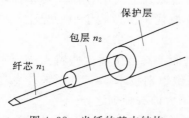

图 4.38　光纤的基本结构

　　（2）光纤传光原理。众所周知，光在空间是直线传播的。将光纤光的传输限制在光纤中，并随着光纤能传送很远的距离，光纤的传输是基于光的全内反射，设有一段圆柱形光纤，如图 4.38 所示，它的两个端面均为光滑的平面。当光线射入一个端面并与圆柱的轴线成 θ_i 角时，在端面发生折射进入光纤后，又以 φ_i 角入射至纤芯与包层的界面，光线有一部分透射到包层，一部分反射回纤芯。但当入射角 θ_i 小于临界入射角 θ_c 时，光线就不会透射界面，而全部被反芯和包层的界面上反复逐次全反射，呈锯齿波形状在纤芯内向前传播，最后从光纤的另一端面射出，这就是光纤的传光原理。

　　根据斯涅耳（Snell）光的折射定律，由图 4.38 可得：

$$n_0 \sin\theta_i = n_1 \sin\theta' \tag{4.9}$$

$$n_1 \sin\varphi_i = n_2 \sin\varphi' \tag{4.10}$$

式中　n_0——光纤外界介质的折射率。

若要在纤芯和包层的界面上发生全反射，则界面上的光线临界折射角 $\varphi_c = 90°$，即 $\varphi' \geqslant \varphi_c = 90°$ 而

$$n_1 \sin\theta' = n_1 \sin\left[\frac{\pi}{2} - \varphi_l\right] = n_1 \cos\varphi_l = n_2 \sqrt{1 - \sin\varphi_l^2} = n_1 \sqrt{1 - \left[\frac{n_2}{n_1}\sin\varphi\right]^2} \qquad (4.11)$$

当 $\varphi' = \varphi_c = 90°$ 时，有：

$$n_1 \sin\theta' = \sqrt{n_1^2 - n_2^2} \qquad (4.12)$$

所以，为满足光在光纤内的全内反射，光入射到光纤端面的入射角 θ_i 应满足：

$$\sin\theta_i < \frac{1}{n_0} \sqrt{n_1^2 - n_2^2}$$

$$\theta_i \leqslant \theta_c = \arcsin\left[\frac{1}{n_0} \sqrt{n_1^2 - n_2^2}\right] \qquad (4.13)$$

一般光纤所处环境为空气，则 $n_0 = 1$。

实际工作时需要光纤弯曲，但只要满足全反射条件，光线仍然继续前进。可见这里的光线"转弯"实际上是由光的全反射所形成的。

（3）光纤基本特性。数值孔径（N_A）定义为

$$N_A = \sin\theta_c = \frac{1}{n_0} \sqrt{n_1^2 - n_2^2} \qquad (4.14)$$

数值孔径是表征光纤集光本领的一个重要参数，即反映光纤接收光量的多少。其意义是：无论光源发射功率有多大，只有入射角处于 $2\theta_c$ 的光锥角内，光纤才能导光。如入射角过大，光线便从包层逸出而产生漏光。光纤的 N_A 越大，表明它的集光能力越强，一般希望有大的数值孔径，这有利于提高耦合效率；但数值孔径过大，会造成光信号畸变。所以要适当选择数值孔径的数值，如石英光纤数值孔径一般为 $0.2 \sim 0.4 \mu m$。

（4）光纤模式。光纤模式是指光波传播的途径和方式。对于不同入射角度的光线，在界面反射的次数是不同的，传递的光波之间的干涉所产生的横向强度分布也是不同的，这就是传播模式不同。在光纤中传播模式很多不利于光信号的传播，因为同一种光信号采取很多模式传播将使一部分光信号分为多个不同时间到达接收端的小信号，从而导致合成信号的畸变，因此希望光纤信号模式数量要少。

一般纤芯直径为 $2 \sim 12 \mu m$，只能传输一种模式称为单模光纤。这类光纤的传输性能好，信号畸变小，信息容量大，线性好，灵敏度高，但由于纤芯尺寸小，制造、连接和耦合都比较困难。纤芯直径较大（$50 \sim 100 \mu m$），传输模式较多称为多模光纤。这类光纤的性能较差，输出波形有较大的差异，但由于纤芯截面积大，故容易制造，连接和耦合比较方便。

（5）光纤传输损耗。光纤传输损耗主要来源于材料吸收损耗、散射损耗和光波导弯曲损耗。目前常用的光纤材料有石英玻璃、多成分玻璃、复合材料等。在这些材料中，由于存在杂质离子、原子的缺陷等会吸收光，从而造成材料吸收损耗。

散射损耗主要是由于材料密度及浓度不均匀引起的，这种散射与波长的四次方成反比。因此散射随着波长的缩短而迅速增大。所以可见光波段并不是光纤传输的最佳波段，

在近红外波段（1～1.7μm）有最小的传输损耗。因此长波长光纤已成为目前发展的方向。光纤拉制时粗细不均匀，造成纤维尺寸沿轴线变化，同样会引起光的散射损耗。另外纤芯和包层界面的不光滑、污染等，也会造成严重的散射损耗。

光波导弯曲损耗是使用过程中可能产生的一种损耗。光波导弯曲会引起传输模式的转换，激发高阶模进入包层产生损耗。当弯曲半径大于 10cm 时，损耗可忽略不计。

2．光纤传感器

（1）光纤传感器的工作原理及组成。光纤传感器原理实际上是研究光在调制区内，外界信号（温度、压力、应变、位移、振动、电场等）与光的相互作用，即研究光被外界参数的调制原理。外界信号可能引起光的强度、波长、频率、相位、偏振态等光学性质的变化，从而形成不同的调制。

光纤传感器一般分为两大类：一类是利用光纤本身的某种敏感特性或功能制成的传感器，称为功能型（Functional Fiber，FF）传感器，又称为传感型传感器；另一类是光纤仅仅起传输光的作用，它在光纤端面或中间加装其他敏感元件感受被测量的变化，这类传感器称为非功能型（Non Functional Fiber，NFF）传感器，又称为传光型传感器。

在用途上，非功能型传感器要多于功能型传感器，而且非功能型传感器的制作和应用也比较容易，所以目前非功能型传感器品种较多。功能型传感器的构思和原理往往比较巧妙可解决一些特别棘手的问题。但无论哪一种传感器，最终都利用光探测器将光纤的输出变为电信号。

（2）光纤传感器的组成。光纤传感器由光源、敏感元件（光纤或非光纤的）、光探测器、信号处理系统以及光纤等组成，如图 4.39 所示。由光源发出的光通过源光纤引到敏感元件，被测参数作用于敏感元件，在光的调制区内，使光的某一性质受到被测量的调制，调制后的光信号经接收光纤耦合到光探测器，将光信号转换为电信号，最后经信号处理得到所需要的被测量。

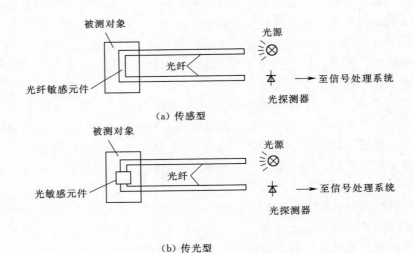

（a）传感型

（b）传光型

图 4.39　光纤传感器组成示意图

（3）光纤传感器的应用。

1）光纤加速度传感器。光纤加速度传感器的组成结构如图 4.40 所示。它是一种简谐振子的结构形式。激光束通过分光板后分为两束光，透射光作为参考光束，反射光作为测量光束。当传感器感受加速度时，由于质量块 M 对光纤的作用，从而使光纤被拉伸，引起光程差的改变。相位改变的激光束由单模光纤射出后与参考光束会合产生干涉效应。激光干涉仪干涉条纹的移动可由光电接收装置转换为电信号，经过信号处理电路处理后便可以正确地测出加速度值。

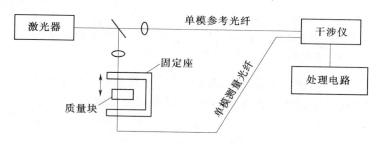

图 4.40　光纤加速度传感器结构简图

2）光纤温度传感器。光纤温度传感器是目前仅次于加速度、压力传感器而被广泛使用的光纤传感器。根据工作原理它可分为相位调制型、光强调制型和偏振光型等。这里仅介绍一种光强调制型的半导体光吸收型光纤传感器，图 4.41 为这种传感器的结构原理图。它由半导体光吸收器、光纤、光源和包括光探测器在内的信号处理系统等组成的。光纤是用来传输信号，半导体光吸收器是光敏感元件，在一定的波长范围内，它对光的吸收随温度 T 变化而变化。图 4.42 为半导体的光透过率特性。半导体材料的光透过率特性曲线随温度的增加向长波方向移动，如果适当地选定一种在该材料工作波长范围内的光源，那么就可以使透射过半导体材料的光强随温度而变化，探测器检测输出光强的变化即达到测量温度的目的。

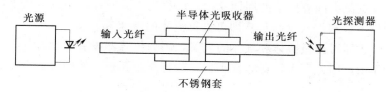

图 4.41　半导体光吸收型光纤温度传感器结构原理图

这种半导体光吸收型光纤传感器的测量范围随半导体材料和光源而变，一般在 -100～+300℃ 温度范围内进行测量，响应时间约为 2s。它的特点是体积小、结构简单、时间响抉、工作稳定、成本低、便于推广应用。

3）光纤旋涡流量传感器。光纤旋涡流量传感器是将一根多模光纤复直装入管道，当液体或气体流经与其垂直的光纤时，光纤受到流体涡流的作用而振动，振动的频率与流速有关。测出频率就可知流速。这种光纤漩涡流量传感器的结构示意图如图 4.43 所示。

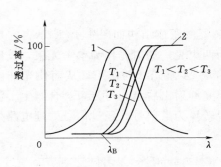

图 4.42　半导体的光透过率特性
1—光源光谱分布；2—吸收边沿透射

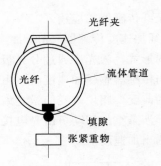

图 4.43　光纤旋涡

当流体运动受到一个垂直于流动方向的非流线体阻碍时，根据流体力学原理，在某些条件下，在非流线体的下游两侧产生有规则的旋涡，其旋涡的频率 f 与流体的流速可表示为

$$f = S_t \times \frac{v}{(1-1.27d)/d}$$

$$f = S_t \frac{v}{d} \qquad (4.15)$$

式中　v——流体流速；

　　　d——流体中物体的横向尺寸大小；

　　　S_t——斯特罗哈尔（Strouhal）系数，它是一个无量纲的常数，仅与雷诺数有关。

在多模光纤中，光以多种模式进行传输，在光纤的输出端，各模式的光就形成了干涉图样，这就是光斑。一根没有外界扰动的光纤所产生的干涉图样是稳定的，当光纤受到外界扰动时，干涉图样的明暗相间的斑纹或斑点发生移动。如果外界扰动是流体的涡流则干涉图样斑纹或斑点就会随着振动的周期变化来回移动，这时测出斑纹或斑点可获得对应于振动频率 f 的信号，根据式（4.15）即可推算流体的流速 v。

这种流体传感器可测量液体和气体的流量，因为传感器没有活动部件，测量对流体流动不产生阻碍作用，因此压力损耗非常小。这些特点是孔板、涡轮等许多测量计所无法比拟的。

4.5.3　红外传感器

1. 红外传感器定义与工作原理

红外线技术在测速系统中已经得到了广泛应用，许多产品已运用红外线技术能够实现车辆测速、探测等研究。红外线应用速度测量领域时，最难克服的是受强太阳光等多种含有红外线的光源干扰。外界光源的干扰成为红外线应用于野外的瓶颈。针对此问题，这里提出一种红外线测速传感器设计方案，该设计方案能够为多点测量即时速度和阶段加速度提供技术支持，可应用于公路测速和生产线下料的速度称量等工业生产中需要测量速度的环节。

红外线对射管的驱动分为电平型和脉冲型两种驱动方式。由红外线对射管阵列组成分离型光电传感器。该传感器的创新点在于能够抵抗外界的强光干扰。太阳光中含有对红外线接收管产生干扰的红外线,该光线能够将红外线接收二极管导通,使系统产生误判,甚至导致整个系统瘫痪。本传感器的优点在于能够设置多点采集,对射管阵列的间距和阵列数量可根据需求选取。

红外技术已经众所周知,这项技术在现代科技、国防科技和工农业科技等领域得到了广泛的应用。红外传感系统是用红外线为介质的测量系统,按照功能能够分成五类:

1)辐射计,用于辐射和光谱测量。

2)搜索和跟踪系统,用于搜索和跟踪红外目标,确定其空间位置并对它的运动进行跟踪。

3)热成像系统,可产生整个目标红外辐射的分布图像。

4)红外测距和通信系统。

5)混合系统,是指以上各类系统中的两个或者多个的组合。

红外传感器根据探测机理可分成为光子探测器(基于光电效应)和热探测器(基于热效应)。

热探测器是利用辐射热效应,使探测元件接收到辐射能后引起温度升高,进而使探测器中依赖于温度的性能发生变化。检测其中某一性能的变化,便可探测出辐射。多数情况下是通过热电变化来探测辐射的。当元件接收辐射,引起非电量的物理变化时,可以通过适当的变换后测量相应的电量变化。

2. 红外传感器 D20S 介绍

D203S 工作状测试条件:1 脚接 3.1V,3 脚接地,2 脚为电压输出端。测试结果:如所示数据分析:由输出电压变化量可以看出,D203S 输出电压灵敏度为 $-0.003V$,负值表示当人进入有效区域时电平变低,这一现象正好与 D203S 输出电压灵敏度特性一致。期望电平变化量是 5V,而此时只有 0.003V,二者差距 64dB,而这一差异可以通过两级放大。

4.5.4　紫外线传感器

(1)紫外传感器定义。紫外线传感器是传感器的一种,能够将紫外线信号转换成可测量的电信号。

(2)紫外传感器工作原理。紫外线传感器是利用光敏元件将紫外线信号转换为电信号的传感器,它的工作模式通常分为两类:光伏模式和光导模式,所谓光伏模式是指不需要串联电池,串联电阻中有电流,而传感器相当于一个小电池,输出电压,但是制作比较难,成本比较高;光导模式是指需要串联一个电池工作,传感器相当于一个电阻,电阻值随光的强度变化而变化,这种传感器制作容易,成本较低。

(3)紫外传感器分类。基于紫外线波长宽度为 185~400nm,可分为 185~270nm 的 UVC 波段,270~315nm 的 UVB 波段,315~400nm 的 UVA 波段,通常太阳中的 UVC 会被臭氧层吸收掉,UVB 会对表皮产生强烈的光损伤,UVA 会穿过表皮进入真皮,导致表皮老化和变黑;由此可以将紫外线传感器分为两类:可见光盲和太阳光盲。所谓可见光盲是指屏蔽了可见光，只对紫外线响应，太阳光盲是指亦屏蔽了 UVA、UVB，仅对 UVC 波段的紫外线响应。

4.5.5　光照传感器

1. 光敏电阻的结构与工作原理

光敏电阻又称光导管，它几乎都是用半导体材料制成的光电器件。光敏电阻没有极性，纯粹是一个电阻器件，使用时既可加直流电压，也可以加交流电压。无光照时，光敏电阻值（暗电阻）很大，电路中电流（暗电流）很小。当光敏电阻受到一定波长范围的光照时，它阻值（亮电阻）急剧减小，电路中电流迅速增大。一般希望暗电阻越大越好，亮电阻越小越好，此时光敏电阻的灵敏度高。实际光敏电阻的暗电阻值一般在兆欧量级，亮电阻值在几千欧以下。光敏电阻的结构很简单，如图 4.44（a）为金属封装的硫化镉光敏电阻的结构图。在玻璃底板上均匀地涂上一层薄薄的半导体物质，称为光导层。半导体的两端装有金属电极，金属电极与引出线端相连接，光敏电阻就通过引出线端接入电路。为了防止周围介质的影响，在半导体光敏层上覆盖了一层漆膜，漆膜的成分应使它在光敏层最敏感的波长范围内透射率最大。为了提高灵敏度，光敏电阻的电极一般采用梳状图案，如图 4.44（b）所示。图 4.8（c）为光敏电阻的接线图。

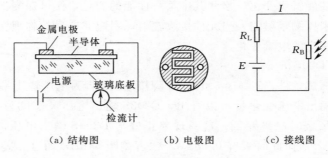

（a）结构图　　　　　　（b）电极图　　　　　（c）接线图

图 4.44　光敏电阻结构

2. 光敏电阻的主要参数

光敏电阻的主要参数有：

（1）暗电流。光敏电阻在不受光照射时的阻值称为暗电阻，此时流过的电流称为暗电流。

（2）亮电流。光敏电阻在受光照射时的电阻称为亮电阻，此时流过的电流称为亮电流。

（3）光电流。亮电流与暗电流之差称为光电流。

3. 光敏电阻的基本特性

（1）伏安特性。在一定照度下，流过光敏电阻的电流与光敏电阻两端的电压的关系称为光敏电阻的伏安特性。图 4.45 为硫化镉光敏电阻的伏安特性曲线。由图可见，光敏电阻在一定的电压范围内，其 I-U 曲线为直线。说明其阻值与入射光量有关，而与电压电流无关。

（2）光照特性。光敏电阻的光照特性是描述光电流和光照强度之间的关系，不同材料的光照特性是不同的，绝大多数光敏电阻光照特性是非线性的，如图 4.46 所示。

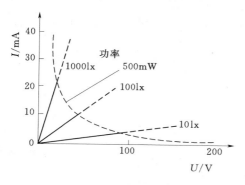

图 4.45 硫化镉光敏电阻的伏安特性

图 4.46 光敏电阻的光照特性

（3）光谱特性。光敏电阻对入射光的光谱具有选择作用，即光敏电阻对不同波长的入射光有不同的灵度。光敏电阻的相对光敏灵敏度与入射波长的关系称为光敏电阻的光谱特性，亦称为光谱响应。图 4.47 为几种不同材料光敏电阻光谱特性。对应于不同波长，光敏电阻的灵敏度是不同的，而且不同材料的光敏电阻光谱响应曲线也不同。从图中可见硫化镉光敏电阻的光谱响应的峰值在可见光区域，常被用作光度量测量（照度计）的探头。而硫化铅光敏电阻响应于近红外和中红外区，常用做火焰探测器的探头。

（4）频率特性。实验证明，光敏电阻的光电流不能随着光强改变而立刻变化，即光敏电阻产生的光电流有一定的惰性，这种惰性通常用时间常数表示。大多数的光敏电阻时间常数都较大，这是它的缺点之一。不同材料的光敏电阻具有不同的时间常数（毫秒数量级），因而它们的频率特性也就各不相同。图 4.48 为硫化镉和硫化铅光敏电阻的频率特性，相比较硫化铅的使用频率范围较大。

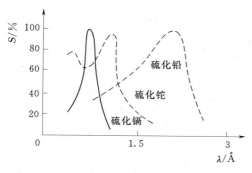

图 4.47 光敏电阻的光谱特性

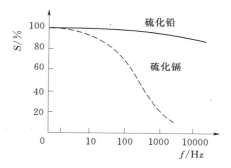

图 4.48 光敏电阻的频率特性

（5）温度特性。光敏电阻和其他半导体器件一样，受温度影响较大。温度变化时，影响光敏电阻的光谱响应，同时光敏电阻的灵敏度和暗电阻也随之改变，尤其是响应于红外区的硫化铅光敏电阻受温度影响更大。图 4.49 为硫化铅光敏电阻的光谱温度特性曲线，它的峰值随着温度上升向波长短的方向移动。因此，硫化铅光敏电阻要在低温、恒温的条件下使用。对于可见光光敏电阻，其温度影响要小一些。光敏电阻具有光谱特性好、允许

的光电流大、灵敏度高、使用寿命长、体积小等
优点，所以应用广泛。此外许多光敏电阻对红外
线敏感，适宜于红线光谱区工作。光敏电阻的缺
点是型号相同的光敏电阻参数参差不齐，并且由
于光照特性非线性，不适宜于测量要求线性的场
合，常用作开关式光电信号的传感元件。

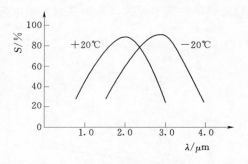

图 4.49　硫化铅光敏电阻的光谱温度特性

4.5.6　光电池

光电池是一种直接将光能转换为电能的光电
器件。光电池在有光线作用时实质就是电源，电
路中有了这种器件就不需要外加电源。

光电池的工作原理是基于光电伏特效应，图 4.50 为硅光电池原理图。它实质上是一
个大面积的 PN 结，当光照射到 PN 结的一个面，例如 P 型面时，若光子能量大于半导体
材料的禁带宽度，那么 P 型区每吸收一个光子就产生一对自由电子和空穴，电子—空穴
对从表面向内迅速扩散，在结电场的作用下，最后建立一个与光照强度有关的电动势。

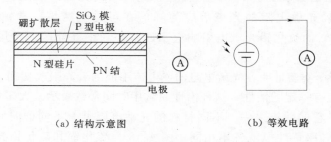

(a) 结构示意图　　　　　　　　　　(b) 等效电路

图 4.50　硅光电池原理图

光电池基本特性有以下几种。

1. 光谱特性

光电池对不同波长的光的灵敏度是不同的。图 4.51 为硅光电池和硒光电池的光谱特
性曲线。从图中可知，不同材料的光电池，光谱响应峰值所对应的入射光波长是不同的，
硅光电池波长在 $0.8\mu m$ 附近，硒光电池在 $0.5\mu m$ 附近。硅光电池的光谱响应波长范围为
$0.4\sim1.2\mu m$，硒光电池只能为 $0.38\sim0.75\mu m$。可见，硅光电池可以在很宽的波长范围内
得到应用。

2. 光照特性

图 4.52 为硅光电池的光照特性，光电池在不同光照度下，其光电流和光生电动势是不
同的，它们之间的关系就是光照特性。图 4.24 为硅光电池的开路电压和短路电流与光照的
关系曲线。从图中看出，短路电流在很大范围内与光照强度呈线性关系，开路电压（即负载
电阻 R_L 无限大时）与光照度的关系是非线性的，并且当照度在 2000lx 时就趋于饱和了。因
此用光电池作为测量元件时，应把它当作电流源的形式来使用，不宜用作电压源。

3. 频率特性

图 4.53 分别给出硅光电池和硒光电池的频率特性，横坐标表示光的调制频率。由图

可见，硅光电池有较好的频率响应。

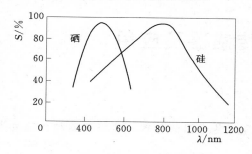

图 4.51　硅光电池的光谱特性

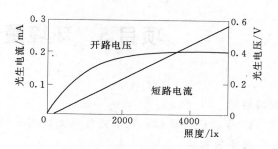

图 4.52　硅光电池的光照特性

4. 温度特性

光电池的温度特性是描述光电池的开路电压和短路电流随温度变化的情况。由于它关系到应用光电池的仪器或设备的温度漂移，影响到测量精度或控制精度等重要指标，因此温度特性是光电池的重要特性之一。光电池的温度特性如图 4.54 所示。从图中可以看出，开路电压随温度升高而下降的速度较快，而短路电流随温度升高而缓慢增加。由于温度对光电池的工作有很大影响，因此把它作为测量元件使用时，最好能保证温度恒定或采取温度补偿措施。

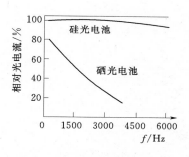

图 4.53　硅光电池的频率特性

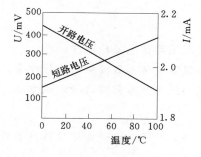

图 4.54　硅光电池的温度特性

小　结

本项目主要介绍常见的红外、紫外、光照等光学量传感器的原理及使用方法。详细讲述了红外传感器、光照传感器应用模块的设计方法。

习　题　4

1. 光学量的测量方法有哪些？
2. 试述光纤传感器的工作原理。
3. 试述红外传感器的工作原理。
4. 试述光照传感器的技术参数。

项目 5　环境量传感器及应用

学习目标

1. 专业能力目标：能根据传感器使用手册懂得传感器的原理；能根据测控系统要求设计传感器模块。

2. 方法能力目标：掌握常用传感器的使用方法；掌握工具、仪器的规范操作方法。

3. 社会能力目标：培养协调、管理、沟通的能力；具有自主学习新技能的能力，责任心强，能顺利完成工作任务；具有分析问题、解决问题的能力，善于创新和总结经验。

项目导航

本项目主要介绍温湿度传感器、烟雾传感器、火焰传感器等环境量传感器的原理，设计相应的传感器应用模块。

任务 5.1　温湿度传感器应用

任务目标：

（1）掌握温湿度传感器的原理。

（2）掌握温湿度传感器模块的设计方法。

（3）掌握温湿度传感器模块的调试方法。

任务导航：

以智能家居为载体，设计温湿度传感器模块。

1. 温湿度传感器简介

SHT10 单芯片传感器是一款含有已校准数字信号输出的温湿度复合传感器，该传感器包括一个电容式聚合体测湿元件和一个能隙式测温元件，具有品质卓越、超快响应、抗干扰能力强、性价比高等优点。

2. 参考元器件列表

温湿度传感器模块所用元器件列表见表 5.1。

表 5.1　　　　　　　　传感器模块所用元器件列表

序号	类型	名称	封装
C_1	电容	100pF	0603
JP_1、JP_2	插座	MHDR2×10	MHDR2×10
R_1	电阻	10kΩ	0603
R_2、R_4	电阻	10kΩ	0603
R_3	电阻	3.9Ω	0603
R_5	电阻	1kΩ	0603
U_1	温湿度传感器	SHT1x	SHT10

3. 设计与制作步骤

（1）了解温湿度传感器 SHT10 的原理。

（2）设计温湿度传感器 SHT10 的应用电路原理图，参考原理图如图 5.1 所示。

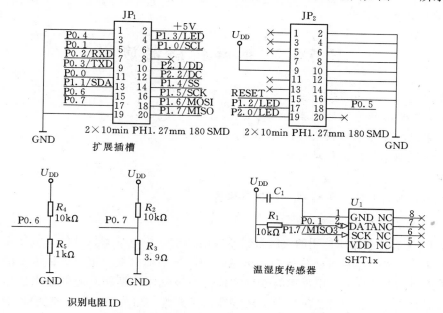

图 5.1 温湿度传感器 SHT10 的应用电路原理图

（3）设计温湿度传感器 SHT10 的应用电路 PCB 图，参考 PCB 图如图 5.2 所示。

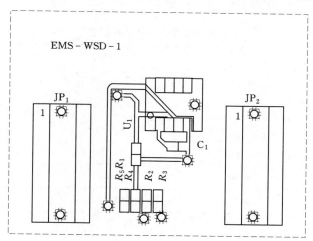

图 5.2 温湿度传感器 SHT10 的应用电路 PCB 图

（4）制作 PCB 板。

（5）检测元器件，并焊接电路板。

4. 调试设备与方法

（1）调试设备。包括电源、万用表、标准温湿度计等。

（2）调试方法。

1）认真核查电路板元器件的安装是否正确，有无虚焊等。

2）用万用表测试电源输出电压是否正确，连接电源至电路模块。

3）测试传感器输出。

任务 5.2　烟雾传感器应用

任务目标：

（1）掌握烟雾传感器的原理。

（2）掌握烟雾传感器模块的设计方法。

（3）掌握烟雾传感器模块的调试方法。

任务导航：

以智能家居为载体，设计烟雾传感器模块。

1. 烟雾传感器简介

MQ-2 烟雾传感器所使用的气敏材料是在清洁空气中电导率较低的二氧化锡（SnO_2）。当传感器所处环境中存在可燃气体时，传感器的电导率随空气中可燃气体浓度的增加而增大。使用简单的电路即可将电导率的变化转换为与该气体浓度相对应的输出信号，MQ-2 烟雾传感器对液化气、丙烷、氢气的灵敏度高，对天然气和其他可燃蒸汽的检测也很理想。这种传感器可检测多种可燃性气体，是一款适合多种应用的低成本传感器。

2. 参考元器件列表

传感器模块所用元器件列表如表 5.2 所示。

表 5.2　　　　　　　　　　　传感器模块所用元器件列表

序号	类型	名称	封装
C_1	电容	$47\mu F$，6.3V	1206
C_2、C_3	电容	100nF，16V	0603
VD_1	肖特基二极管	1N5819	SOD123/X.85
VD_2	二极管	LED	0805
JP_1、JP_2	插座	MHDR2×10	JP20
L_1	电感	$10\mu H$	CDR34
VT_1	三极管	QS8050-SOT23 NPN	SO-F3/Y.75R
R_1、R_2	电阻	NC	0603
R_3、R_4	电阻	$4.7k\Omega$	0603
R_5	电阻	$1k\Omega$	0603
R_6	电阻	330Ω	0603
R_7、R_9	电阻	$10k\Omega$	0603

序号	类型	名称	封装
R_8	电阻	1kΩ	0603
R_{10}	电阻	3.9Ω	0603
RV_1	滑动变阻器	10kΩ	VR5
U_1	烟雾传感器	MQ-2	MQX
U_2	运算放大器	OP07C	SOIC127P600-8M
U_3	稳压器	ME2108A50PG	SOT223-4L

3. 设计与制作步骤

（1）了解烟雾传感器 MQ-2 的原理。

（2）设计烟雾传感器 MQ-2 的应用电路原理图，参考原理图如图 5.3 所示。

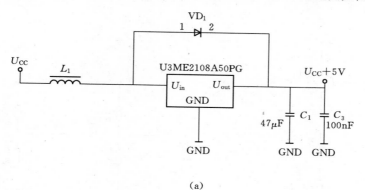

（a）

（b）

图 5.3（一）　烟雾传感器 MQ-2 的应用电路原理图

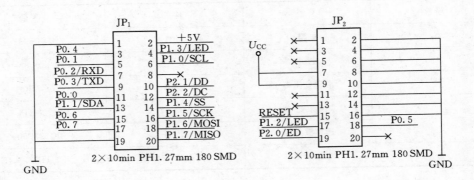

(c)

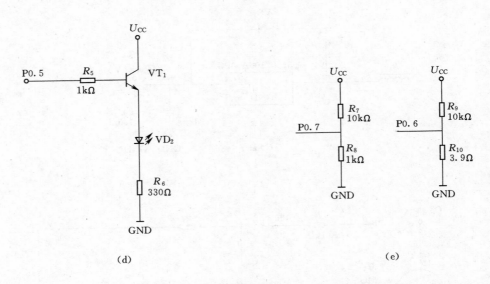

(d)   (e)

图 5.3（二）　烟雾传感器 MQ－2 的应用电路原理图

（3）设计烟雾传感器 MQ－2 的应用电路 PCB 图，参考 PCB 图如图 5.4 所示。

（4）制作 PCB 板。

（5）检测元器件，并焊接电路板。

4. 调试设备与方法

（1）调试设备。包括电源、万用表、烟雾源等。

（2）调试方法。

1）认真核查电路板元器件的安装是否正确，有无虚焊等。

2）用万用表测试电源输出电压是否正确，连接电源至电路模块。

3）测试传感器输出电压。

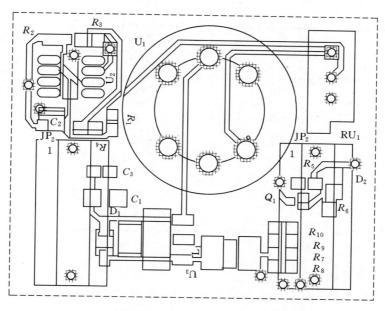

图 5.4 烟雾传感器 MQ - 2 的应用电路 PCB 图

任务 5.3 分贝传感器应用

任务目标:

（1）掌握分贝传感器的原理。

（2）掌握分贝传感器模块的设计方法。

（3）掌握分贝传感器模块的调试方法。

任务导航:

以智能家居为载体，设计分贝传感器模块。

1. 分贝传感器简介

分贝传感器主要器件采用驻极体电容式传声器。

2. 参考元器件列表

分贝传感器模块所用元器件见表 5.3。

表 5.3　　　　　　　　　　　传感器模块所用元器件列表

序号	类型	名称	封装
B_1	分贝传感器	B_1	BAT - 2
C_1	电容	220nF，10V	0603
C_2、C_4、C_5	电容	100nF，6V	0603
C_3	电容	220pF，50V	0603

序号	类型	名称	封装
JP_1、JP_2	插座	MHDR2×10	MHDR2×10
R_1、R_2、R_3	电阻	1kΩ	0603
R_4、R_5、R_6、R_7	电阻	10kΩ	0603
R_8、R_{10}	电阻	10kΩ	0603
R_9	电阻	3.9Ω	0603
R_{11}	电阻	1kΩ	0603
U_1	运算放大器	OP07CS	SO - 8 _ N

3. 设计与制作步骤

(1) 了解分贝传感器的原理。

(2) 设计分贝传感器的应用电路原理图，参考原理图如图 5.5 所示。

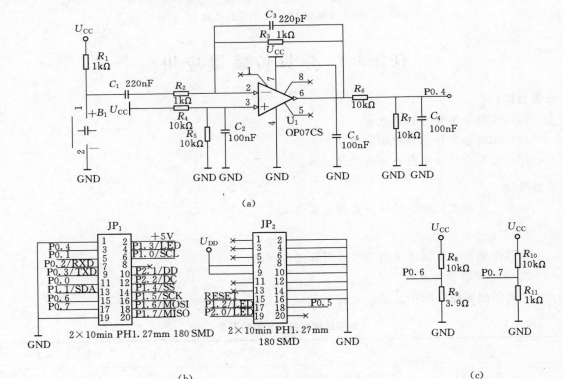

图 5.5　分贝传感器的应用电路原理图

(3) 设计分贝传感器的应用电路 PCB 图，参考 PCB 图如图 5.6 所示。

(4) 制作 PCB 板。

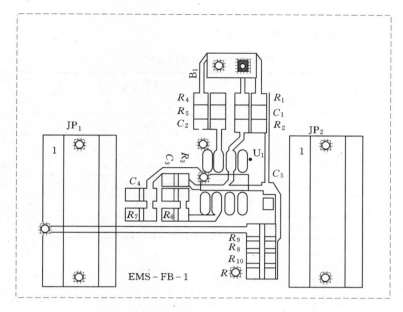

图 5.6 分贝传感器的应用电路 PCB 图

（5）检测元器件，并焊接电路板。

4. 调试设备与方法

（1）调试设备。电源、万用表、噪声源等。

（2）调试方法。

1）认真核查电路板元器件的安装是否正确，有无虚焊等。

2）用万用表测试电源输出电压是否正确，连接电源至电路模块。

3）测试传感器输出。

任务 5.4 火焰传感器应用

任务目标：

（1）掌握火焰传感器的原理。

（2）掌握火焰传感器模块的设计方法。

（3）掌握火焰传感器模块的调试方法。

任务导航：

以智能家居为载体，设计火焰传感器模块。

1. 火焰传感器简介

JNHB1004 是一种远红外火焰传感器，能够探测到波长在 760～1100nm 范围内的红外光，探测角度为 60°，其中红外光波长在 940nm 附近时，其灵敏度达到最大。远红外火焰探头的工作温度为 -25～85℃，在使用过程中应注意火焰探头离火焰的距离不能太近，以免造成损坏。

2. 参考元器件列表

火焰传感器模块所用元器件列表见表5.4。

表 5.4　　　　　　　　　传感器模块所用元器件列表

序号	类型	名称	封装
JP₁、JP₂	插座	106	MHDR2×10
R_1	电阻	106Ω	0603
R_2	电阻	104Ω	0603
R_3	电阻	10kΩ	0603
R_4	电阻	BL8555-33PRA	0603
R_5	电阻	SHT10	0603
U₁	火焰传感器	serial	PIN2

3. 设计与制作步骤

(1) 了解火焰传感器 JNHB1004 的原理。

(2) 设计火焰传感器 JNHB1004 的应用电路原理图，参考原理图如图 5.7 所示。

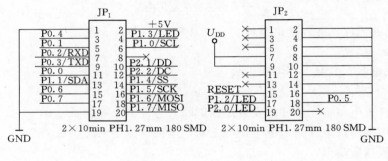

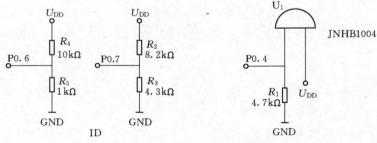

图 5.7　火焰传感器的应用电路原理图

(3) 设计火焰传感器 JNHB1004 的应用电路 PCB 图，参考 PCB 图如图 5.8 所示。

(4) 制作 PCB 板。

(5) 检测元器件，并焊接电路板。

4. 调试设备与方法

(1) 调试设备。电源、万用表、火焰源等。

(2) 调试方法。

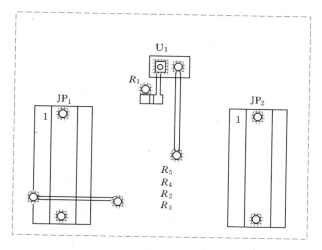

图 5.8　火焰传感器的应用电路 PCB 图

1）认真核查电路板元器件的安装是否正确，有无虚焊等。

2）用万用表测试电源输出电压是否正确，连接电源至电路模块。

3）在有无火焰的情况下，测试传感器输出。

任务 5.5　环境量传感器知识学习

任务目标：

（1）掌握各种环境量传感器的原理。

（2）掌握环境量传感器应用电路设计方法。

（3）了解环境量传感器数据手册。

任务导航：

以智能家居为载体，学习环境量传感器的原理知识。

5.5.1　温湿度传感器

由于温度与湿度不论是从物理量本身还是在实际的应用，都与人们生活有着密切的关系，所以温湿度一体的传感器相应产生。温湿度传感器是指能将温度量和湿度量转换成容易被测量处理的电信号的设备或装置。市场上的温湿度传感器一般是测量温度量和相对湿度量。

1．环境量传感器简介

（1）温度。度量物体冷热的物理量，是国际单位制中 7 个基本物理量之一。在生产和科学研究中，许多物理现象和化学过程都是在一定的温度下进行的，人们的生活也和它密切相关。

（2）湿度。湿度很久以前就与生活存在着密切的关系，但用数量来进行表示较为困难。

日常生活中最常用的表示湿度的物理量是空气的相对湿度。用%RH 表示。在物理量的导出上相对湿度与温度有着密切的关系。一定体积的密闭气体，其温度越高相对湿度越低，温度越低，其相对湿度越高。其中涉及复杂的热力工程学知识。

有关湿度的一些定义如下。

1）相对湿度。在计量法中规定，湿度定义为"物象状态的量"。日常生活中所指的湿度为相对湿度，用 RH%表示。总之，即气体中（通常为空气中）所含水蒸气量（水蒸气压）与其空气相同情况下饱和水蒸气量（饱和水蒸汽压）的百分比。

2）绝对湿度。指单位容积的空气里实际所含的水汽量，一般以克为单位。温度对绝对湿度有着直接影响，一般情况下，温度越高，水蒸气发得越多，绝对湿度就越大；相反，绝对湿度就小。

3）饱和湿度。在一定温度下，单位容积，空气中所能容纳的水汽量的最大限度。如果超过这个限度，多余的水蒸气就会凝结，变成水滴，此时的空气湿度变称为饱和湿度。空气的饱和湿度不是固定不变的，它随着温度的变化而变化。温度越高，单位容积空气中能容纳的水蒸气就越多，饱和湿度就越大。

4）露点。指含有一定量水蒸气（绝对湿度）的空气，当温度下降到一定程度时所含的水蒸气就会达到饱和状态（饱和湿度）并开始液化成水，这种现象叫做凝露。水蒸气开始液化成水时的温度叫做"露点温度"简称"露点"。如果温度继续下降到露点以下，空气中超饱和的水蒸气就会在物体表面上凝结成水滴。此外，风与空气中的温湿度有密切关系，也是影响空气温湿度变化的重要因素之一。

2. 测量方法

湿度测量技术来由已久。随着电子技术的发展，近代测量技术也有了飞速的发展。湿度测量从原理上划分二三十种之多。对湿度的表示方法有绝对湿度、相对湿度、露点、湿气与干气的比值（重量或体积），等等。但湿度测量始终是世界计量领域中著名的难题之一。一个看似简单的量值，深究起来，涉及相当复杂的物理—化学理论分析和计算，初涉者可能会忽略在湿度测量中必须注意的许多因素。

常见的湿度测量方法有：动态法（双压法、双温法、分流法），静态法（饱和盐法、硫酸法），露点法，干湿球法和形形色色的电子式传感器法。

这里双压法、双温法是基于热力学 P、V、T 平衡原理，平衡时间较长，分流法是基于绝对湿气和绝对干空气的精确混合。由于采用了现代测控手段，这些设备可以做得相当精密，却因设备复杂、昂贵，运作费时费工，主要作为标准计量之用，其测量精度可达 $\pm(1.5\sim2)$%RH。

静态法中的饱和盐法，是湿度测量中最常见的方法，简单易行。但饱和盐法对液、气两相的平衡要求很严，对环境温度的稳定要求较高。用起来要求等很长时间去平衡，低湿点要求更长。特别在室内湿度和瓶内湿度差值较大时，每次开启都需要平衡 6~8h。

露点法是测量湿空气达到饱和时的温度，是热力学的直接结果，准确度高，测量范围宽。计量用的精密露点仪准确度可达 ±0.2℃甚至更高。但用现代光—电原理的冷镜式露点仪价格昂贵，常和标准湿度发生器配套使用。

干湿球法，这是 18 世纪发明的测湿方法。历史悠久，使用最普遍。干湿球法是一种间接方法，它用干湿球方程换算出湿度值，而此方程是有条件的：即在湿球附近的风速必须达到 2.5m/s 以上。普通用的干湿球温度计将此条件简化了，所以其准确度只有 5％～7％RH，明显低于电子湿度传感器。显然干湿球也不属于静态法，不要简单地认为只要提高两支温度计的测量精度就等于提高了湿度计的测量精度。

这里要强调两点：

第一，由于湿度是温度的函数，温度的变化决定性地影响着湿度的测量结果。无论哪种方法，精确地测量和控制温度是第一位的。须知即使是一个隔热良好的恒温恒湿箱，其工作室内的温度也存在一定的梯度。所以此空间内的湿度也难以完全均匀一致。

第二，由于原理和方法差异较大，各种测量方法之间难以直接校准和认定，大多只能用间接办法比对。所以在两种测湿方法之间相互校对全湿程（相对湿度 0～100％RH）的测量结果，或者要在所有温度范围内校准各点的测量结果，是十分困难的事。例如通风干湿球湿度计要求有规定风速的流动空气，而饱和盐法则要求严格密封，两者无法比对。最好的办法还是按国家对湿度计量器具检定系统（标准）规定的传递方式和检定规程去逐级认定。

3. 湿度传感器的类型

湿度是表示空气中水蒸气的含量的物理量，常用绝对湿度、相对湿度、露点等表示。所谓绝对湿度，就是单位体积空气内所含水蒸气的质量，也就是指空气中水蒸气的密度。一般用 $1m^3$ 空气中所含水蒸气的克数表示（g/m^3），即为

$$H_a = m_v / V \tag{5.1}$$

式中　m_v——待测空气中水蒸气质量；

　　　V——待测空气的总体积。

相对湿度（RH）是表示空气中实际所含水蒸气的分压（P_W）和同温度下饱和水蒸气的分压（P_N）的百分比，即

$$H_T = (P_W / P_N)_T \times 100\% \tag{5.2}$$

通常，用％RH 表示相对湿度。当温度和压力变化时，因饱和水蒸气变化，所以气体中的水蒸气压即使相同，其相对湿度也发生变化。日常生活中所说的空气湿度，实际上就是指相对湿度而言。

湿度高的气体，含水蒸气越多。若将其气体冷却，即使其中所含水蒸气量不变，相对湿度将逐渐增加，增到某一个温度时，相对湿度达 100％，呈饱和状态，再冷却时，蒸汽的一部分凝聚生成露，把这个温度称为露点温度。即空气在气压不变下为了使其所含水蒸气达饱和状态时所必须冷却到的温度称为露点温度。气温和露点的差越小，表示空气越接近饱和。

湿度传感器是由湿敏元件和转换电路等组成，它是将环境湿度变换为电信号的装置。湿度传感器在工业、农业、气象、医疗以及日常生活等方面都得到了广泛的应用，尤其是随着科学技术的发展，对于湿度的检测和控制越来越受到人们的重视并进行了大量的研制工作。通常，理想的湿度传感器的特性要求是，适合于在宽温、湿范围内使用，测量精度要高；使用寿命长，稳定性好；响应速度快，湿滞回差小，重现性好；灵敏度高，线性好，温度系数小；制造工艺简单，易于批量生产，转换电路简单，成本低；抗腐蚀，耐低

温和高温特性等。

湿度传感器大致有陶瓷类、高分子类、电解质类以及其他类型，其中陶瓷类传感器中的陶瓷湿度传感器，采用 $MgCr_2O_4 - TiO_2$ 系列陶瓷，在多孔 p 型半导体粒子表面上化学或物理方式吸收水蒸气而使其阻抗变化来检测湿度，工作湿度、温度范围分别为 1%～100%RH 和 1～150℃，响应时间在 10s 以下，具有良好的耐久性，自加热清除，使用范围宽，主要用于微波炉的食品调理控制及各种空调控制等；对于采用 $ZnCr_2O_4 - LiZnVO_4$ 系列陶瓷的传感器，在具有稳定 OH 基的多孔陶瓷上物理方式吸收水蒸气使阻抗变化来检测湿度，工作湿度、温度范围分别为 30%～90%RH 和 0～50℃，响应时间在 2min 以下，具有良好的耐久性，常温常湿情况下可进行连续测量，主要用于空调系统等；薄膜绝对湿度传感器采用 Al_2O_3 薄膜，在具有细孔分布的 Al_2O_3 膜上物理方式吸收水蒸气使其电容量变化来检测湿度，响应时间在 10s 以下，容易受污染，主要用于微量水分的检测，例如集成电路内的水分检测。

高分子类中树脂结露传感器，其内树脂吸湿使碳粒子间隔发生变化导致其阻抗变化来检测湿度，工作湿度、温度范围分别为 94%～100%RH 和 -10～60℃，响应时间在 10s 以下，具有良好的耐久性以及开关特性，能用直流驱动，主要用于防止录像机的结露等；导电高分子传感器是以物理方式吸收高分子的水蒸气使其导电性发生变化来检测湿度，工作湿度、温度范围分别为 30%～90%RH 和 0～50℃，响应时间在 1min 内，湿度检测范围宽，主要用于湿度测量等；毛发湿度传感器是利用毛发或纤维素等物质随湿度变化而伸缩的性质来检测湿度，工作湿度、温度范围分别为 20%～80%RH 和 -10～40℃，响应时间在 15～40min，主要用于工业空调的加湿控制等。

电解质湿度传感器中氯化锂（LiCl）传感器，采用氯化锂吸湿使其离子导电性发生变化而检测湿度，工作湿度、温度范围分别为 20%～90%RH 和 0～60℃，响应时间在 2～5min，精度较高，主要用于湿度测量等；露点传感器采用氯化锂饱和溶液，对吸湿（自发热）→蒸发（冷却）→凝结的平衡温度（露点）进行检测，工作温度范围为 -30～100℃，响应时间 2～4min，不易受污染，主要用于露点计等。

其他类湿度传感器有热传导式湿度传感器，它用 2 个热敏电阻检测干燥空气与水蒸气的热传导之差而测量湿度，工作湿度、温度范围分别为 0～100%RH 和 10～40℃，响应时间为 10～13s，可测量绝对湿度，主要用于湿度测量仪器等；微波水分传感器是在介质基片外进行微波传播时使试料的水分减少，检测其减少量就可测量试料中含水分的多少，工作湿度、温度范围分别为 0.3%～70%RH 和 0～35℃，响应时间快，耐久性好，测量范围宽，主要用于谷物、木材与纸等的水分检测；阿斯曼湿度计采用一对温度计，其中一个温度计使其湿润，根据水蒸气蒸发而导致两者产生的温差来测量湿度，工作湿度、温度范围分别为 5%～100%RH 和 5～65℃，响应时间在 2～10min，若经常维护，则稳定性好，主要用于湿度测量等。

4. 产生恒湿的方法

对湿度计进行精密评价与校正时，需要恒湿发生装置，产生恒湿的方法有以下几种。

（1）双压力法。这种方法就是所谓的压缩膨胀法，在某高压力 P_s 的状态下，当温度恒定时，制造水蒸气饱和气体，将其膨胀泄露到低压力 P_t 的状态（通常的大气压）。这就产生具有相对湿度的气体，相对湿度用压力之比的百分数表示，如图 5.9 所示。

（2）双温度法。在温度 t_s 时制造水蒸气饱和气体，将其泄露到比 t_s 温度高的 t_t 状态。若 t_s 时饱和水蒸气压为 e_s，t_t 时饱和水蒸气压为 e_t，则产生具有相对湿度的气体，相对湿度用饱和水蒸气压之比的百分数表示，如图 5.10 所示。

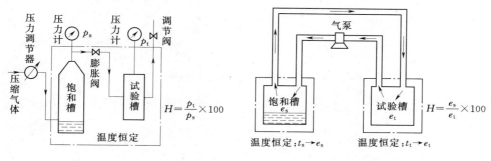

图 5.9　双压力法　　　　　图 5.10　双温度法

（3）混合法。这就是所谓的分流法，将干净的干燥气体以适当比例进行分配，一部分导入饱和槽中制造饱和湿润的气体。若该饱和湿润气体与干燥气体再次混合并导入试验槽中，则产生由分配时相对湿度由流量 q_1 及 q_2 决定的气体，如图 5.11 所示。

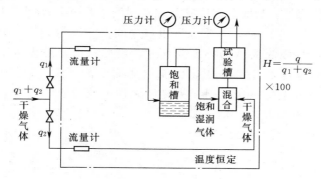

图 5.11　混合法

5. 湿度传感器的工作原理

（1）湿敏电阻传感器。根据工作方式的不同，常用湿度传感器分为电阻变化型和电容变化型。其中，电阻变化型根据使用湿敏材料的不同还分为高分子型和陶瓷型。图 5.12 是湿敏电阻传感器的内部结构，主要采用了 MCT 系列陶瓷材料，在其两面设置着氧化钌（RuO_2）电极与铂—铱引线，并安装有辐射状用于加热清洗的加热装置。根据检测情况加热装置对湿敏元件进行加热清洗，对于湿敏陶瓷在 500℃ 以上进行几秒钟的加热，从而清除陶瓷的污染，使其重现原来的性能。温度在 200℃ 以下 MCT 系列的电阻受温度影响比较小，200℃ 以上时呈现普通的热敏电阻的特性。这种加热清洗的温度控制是利用湿敏陶瓷在高温时具有热敏电阻特性进行自动控制。支持传感器的基片与湿敏陶瓷一样容易受到污染，电解质附着在基片上，传感器端子间产生电气漏泄，相当于并联一只漏泄电阻。为此，在基片上增设防护圈。

图 5.13 为典型的电阻——相对湿度特性曲线，是检测 1%～100%RH 的全湿度范围

的相对湿度。能检测的温度也可扩展到 150℃。图 5.14 为湿度响应特性，对于湿度的变化相当敏感，即对于 10%RH 变化在 1s 内得到响应。

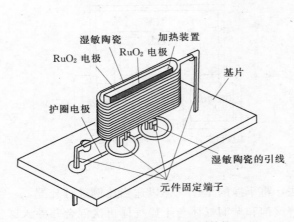

图 5.12 湿敏电阻传感器的结构

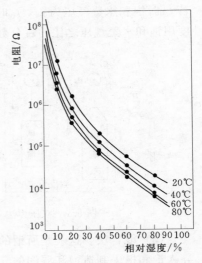

图 5.13 典型的电阻相对湿度特性曲线

（2）湿敏电容传感器。湿敏电容传感器有效利用了两个电极间的电容量随湿度变化的特性，基本结构如图 5.15 所示，上、下电极中间夹着湿敏元件，并生长在玻璃或陶瓷基片上。若湿敏元件吸收周围的湿度变化时，由此介电常数发生变化，则相应的电容量发生变化，通过检测电容量的变化就能检测周围的湿度。对于图 5.15 所示的结构，若在湿敏元件配设上部电极，则损失湿敏元件的感湿性，因此，这里采用具有透湿性的电极。

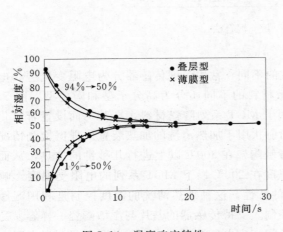

图 5.14 湿度响应特性

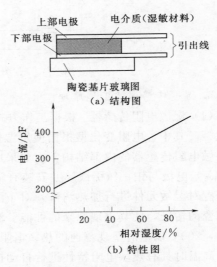

图 5.15 湿敏电容传感器的结构与特性

检测电容量变化的有采用湿敏电容与电感构成 *LC* 谐振电路，作为其振荡囊率变化取出的方法，也有取出周期变化的方法。湿敏电容传感器的湿度检测范围宽，线性好，因此，很多湿度计都使用这种传感器。

6. 湿度传感器的应用技术

（1）湿度传感器应用电路设计要点。湿度传感器应用电路设计时要考虑提供传感器的电压波形，传感器输出信号处理，温度补偿以及线性化等问题。

1）提供湿度传感器的电压波形。通常，湿度传感器使用时提供交流信号。由于交流信号直接影响传感器的特性、寿命和可靠性，因此，最理想的是选用失真非常小的正弦波。所选择的波形应以 0V 为中心对称，并且是没有叠加直流偏置的信号。交流信号的频率以厂家数据表中所提供的参数为宜，由于振荡电路设计上的不同，稍有差异也可。

另外，使用方波也可以使湿度传感器正常工作，不过在使用方波时应注意同正弦波一样须以 0V 为中心，无直流偏置电压，并且要使用占空比为 50% 的对称波形。

加到湿度传感器上的交流供电电压应按厂家数据表上的要求来确定。通常最大供电电压普遍要求确保有效值为 1～2V，在 1V 左右使用一般不会对传感器有影响。如果供电电压过低，则湿度传感器成为高阻抗，低湿度端将受到噪声的影响；相反，如果供电电压过高，则将影响可靠性。

供给湿度传感器的波形、频率和电压等参数发生变化时，将不可能得到厂家保证的湿敏特性，因此，必须事先加以确认。

2）对湿度传感器阻抗特性的处理方法。湿敏电阻传感器的湿度——阻抗特性呈指数规律变化，由此湿度传感器输出的电压（电流）也是按指数规律变化。在 30%～90% RH 范围内，电阻变化 1 万～10 万倍。可采用一种对数压缩电路来解决此问题，即利用硅二极管正向电压和正向电流呈指数规律变化构成运算放大电路。

另外，在低湿度时，湿度传感器的电阻达几十兆欧，因此，在信号处理时必须选用场效应管输入型运算放大器。为了确保低湿度时的测量准确性，应在传感器信号输入端周围制作电路保护环，或者用聚四氟乙烯支架来固定输入端，使它从印制板上浮空，从而消除来自其他电路的漏电流。

3）温度补偿。湿度传感器与温度有关，因此，要进行温度补偿，方法之一就是采用对数压缩电路，在这种电路中，硅二极管的正向电压具有的 -2mV/℃ 的温度系数，利用这一特点来补偿湿度传感器对温度的依存性是完全可能的，也就是说，借助对数压缩电路，可以同时进行对数压缩和温度补偿。

另外，还有使用负温度系数热敏电阻的温度补偿方法，这时，湿度传感器的温度特性必须接近一般的热敏电阻的 B 常数（$B=4000$），因此，湿度传感器的温度特性比较大时，往往难以用负温度系数热敏电阻进行温度补偿。

4）线性化电路。在大多数情况下，难以得到相对于湿度变化而线性变化的输出电压。为此，在需要准确地显示湿度值的场合，必须加入线性化电路，它将传感器电路的输出信号变换成正比于湿度变化的电压。

线性化的方法有很多，但常用的是折线近似方法。在要求不太高的情况下，或者限定湿度测量范围，也可不用线性化电路而采用电平移动的方法获取湿度信号。

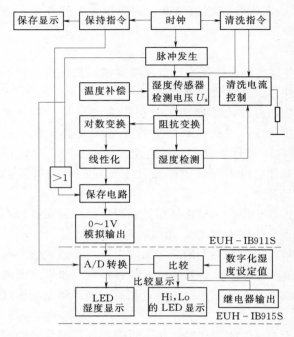

图 5.16　通用湿度控制电路框图

5）湿敏传感器的使用。湿敏传感器要安装在流动空气的环境中，这样，响应速度快。延长传感器的引线时要注意以下几点：延长线应使用屏蔽线，最长距离不要超过 1m，裸露部分的引线要尽量地短；特别是在 10%～20% RH 的低湿度区，由于受到的影响较大，必须对测量值和精度进行确认；在进行温度补偿时，温度补偿元件的引线也要同时延长，使它尽可能靠近湿度传感器安装，此时温度补偿元件的引线仍要使用屏蔽线。

（2）湿度传感器的应用电路框图。图 5.16 是通用湿度控制电路框图，主要用于食品干燥的控制系统。一般采用湿度传感检测被测物体的湿度，用电位器设定所需要湿度对应的电压，将其与湿度传感器检测的现场湿度转换为相应的电压进行比较，根据比较结果的输出去控制继电器的吸合，从而控制有关设备动作，使被测物体湿度保持恒定，同时可用数字显示器显示相对湿度。一般都要采用温度补偿电路，该电路中检测出温度补偿用热敏电阻相应电压 U_s，将其进行适当转换，得到只与相对湿度对应的并容易处理的信号，作为模拟电压与继电器的输出信号进行温度补偿。另外，湿度传感器还需要定时周期性的进行加热清洗，为此，利用热敏电阻经常检测湿度传感器的温度，使其加热清洗温度保持在所需要的 500℃ 左右。

图 5.17 是微量水蒸气泄漏检测器构成框图。检测部分采用湿度传感器和热敏电阻，将与两传感器的设定值进行比较，若检测出相对湿度 ≥65%RH、温度 ≥55℃ 时，判断为泄漏状态，通过与非门输出相应信号。另外，检测变化情况时，如对于环境的相对湿度为 20%RH 与 80%RH 两处，各自检测变化率为 ≥16%RH/s 与 ≥2%RH/s 时，可判断为泄漏状态，通过或门输出相应信号。或门的输入端只要有一端输入为高电平，即一种情况判断有泄漏，则或门输出高电平使 LED 点亮，同时使耳机发声、从而进行声光告警。

图 5.18 是湿度检测控制系统框图。电路中，电源供给发热体所需的功率，当湿度传感器工作温度，如要求加热到 550℃（无风）时，需要约 1W 的功率。振荡器为湿敏电阻 R_s 提供交流信号，R_r 为固定电阻，它与 R_s 构成分压电路。交流/直流变换器将 R_r 与 R_s 的分压信号变换为直流信号，其大小由 R_s 与 R_r 的分压比决定。若交流/直流变换器后接运算放大器，则运算放大器输出与水蒸气量成比例的电信号。A_1 为比较器，同相输入端接有基准电压 U_{ref}，检测的湿度转换相应电信号经交流值流变换器、线性化电路，再经 A_1 比较输出信号控制被控系统。

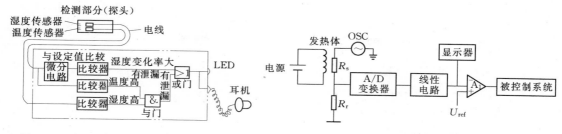

图 5.17　微量水蒸气泄漏检测器构成框图　　　图 5.18　湿度检测控制系统框图

图 5.19 是湿度与温度控制系统框图。湿度与温度传感器的控制电路采用交流驱动与脉冲驱动两种方法。这里采用的是脉冲驱动方法，脉冲电压加到传感器与基准电阻 R_s 的串联电路中，测量当时的分压与时间常数。根据测得的电压与时间常数求出传感器的电阻与电容，就可各自求出湿度与温度。这种基本应用实例有温度补偿型高精度的湿度检测、露点检测等。

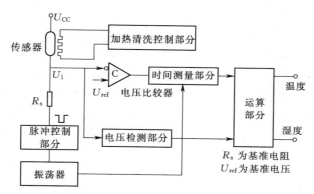

图 5.19　湿度与温度控制系统框图

7. SHT10 简介

（1）概述。SHTxx 系列单芯片传感器是一款含有已校准数字信号输出的温湿度复合传感器。外观图见图 5.20 所示。它应用专利的工业 COMS 过程微加工技术（CMOSens®），确保产品具有极高的可靠性与卓越的长期稳定性。传感器包括一个电容式聚合体测湿元件和一个能隙式测温元件，并与一个 14 位的 A/D 转换器以及串行接口电路在同一芯片上实现无缝连接。因此，该产品具有品质卓越、超快响应、抗干扰能力强、性价比极高等优点。每个 SHTxx 传感器都在极为精确的湿度校验室中进行校准。校准系数以程序的形式储存在 OTP 内存中，传感器内部在检测信号的处理过程中要调用这些校准系数。两线制串行接口和内部基准电压，使系统集成变得简易快捷。超小的体积、极低的功耗，使其成为各类应用甚至最为苛刻的应用场合的最佳选

图 5.20　SHT10 外观图

择。产品提供表面贴片 LCC（无铅芯片）或 4 针单排引脚封装。特殊封装形式可根据用户需求而提供。

（2）SHT10 的特点。

1）相对湿度和温度的测量兼有露点输出。

2）全部校准，数字输出。

3）接口简单（2－wire），响应速度快。

4）超低功耗，自动休眠。

5）出色的长期稳定性。

6）超小体积（表面贴装）。

7）测湿精度±4.5％RH 测温精度±0.5℃（25℃）。

（3）引脚说明及接口电路。

1）电源引脚（V_{DD}、GND）。SHT10 的供电电压为 2.4～5.5V。传感器上电后，要等待 11ms，从"休眠"状态恢复。在此期间不发送任何指令。电源引脚（V_{DD} 和 GND）之间可增加 1 个 100nF 的电容器，用于去耦滤波。

2）串行接口。串行时钟输入（SCK）。SCK 引脚是 MCU 与 SHTIO 之间通信的同步时钟，由于接口包含了全静态逻辑，因此没有最小时钟频率。

3）串行数据（DATA）。DATA 引脚是 1 个三态门，用于 MCU 与 SHT10 之间的数据传输。DATA 的状态在串行时钟 SCK 的下降沿之后发生改变，在 SCK 的上升沿有效。在数据传输期间，当 SCK 为高电平时，DATA 数据线上必须保持稳定状态。

为避免数据发生冲突，MCU 应该驱动 DATA 使其处于低电平状态，而外部接 1 个上拉电阻将信号拉至高电平。

5.5.2 烟雾传感器

1. 定义

将空气中的烟雾浓度变量转换成有一定对应关系的输出信号的装置。

2. 概述

烟雾传感器就是通过监测烟雾的浓度来实现火灾防范的，烟雾报警器内部采用离子式烟雾传感，离子式烟雾传感器是一种技术先进、工作稳定可靠的传感器，被广泛运用到各种消防报警系统中，性能远优于气敏电阻类的火灾报警器。

它在内外电离室里面有放射源镅 241，电离产生的正、负离子，在电场的作用下各自向正负电极移动。在正常的情况下，内外电离室的电流、电压都是稳定的。一旦有烟雾窜逃外电离室。干扰了带电粒子的正常运动，电流，电压就会有所改变，破坏了内外电离室之间的平衡，于是无线发射器发出无线报警信号，通知远方的接收主机，将报警信息传递出去。烟雾传感器广泛应用在城市安防、小区、工厂、公司、学校、家庭、别墅、仓库、资源、石油、化工、燃气输配等众多领域。

3. 分类比较

（1）离子式烟雾传感器。该烟雾报警器内部采用离子式烟雾传感，离子式烟雾传感器是一种技术先进，工作稳定可靠的传感器，被广泛运用到各消防报警系统中，性能远优于气敏电阻类的火灾报警器。

（2）光电式烟雾传感器。光电烟雾报警器内有一个光学迷宫，安装有红外对管，无烟时红外接收管收不到红外发射管发出的红外光，当烟尘进入光学迷宫时，通过折射、反射，接收管接收到红外光，智能报警电路判断是否超过阈值，如果超过发出警报。

光电感烟探测器可分为减光式和散射光式，分述如下。

1）减光式光电烟雾探测器。该探测器的检测室内装有发光器件及受光器件。在正常情况下，受光器件接收到发光器件发出的一定光量；而在有烟雾时，发光器件的发射光到受到烟雾的遮挡，使受光器件接收的光量减少，光电流降低，探测器发出报警信号。

2）散射光式光电烟雾探测器。该探测器的检测室内也装有发光器件和受光器件。在正常情况下，受光器件是接收不到发光器件发出的光的，因而不产生光电流。在发生火灾时，当烟雾进入检测室时，由于烟粒子的作用，使发光器件发射的光产生漫射，这种漫射光被受光器件接收，使受光器件的阻抗发生变化，产生光电流，从而实现了烟雾信号转变为电信号的功能，探测器收到信号然后判断是否需要发出报警信号。

两种传感器的比较：离子烟雾报警器对微小的烟雾粒子的感应要灵敏一些，对各种烟能均衡响应；而前向式光电烟雾报警器对稍大的烟雾粒子的感应较灵敏，对灰烟、黑烟响应差些。当发生熊熊大火时，空气中烟雾的微小粒子较多，而阴烧的时候，空气中稍大的烟雾粒子会多一些。如果火灾发生后，产生了大量的烟雾微小粒子，离子烟雾报警器会比光电烟雾报警器先报警。这两种烟雾报警器时间间隔不大，但是这类火灾的蔓延极快，此类场所建议安装离子烟雾报警器较好。另一类阴烧火灾发生后，产生了大量的稍大的烟雾粒子，光电烟雾报警器会比离子烟雾报警器先报警，这类场所建议安装光电烟雾报警器。

（3）气敏式烟雾传感器。气敏传感器是一种检测特定气体的传感器。它主要包括半导体气敏传感器、接触燃烧式气敏传感器和电化学气敏传感器等，其中用得最多的是半导体气敏传感器。它的应用主要有：一氧化碳气体的检测、瓦斯气体的检测、煤气的检测、氟利昂（R_{11}、R_{12}）的检测、呼气中乙醇的检测、人体口腔口臭的检测，等等。

它将气体种类及其与浓度有关的信息转换成电信号，根据这些电信号的强弱就可以获得与待测气体在环境中的存在情况有关的信息，从而可以进行检测、监控、报警；还可以通过接口电路与计算机组成自动检测、控制和报警系统。

其中气敏传感器有一下几种类型。

1）可燃性气体气敏元件传感器，包含各种烷类和有机蒸气类（VOC）气体，大量应用于抽油烟机、泄漏报警器和空气清新机。

2）一氧化碳气敏元件传感器，一氧化碳气敏元件可用于工业生产、环保、汽车、家庭等一氧化碳泄漏和不完全燃烧检测报警。

3）氧传感器，氧传感器应用很广泛，在环保、医疗、冶金、交通等领域需求量很大。

4）毒性气体传感器，主要用于检测烟气、尾气、废气等环境污染气体。

气敏式烟雾传感器的典型型号有 MQ - 2 气体传感器。该传感器常用于家庭和工厂的气体泄漏装置，适宜于液化气、丁烷、丙烷、甲烷、酒精、氢气、烟雾等的探测。

气敏式烟雾传感器与离子式烟雾传感器的比较。

火灾烟雾是由气、液、固体微粒群组成的混合物，具有体积、质量、温度、电荷等物理特性。离子型烟雾探测器是通过相当于烟敏电阻的电离室引起的电压变化来感知烟雾粒子的微电流变化装置。当烟雾粒子进入电离室，改变了电离室空气的电离状态，从而宏观表现为电离室的等效电阻增加引起电离室两端的电压增大，由此来确定空气中的烟雾状况。而气敏式传感器是探测空气中某些可燃气体的成分，所以在火灾探测方面，气敏式传感器性能并不如离子式传感器。探测空气中可燃气体的含量。有效地探测煤气、液化石油气、然气、一氧化碳等多种可燃性气体的微量泄漏。适用于石油、化工、煤炭、电力、冶金、电子等工业企业，以及煤气厂、液化石油气站、氢气站等生产和贮存可燃性气体的场所。

4. MQ-2 烟雾传感器介绍

（1）概述。MQ-2 气体传感器所使用的气敏材料是在清洁空气中电导率较低的二氧化锡（SnO_2）。当传感器所处环境中存在可燃气体时，传感器的电导率随空气中可燃气体浓度的增加而增大。使用简单的电路即可将电导率的变化转换为与该气体浓度相对应的输出信号。

MQ-2 气体传感器对液化气、丙烷、氢气的灵敏度高，对天然气和其他可燃蒸汽的检测也很理想。这种传感器可检测多种可燃性气体，是一款适合多种应用的低成本传感器。

图 5.21 是传感器典型的灵敏度特性曲线。

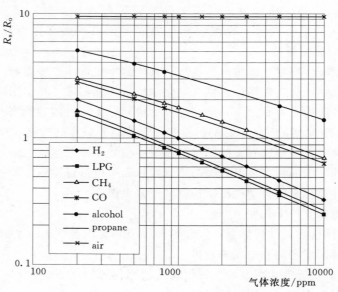

图 5.21　MQ-2 灵敏度特性曲线

图中纵坐标为传感器的电阻比（R_s/R_0），横坐标为气体浓度。

R_s 表示传感器在不同浓度气体中的电阻值。

R_0 表示传感器在 1000ppm 氢气中的电阻值。

图中所有测试都是在标准试验条件下完成的。

图 5.22 是传感器典型的温度、湿度特性曲线。

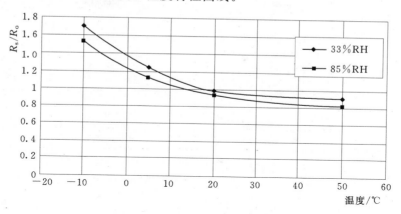

图 5.22　MQ-2 温度、湿度特性曲线

图中纵坐标是传感器的电阻比 R_s/R_o。

R_s 表示在含 1000ppm 丙烷、不同温/湿度下传感器的电阻值；R_o 表示在含 1000ppm 丙烷、20℃、65％RH 环境条件下传感器的电阻值。

（2）基本测试回路。图 5.23 是传感器的基本测试电路。该传感器需要施加两个电压：加热器电压（U_H）和测试电压（U_C）。其中 U_H 用于为传感器提供特定的工作温度。U_C 则是用于测定与传感器串联的负载电阻（R_L）上的电压（U_{RL}）。这种传感器具有轻微的极性，U_C 需用直流电源。在满足传感器电性能要求的前提下，U_C 和 U_H 可以共用同一个电源电路。为更好利用传感器的性能，需要选择恰当的 R_L 值。

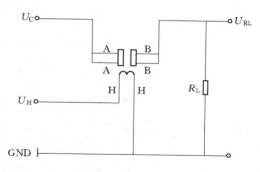

图 5.23　MQ-2 测试回路

（3）传感器标准工作条件、环境条件、灵敏度特性。详见表 5.5～表 5.7 所示。

表 5.5　　　　　　　　　　　　　　标　准　工　作　条　件

符号	参数名称	技术条件	备注
U_C	回路电压	≤24V	DC
U_H	加热电压	5.0V±0.2V	ACorDC
R_L	负载电阻	可调	
R_H	加热电阻	31Ω±3Ω	室温
P_H	加热功耗	≤900mW	

表 5.6 　　　　　　　　　　　环 境 条 件

符号	参数名称	技术条件	备注
Tao	使用温度	$-10\sim+50$℃	
Tas	储存温度	$-20\sim+70$℃	
RH	相对湿度	$<95\%$ RH	
O_2	氧气浓度	21%（标准条件）氧气浓度会影响灵敏度特性	最小值$>2\%$

表 5.7 　　　　　　　　　　　灵 敏 度 特 性

符号	参数名称	技术参数	备　注
R_s	敏感体表面电阻	$2\sim20k\Omega$ （2000ppm C_3H_8）	
α （$R_{3000ppm}/R_{1000ppm}C_3H_8$）	浓度斜率	$\leqslant0.6$	适用范围： 300～10000ppm 丙烷、丁烷、氢气
标准工作条件		温度：20 ± 2℃，U_C：5.0 ± 0.1V 相对湿度：$65\%\pm5\%$，U_H：5.0 ± 0.1V	
预热时间		$\geqslant48h$	

敏感体功耗（P_s）值可用下式计算

$$P_s=U_C^2\times R_s/(R_s+R_L)^2$$

传感器电阻（R_s），可用下式计算

$$R_s=(U_C/U_{RL}-1)\times R_L$$

（4）结构外形。MQ-2 气敏元件的结构如图 5.24 所示，外形如图 5.25 所示，由微型 Al_2O_3 陶瓷管、SnO_2 敏感层、测量电极和加热器构成的敏感元件固定在塑料或不锈钢制成的腔体内，加热器为气敏元件提供了必要的工作条件。封装好的气敏元件有 6 只针状管脚，其中 4 个用于信号取出，2 个用于提供加热电流。

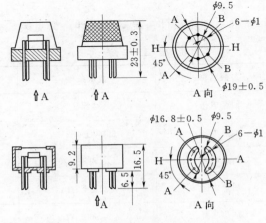

图 5.24　MQ-2 元件结构图（单位：mm）

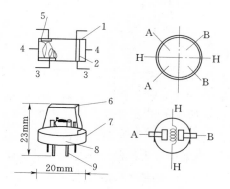

序号	部件	材料
1	气体敏感层	二氧化锡
2	电极	金（Au）
3	测量电极引线	铂（Pt）
4	加热器	镍铬合金（Ni-Cr）
5	陶瓷管	三氧化二铝
6	防爆网	100目双层不锈钢（SUB316）
7	卡环	镀镍铜材（Ni-Cu）
8	基座	胶木或尼龙
9	针状管脚	镀镍铜材（Ni-Cu）

图 5.25　MQ-2 元件外形图

5.5.3　声音传感器

1. 概述

声音传感器的原理同于麦克风的基本原理，就是有一个金属膜片经过声音的震动以后，在磁铁内运动，从而产生电信号。如图 5.26 所示。将震动转换成信号的方式基本上有两种，一种是动圈式，也就是将振膜连到一个线圈的尾端，然后整个线圈套在一个磁铁上，就好像喇叭一样，当振膜震动时，在线圈里面就会产生信号。另一种是所谓的电容式，就好像电话的受话器一样，借着振膜的震动来改变电容值，因而改变电阻，就能改变电流，变成信号。电容式的因为需要电流才能变成信号，所以需要电源，比动圈式使用成本高。

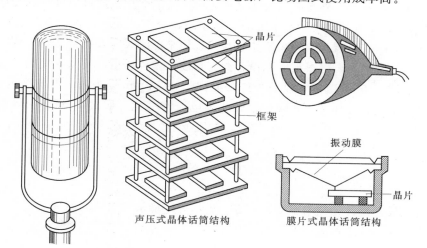

图 5.26　声音传感器原理

2. 技术参数

（1）输出阻抗：1～5kΩ。

（2）指向性：全向形。

（3）频率响应：50～15kHz。

（4）灵敏度：-52dBV/Pa（2.0mV/Pa）。

5.5.4　火焰传感器

1. 概述

火焰是由各种燃烧生成物、中间物、高温气体、碳氢物质以及无机物质为主体的高温固体微粒构成的。火焰的热辐射具有离散光谱的气体辐射和连续光谱的固体辐射。不同燃烧物的火焰辐射强度、波长分布有所差异，但总体来说，其对应火焰温度的 $1\sim2\mu m$ 近红外波长域具有最大的辐射强度。例如汽油燃烧时的火焰辐射强度的波长。

图 5.27　火焰传感器外形图

火焰传感器是机器人专门用来搜寻火源的传感器，当然火焰传感器也可以用来检测光线的亮度，只是本传感器对火焰特别灵敏。外形如图 5.27 所示。火焰传感器利用红外线对对火焰非常敏感的特点，使用特制的红外线接收管来检测火焰，然后把火焰的亮度转化为高低变化的电平信号，输入到中央处理器中，中央处理器根据信号的变化做出相应的程序处理。

2. 分类

（1）远红外火焰传感器。功能用途：远红外火焰传感器可以用来探测火源或其他一些波长在 $700\sim1000nm$ 范围内的热源。在机器人比赛中，远红外火焰探头起着非常重要的作用，它可以用作机器人的眼睛来寻找火源或足球。利用它可以制作灭火机器人、足球机器人等。

原理介绍：远红外火焰传感器能够探测到波长在 $700\sim1000nm$ 范围内的红外光，探测角度为 $60°$，其中红外光波长在 $880nm$ 附近时，其灵敏度达到最大。远红外火焰探头将外界红外光的强弱变化转化为电流的变化，通过 A/D 转换器反映为 $0\sim255$ 范围内数值的变化。外界红外光越强，数值越小；红外光越弱，数值越大。

（2）紫外火焰传感器。紫外火焰传感器可以用来探测火源发出的 $400nm$ 以下热辐射。原理如下：通过紫外光，可根据实际设定探测角度，紫外透射可见吸收玻璃（滤光片）能够探测到波长在 $400nm$ 范围，以其中红外光波长在 $350nm$ 附近时，其灵敏度达到最大。紫外火焰探头将外界红外光的强弱变化转化为电流的变化，通过 A/D 转换器反映为 $0\sim255$ 范围内数值的变化。外界紫外光越强，数值越小；紫外光越弱，数值越大。

小　　结

本项目主要介绍常见的温湿度、烟雾、火焰等环境量传感器的原理及使用方法。详细讲述了烟雾、火焰传感器应用模块的设计方法。

习　题　5

1. 环境量的测量方法有哪些？
2. 试述温湿度传感器的工作原理。
3. 试述烟雾传感器的工作原理。
4. 试述火焰传感器的技术参数。

项目 6 无线传感器网络

学习目标

1. 专业能力目标：能根据具体应用项目，懂得无线传感器网络的结构。
2. 方法能力目标：掌握无线传感器的使用方法；掌握工具、仪器的规范操作方法。
3. 社会能力目标：培养协调、管理、沟通的能力；具有自主学习新技能的能力，责任心强，能顺利完成工作任务；具有分析问题、解决问题的能力，善于创新和总结经验。

项目导航

本项目主要介绍无线传感器网络的组成、通信协议、硬件平台、应用实例等。

任务 6.1 无线网络组成

任务目标：

（1）掌握无线网络的组成。
（2）掌握传感器节点的构成。
（3）掌握无线传感网络的特点。

任务导航：

以智能家居为载体，了解无线传感网络组成。

6.1.1 无线传感器网络的网络结构

无线传感器网络的网络结构如图 6.1 所示，通常包括传感器节点（sensor node）、汇聚节点（sink node）和管理站（manager station）。大量传感器节点部署在监测区域（sensor field）附近，通过自组织方式构成网络。传感器节点获取的数据沿着其他的传

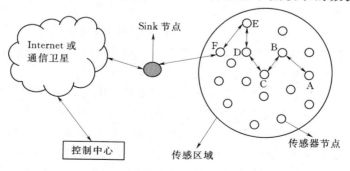

图 6.1 无线传感器网络的网络结构

感器节点逐跳地进行传输，在传输过程中数据可能被多个节点处理，经过多跳后路由到汇聚节点，最后通过互联网或卫星到达管理站。用户通过管理站对传感器网络进行配置和管理，发查监测任务以及收集监测数据。传感器节点通常是一个微型的嵌入式系统，它的处理能力、存储能力和通信能力相对较弱，通常用电池供电。汇聚节点的处理能力、存储能力和通信能力相对较强，它连接传感器网络与 Internet 等外部网络，实现两种协议栈之间的通信协议转换，同时发布管理节点的检测任务，把收集的数据转发到外部网络。

6.1.2　传感器节点

传感器节点的基本组成如图 6.2 所示。

传感器节点包括如下几个单元：传感器模块（由传感器和模数转换器组成）、处理器模块（由嵌入式系统构成，包括 CPU、存储器、嵌入式操作系统等）、无线收发模块（由无线通信器件组成）以及能量供应模块。传感器模块用于感知、获取外界的信息，被检测的物理信号决定了传感器的类型；处理器模块负责协调节点各部分的工作，对感知部件获取的信息进行必要的处理和保存，控制感知部件和电源的工作模式等；无线收发模块负责与其他传感器节点进行无线通信，交换控制消息和收发采集数据；能量供应模块为传感器节点提供运行所需的能量。

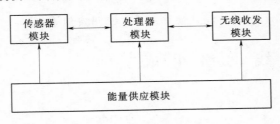

图 6.2　传感器节点结构

6.1.3　无线传感器网络协议栈

传感器网络汇聚节点和传感器节点的协议栈如图 6.3 所示，由以下五个部分组成：物理层、数据链路层、传输层、应用层，与互联网协议栈的五层协议相对应。同时由于无线传感器网络通信的特殊性，协议栈增加了能量管理、移动管理、任务管理三个平台。这些管理平台使得传感器节点能够以高效的方式协同工作，在节点移动的传感器网络中转发数据，并支持多任务和资源共享。物理层负责感知数据的收集，并对收集的数据进行采样、信号的发送和接收、信号的调制解调等任务；数据链路层负责媒体接入控制和建立网络节点之间可靠通信链路，为邻居节点提供可靠的通信通道；网络层的主要功能包括分组路由、网络互联、拥塞控制等；传输层负责数据的传输控制，是保证通信服务质量的重要部分；应用层包括一系列基于监测任务的应用层软件。

能量管理负责控制节点对能量的使用，有效地利用能源，延长网络存活时间；拓扑管理负责保持网络的连通和数据有效传输；网络管理负责网络维护、诊断，并向用户提供网络管理服务接口，通常包括数据收集、数据处理、数据分析和故障处理等功能；QoS（Quality of Service，服务质量）为应用程序提供足够的资源使它们按用户可以接受的性能指标工作；时间同步为传感器节点提供全局同步的时钟支持；节点定位确定每个传感器节点的相对位置或绝对的地理坐标。

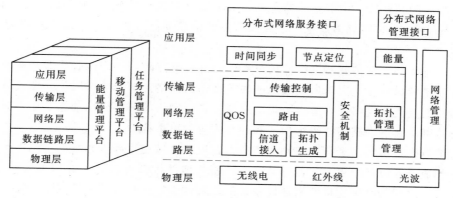

图 6.3 传感器网络协议栈

6.1.4 无线传感器网络的特点

无线传感器网络因其节点的能量、处理能力、存储能力和通信能力有限,其设计的首要要求是能量的高效利用,也是其区别于其他无线网络的根本特征。

(1) 能量资源有限。网络节点由电池供电,其特殊的应用领域决定了在使用过程中,通过更换电池的方式来补充能量是不现实的,一旦电池能量用完,这个节点也就失去了作用。因此在传感器网络设计过程中,如何高效使用能量来最大化网络生命周期是传感器网络面临的首要挑战。

(2) 硬件资源有限。传感器节点是一种微型嵌入式设备,大量的节点数量要求其低成本、低功耗,其计算能力和存储能力有限。在成本、硬件体积、功耗等受到限制的条件下,传感器节点需要完成监测数据的采集、转换、管理、处理、应答汇聚节点的任务请求和节点控制等工作,这对硬件的协调工作和优化设计提出了较高的要求。

(3) 无中心。无线传感器网络是一个对等式网络,所有节点地位平等,没有严格的中心节点。节点仅知道与自己毗邻节点的位置及相应标识,通过与邻居节点的协作完成信号处理和通信。

(4) 自组织。无线传感器网络节点往往通过飞机播撒到未知区域,或随意放置到人不可到达的危险区域,通常情况下没有基础设施支持,其位置不能预先设定,节点之间的相邻关系预先也不明确。网络节点布撒后,无线传感器网络节点通过分层协议和分布式算法协调各自的监控行为,自动进行配置和管理,利用拓扑控制机制和网络协议形成转发监测数据的多跳无线网络系统。

(5) 多跳路由。无线传感器网络节点的通信距离有限,一般在几十到几百米范围内,节点只能与它的邻居直接通信,对于面积覆盖较大的区域,传感器网络需要采用多跳路由的传输机制。无线传感器网络中没有专门的路由设备,多跳路由由普通网络节点完成。同时,因为受节点能量、节点分布、建筑物、障碍物和自然环境等因素的影响,路由可能经常变化,频繁出现通信中断。在这样的通信环境和有限通信能力的情况下,如何设计网络多跳路由机制以满足传感器网络的通信需求是传感器网络面临的挑战。

多跳路由可为簇内多跳和簇间多跳 2 种,簇内多跳指簇内的一个传感器节点传递信息时借助本簇内的其他节点中继它的信息到簇头节点（当整个传感器网络场作为一个簇时，基站就为簇头节点），簇间多跳指一个簇头节点的信息通过其他簇头节点来中继它的信息到达基站。

（6）动态拓扑。在传感器网络使用过程中，部分节点附着于物体表面随处移动；部分节点由于能量耗尽或环境因素造成故障或失效而退出网络；部分节点因弥补失效节点、增加监测精度而补充到网络中，节点数量动态变化，使网络的拓扑结构动态变化。这就要求无线传感器网络具有动态拓扑组织功能和动态系统的可重构性。

（7）节点数量多。为了获取精确的信息，在监测区域通常部署大量的传感器节点，数量可能达到成千上万甚至更多。传感器节点被密集地随机部署在一个面积不大的空间内，需要利用节点之间的高度连接性来保证系统的抗毁性和容错性。这种情况下，需要依靠节点的自组织性处理各种突发事件，节点设计时软硬件都必须具有鲁棒性和容错性。

（8）可靠性。由于传感器节点的大量部署不仅增大了监测区域的覆盖，减少洞穴或盲区，而且可以利用分布式算法处理大量信息，降低了对单个节点传感器的精度要求，大量冗余节点的存在使得系统具有很强的容错性能。

传感器网络集信息采集和监测、控制以及无线通信于一体，能量的高效利用是设计的首要目标。无线传感器网络是一个以应用为牵引的无线网络，是一个以数据为中心的网络，用户使用传感器网络查询事件时，更关心数据本身和出现的位置、时间等，并不关心哪个节点监测到目标。不同的应用背景要求传感器网络使用不同的网络协议、硬件平台和软件系统。

任务 6.2　无线网络通信协议

任务目标：
（1）掌握无线网络通信协议的概念。
（2）了解无线网络拓扑结构。

任务导航：
以智能家居为载体，熟悉无线网络通信协议。

6.2.1　物理层

物理层协议涉及无线传感器网络采用的传输媒体、选择的频段以及调制方式。目前，无线传感器网络采用的传输媒体主要包括射频、红外线和超宽带等，其中以射频方式的使用最为普遍。从已有的技术产品看，基于射频模块结合单片机的方案比较成熟，取得了应用性的成就，符合无线传感器网络的构成特点，应用广泛。

红外线传输方式的最大优点是不受无线电干扰，但对非透明物体的透过性差，只能在一些特殊的应用场合使用。

最近兴起的超宽带技术（Ultra Wide Band，UWB）因其收发信机结构简单、空间传输容量大、抗干扰能力强、隐蔽性能好、多径分辨能力强等优势，受到业界关注。UWB

脉冲的宽度在 1ns 以下，占用的带宽在 1GHz 以上，采用抵达时间（Time of arrival，TOA）方法测距，理论上可以达到厘米级的测距精度，但在复杂多径和非视距（NLOS）的影响下，UWB 的测距和定位精度很难达到理论极限。从信号的传播角度来说，应该以射频的方式为基础，以射频与通用系统的融合为研究重点，同时采用超宽带的定位优势弥补射频方式的不足。

6.2.2 MAC 协议

无线传感器网络的介质访问控制（Medium Access Control，MAC）子层运行在物理层之上，MAC 协议直接控制节点的射频模块，负责在传感器节点之间分配无线信道资源并决定无线通信的使用方式，MAC 协议的好坏直接影响信道的利用率、整个网络的 QoS 以及节点电池的寿命。与传统有线网络 MAC 协议不同的是，无线传感器网络 MAC 协议除了使共享信道的多个节点尽可能公平接入信道和无冲突地传输帧外，还重点考虑节省节点的能量和提高 MAC 协议的可扩展性。此外，由于传感器节点能力受限，MAC 协议本身不能太复杂。

MAC 层的能耗主要来自于空闲侦听、碰撞冲突、控制消息和串音等方面，尤以空闲侦听最显著。如果节点 1% 的时间处在传输模式，那么 97% 的能耗在空闲侦听时产生。因此，MAC 层必须最小化空闲侦听时间。基于这个原因，许多协议采用关闭收发器尽可能延长睡眠模式的机制。目前，根据不同的信道使用方式可将 MAC 协议分为基于竞争的 MAC 协议、基于调度的 MAC 协议和混合的 MAC 协议。

1. 基于竞争盟 MAC 协议

基于竞争的 MAC 协议按需使用信道。当节点需要发送数据时，通过竞争方式使用无线信道，如果数据产生碰撞，就按照某种策略重发，直到数据发送成功或放弃发送。典型的基于竞争的 MAC 协议是 CSMA。目前应用较为广泛的自组织网络 MAC 协议是 IEEE802.11 的分布式协调工作模式（DCF），采用带冲突避免的载波侦听多路访问（CSMA/CA）协议。相继出现的 S–MAC、T–MAC 以及 Sift 协议都是在 IEEE802.11 MAC 协议的基础上提出的。

IEEE 802.11 MAC 协议有分布式协调（Distributed Coordination Function，DCF）和中心协调（Point Coordination Function，PCF）两种访问控制方式，其中 DCF 方式是 IEEE802.11 协议的基本访问控制方式。IEEE802.11 分布式协调工作模式下，载波侦听机制通过物理载波侦听和虚拟载波侦听来确定无线信道的状态。物理载波侦听由物理层提供，而虚拟载波侦听由 MAC 层提供。由于在无线信道中难以监测到信号的碰撞，因而只能采用随机退避的方式来减少数据碰撞概率。节点在进入退避状态时启动一个退避计时器，当计时达到退避时间后结束退避状态。为了对无线信道访问的优先级进行控制，IEEE802.11 MAC 协议规定了三种帧间间隔：优先级最高的最短帧间间隔 SIFS、应用于 PCF 方式下的帧间间隔 PIFS 和应用于 DCF 方式下的帧间间隔 DIFS。IEEE 802.11 MAC 协议中通过立即主动确认机制和预留机制来提高性能。预留机制要求源节点和目标节点在发送数据帧之前交换简短的控制帧，以减少节点间使用共享无线信道的碰撞概率。

为了减少节点能量的消耗，提高网络的扩展性，在 IEEE802.11 MAC 协议基础上提出了 S-MAC（Sensor-MAC）协议。S-MAC 协议采用周期性的休眠机制来控制节点的能量消耗，并在邻居节点之间形成睡眠簇减少节点的空闲侦听时间，通过数据处理和融合来减少数据通信量和控制消息在网络中的通信延迟。

在 S-MAC 协议中，周期长度受限于延迟要求和缓存大小，活动时间依赖于消息速率。T-MAC（Timeout-MAC）协议在 S-MAC 协议的基础上提出，在保持周期长度不变的基础上，根据通信流量动态地调整活动时间和用突发方式发送信息，以减少空闲侦听时间。T-MAC 协议虽然可以根据网络通信情况动态调节空闲侦听时间，但也会带来一些问题，如早睡问题。另外，T-MAC 协议对网络动态拓扑结构变化的适应性仍在进一步研究中。

在传感器网络中，当一个事件发生时，往往会有多个邻近节点同时监测到该事件，并同时竞争共享的无线信道来发送消息，从而形成邻近节点监测和发送数据的空间和时间相关性。由此提出了传感器网络基于事件驱动的 Sift MAC 协议。Sift MAC 协议通过在不同时隙上采用不同的发送概率，使得在短时间内部分节点能够无冲突地通告事件，减少消息的传输延迟，并降低能量消耗。

2. 基于调度的 MAC 协议

基于调度的 MAC 协议通过集中控制点预先安排其控制的所有节点，从而在互相独立的子信道中接入共享媒质，目前有时分复用（TDMA）、频分复用（FDMA）和码分多址（CDMA）等方案。基于 TDMA 的 MAC 协议在无线传感器网络中得到了广泛应用，TDMA 机制为每个节点分配独立的数据发送或接收时隙，节点在空闲时隙内转入睡眠状态。这非常适合传感器网络节省能量的需求，如 DEANA、TRAMA 以及 DMAC 都是基于 TDMA 的 MAC 协议。

DEANA 协议将时间帧分为两个阶段：随机访问阶段和周期性调度访问阶段。随机访问阶段由多个连续的信令交换时隙组成，用于处理节点的添加、删除以及时间同步等。周期性调度访问阶段由多个连续的数据传输时隙组成，某个时隙会分配给特定发送和接收节点用来收发数据，而其他节点处于睡眠状态，能部分解决串音问题。

TRAMA 协议将时间划分为连续时隙，根据局部两跳内的邻居节点信息，采用分布式选举机制确定每个时隙的无冲突发送者。TRAMA 协议包括邻居协议 NP、调度交换协议 SEP 和自适应时隙选择算法 AEA。NP 协议使节点以竞争方式使用无线信道，调度交换协议 SEP 用来建立和维护发送者和接收者的调度信息，AEA 算法根据当前两跳邻居节点内的节点优先级和一跳邻居的调度信息，决定节点在当前时隙的活动策略。

为了减少无线传感器网络的能量消耗和减少数据的传输延迟，针对这种数据采集树结构提出了 DMAC 协议。DMAC 协议通过自适应占空比机制、数据预测机制和 MTS 机制，动态调整路径上节点的活动时间，解决了同一父节点的不同子节点间的相互干扰问题，以及不同父节点的邻居节点之间干扰带来的睡眠延迟问题。DMAC 协议适用于边缘源节点数据流量小而中间融合节点数据流量大的传感器网络。

3. 混合接入的 MAC 协议

混合接入的 MAC 协议结合了以上两种接入方式的优点，在某一阶段采用基于竞争的接入方式，在另一阶段则采用基于调度的接入方式，具有代表性的有 G-MAC 协议。

由于传感器网络是与应用相关的网络，当应用需求不同时，网络协议需要根据应用类型或应用目标特征定制，没有任何一个协议能够适应所有的应用。

6.2.3 路由协议

路由协议的任务是在传感器节点和汇聚节点之间建立路由，可靠地传递数据。由于无线传感器网络资源受限，路由协议要遵循的设开原面包括不能执行太复杂的计算、不能在节点保存太多的状态信息、节点间不能交换太多的路由信息等。

在无线传感器网络中，节点能量有限且一般没有补充，路由协议需要高效利用能量，同时传感器网络节点数目往往很大，节点只能获取局部拓扑结构信息，路由协议要能在局部网络信息的基础上选择合适的路径。根据不同环境对无线传感器网络的要求不同，无线传感器网络的路由协议可以分为数据查询路由、能量最优路由、位置信息路由和可靠路由。

1. 数据查询路由

数据查询路由协议需要不断查询传感器节点的采集是数据，查询节点发出任务查询命令，传感器节点向查询节点报告采集的数据。在这类应用中通信流量主要是查询节点和传感器节点之间的命令和数据传输，同时传感器节点的采样信息在传输路径上通常要进行数据融合，通过减少通信流量来节省能量。具有代表性的协议有定向扩散协议（Directed Diffusion，DD）和传闻路由协议（Rumor Routing）等。

定向扩散协议 DD 是一种以数据为中心的路由协议，它的主要特点是在数据扩散的过程中，计算出代价较低的数据通路，从而进行方向明确的数据传输。DD 协议可以分为周期性的兴趣扩散、梯度建立和路径加强三个阶段。在兴趣扩散阶段，汇聚节点周期性地向邻居节点广播兴趣消息；在梯度建立阶段，把兴趣匹配的数据发送到梯度上的邻居节点，并按照梯度上的数据传输速率设定传感器模块采集数据的速率。在路径加强阶段，节点通过正向加强机制来建立优化路径，并根据网络拓扑的变化修改数据转发的梯度关系。

对于数据传输量较小的传感器网络，定向扩散协议 DD 的查询扩散和路径增强机制会带来相对较高的能耗；传闻路由协议 Rumor 克服了这种使用洪泛方式建立转发路径带来的开销过大问题。传闻路由协议 Rumor 使用查询消息的单播随机转发，让事件区域中传感器节点的代理消息和汇聚节点发送的查询消息同时扩散传播，当两种消息的传输路径交叉在一起时就会形成一条汇聚节点到事件区域的路径。

2. 能量最优路由

能量最优路由协议以高效利用网络能量为主要目的，从数据传输中的能量消耗出发，讨论最优能量消耗路径以及最长网络生存期等问题。具有代表性的协议有能量路由协议和能量多路径路由协议等。

能量路由根据传输路径上的能量要求和传感器节点的剩余能量，选择路由路径。能量策略包括：传感器节点到汇聚节点经过节点的剩余能量和最大的路由；传感器节点到汇聚节点跳数最小的路由；传感器节点到汇聚节点路径能耗最低的路由；传感器节点到汇聚节点的传输路径生存周期最长的路由。

如果频繁地使用早先获得的一条最优路径，会导致此路径上的节点较快的将能量耗尽，出现消息路由中断，由此提出了能量多路径路由，它根据通信路径上节点的剩余能量和路由消耗，为每一条路径赋予一定的选择概率，从而使网络均衡的使用能量，延长生存周期。

3. 位置信息路由

位置信息路由协议需要知道目的节点的精确或者大致地理位置，并把节点的位置信息作为路由选择的依据，从而完成节点路由功能。位置信息路由可以降低系统专门维护路由协议的能耗。具有代表性的协议有 GPSR 协议、GEAR 协议和 GEM 协议等。

GPSR（Greedy Perimeter Stateless Routing，贪婪的周边无状态路由协议）协议将每个网络节点进行统一编址，各节点利用贪心算法尽量沿直线转发数据。由于数据传输过程中节点总是向欧氏距离最靠近目的节点的邻居转发消息，从而出现空洞区域，导致数据无法传输。原则上可以利用右手法则沿空洞周围传输来解决此问题。

GEAR（Geographical and Energy Aware Routing，地理路由）路由协议根据事件区域的地理位置信息，建立汇聚节点到事件区域的优化路径，避免了洪泛传播方式，从而减少了路由建立的开销。GEAR 路由协议中查询消息传播包括传送到事件区域和在事件区域内传播两个阶段。在前一阶段，根据事件区域的地理位置，将汇聚节点发出的查询命令传送到区域内距汇聚节点最近的节点。在后一阶段，从该节点将查询命令传播到区域内的其他所有节点。GEAR 路由协议利用了节点的地理位置信息，因此要求节点固定不动或移动性不强。

GEM（Generic Equipment Model）路电协议是一种适用于数据中心存储方式的地理路由协议，通过在网络中选择不同的负责节点实现不同事件监测数据的融合和存储。GEM 路由根据节点的地理位置信息，将网络的实际拓扑结构转化为用虚拟极坐标系统表示的逻辑结构。网络中的节点形成一个以汇聚节点为根的带环树，每个节点用到树根的跳数距离和角度范围来表示，节点间的数据路由通过这个带环树实现。GEM 路由不依赖于节点精确的位置信息，适用于拓扑结构相对稳定的传感器网络。

4. 可靠路由

可靠路由协议应用于对通信的服务质量有较高要求的场合，以保证链路的稳定性和通信信道的质量。目前可靠路由协议主要从两个方面考虑：①利用节点的冗余性提供多条路径以保证通信可靠性；②建立对传输可靠性的估计机制从而保证每跳传输的可靠性。具有代表性的协议有 SAR 协议、HREEMR 协议、ReInForM 协议和 SPEED 协议等。

SAR（segmentation and reassembly）协议以基于路由表驱动的多路径方式满足网络低能耗和鲁棒性要求，在每个源节点和汇聚节点之间生成多条路径，以每个树落在汇聚点有效传输半径内的节点为根，枝干的选择满足规定的 QoS 要求。它不仅考虑了每条路径的能源，还考虑了端到端的延迟需求和待发送数据包的优先级。SAR 协议不适合大型网络和拓扑频繁变化的网络。

HREEMR（Highly-Resilient，Energy-Efficient Multipath Routing）协议在 DD 协议的基础上提出，通过维护多条可用链路以提高路由的可靠性。HREEMR 协议采用与DD 协议相同的本地化算法建立源节点和汇聚点之间的最优路径，同时构建多条与最优路径不相交的冗余路径，保证最优路径失效时协议仍能正常运行。

ReInForM（Reliable Information Forwardingusing Multiple Paths）协议从数据源节点开始，考虑可靠性需求、信道质量以及传感器节点到汇聚节点的跳数，决定需要的传输路径数目以及下一跳节点数目和相应的节点，实现可靠的数据传输。源节点根据传输的可靠性要求计算出需要的传输路径数目后，选择若干邻居节点转发信息并给每个节点按照一定比例分配路径数目，源节点将分配的路径数发给邻居节点。邻居节点在接收到源节点的数据后，将自己也视为源节点，重复上述选路过程。

SPEED 协议是一个实时路由协议，在一定程度上实现了端到端的传输速率保证、网络拥塞控制以及负载平衡机制。SPEED 协议首先交换节点的传输延迟，使用延迟估计机制得到网络的负载情况，并判断网络是否发生拥塞；然后，节点利用局部地理信息和传输速率信息进行路由选择，通过邻居反馈策略保证网络传输速率在一个全局定义的传输速率阈值之上，并使用反向压力路由变更机制避开拥塞和路由空洞。

6.2.4　时间同步

在无线传感器网络的应用中，如果没有空间和时间信息，传感器节点采集的数据就没有任何价值。无线传感器网络中的时间同步使网络中部分或所有节点拥有相同的时间基准，即不同节点有相同的时钟，或者节点可以彼此将对方的时钟转换为本地时钟，保证不同节点记录信息的一致性。时间同步是分布式系统的一个重要基础，也是无线传感器网络的一项基础支撑技术。准确的时间同步是实现传感器网络自身协议运行、数据融合、协同睡眠及定位等的基础。

准确估计消息包的传输延迟，通过偏移补偿或漂移补偿方法对时钟进行修正，是无线传感器网络中实现时间同步的关键。目前，绝大多数时间同步算法基于对时钟偏移进行补偿。传感器网络节点的本地时钟依靠对自身晶振中断计数实现，晶振的频率误差和初始计时时刻不同，使得节点之间的本地时钟不同步。如果能估算出本地时钟与物理时钟的关系或者本地时钟之间的关系，就可以构造对应的逻辑时钟以达成同步。近年来提出了多种时间同步机制，从不同方面满足传感器网络的应用需要，比较典型的有 RBS 协议、TPSN 协议、mini-sync 和 tiny-sync 同步协议、DMTS 协议及 LTS 协议等。

RBS（Reference Broadcast Synchronization）机制是基于接收者——接收者的时间同步，它通过接收节点对时抵消发送时间和访问时间。一个节点广播发送时间参考分组，广播域内的两个节点都能够接收到这个分组。每个接收节点采用本地时钟记录参考分组的到达时间，然后交换记录时间来确定它们之间的时间偏移量，其中一个接收节点可以根据这个时间差值更改本地时间，实现时间同步。RBS 机制不依赖于发送节点与接收节点的时间关系，从消息延迟中去除所有发送节点的非确定性因素，减少了每跳的误差积累，可应用于多跳网络。

TPSN（Timing-sync Protocol for Sensor Networks）采用层次结构实现整个网络节点的时间同步。在网络中有一个获取外界时间的节点称为根节点，作为整个网络系统的时钟源。所有节点按照层次结构进行逻辑分级，表示节点到根节点的距离。通过基于发送者——接收者的节点对方式，每个节点与上一级的一个节点同步，从而所有节点都与根节点同步。

mini-sync 和 tiny-sync 是简单的轻量时间同步机制，假设节点的时钟漂移遵循线性变化，因此两个节点之间的时间偏移也是线性的，通过交换时标分组来估计两个节点间的最优匹配偏移量，算法仅需要非常有限的网络通信带宽、存储容量和处理能力等资源。为了降低算法的复杂度，mini-sync 和 tiny-sync 同步协议还通过约束条件丢弃冗余分组。

DMTS（Delay Measurement Time Synchronization）协议基于对同步消息在传输路径上所有延迟的估计，实现节点间的时间同步，是一种灵活的、轻量的和能量高效的时间同步机制。在 DMTS 协议中，选择一个节点作为时间主节点广播同步时间分组，所有接收节点测量这个时间广播分组的延迟，设置它的时间为接收到分组携带的时间加上这个广播分组的传输延迟，这样所有接收到广播分组的节点都与主节点进行时间同步。DMTS 协议无需复杂的运算和操作，计算开销小，需要传输的消息条数少，能够应用在对时间同步要求不是非常高的传感器网络中，能够实现全部网络节点的时间同步。

LTS（Lightweight Time Synchronization）同步协议适用于低成本、低复杂度的传感器节点时间同步，以最小化能量开销为目标，具有鲁棒性塑自配置性。LTS 同步协议采用两种方式进行：集中式多跳同步算法首先构造低深度的生成树，然后以树根为参考节点依次向叶节点进行逐级同步，最终达到全网同步；分布式多跳同步算法在任何节点需要重同步时都可以发起同步请求，从参考节点到请求节点路径上的所有节点采用节点对的同步方式，逐跳实现与参考节点的时间同步。当所有节点需要同时进行时间同步时，集中式多跳同步算法更为高效，当部分节点需要频繁同步时，分布式机制更为高效。LTS 同步协议通过减少时间同步的频率和参与同步的节点数目，在满足同步精度要求的同时，降低节点的通信和计算开销，减少网络能量的消耗。

6.2.5 定位

对于无线传感器网络而言，没有位置标定的信息采集、处理和传输是没有实际意义的。例如目标监测与跟踪、基于位置信息的路由、智能交通、物流管理等许多应用都要求网络节点提供自身的位置，并在通信和协同过程中利用位置信息完成应用要求。另一方面，准确的位置信息、较低的能量消耗、定位系统综合性能的协调最优化又可以为无线传感器网络应用和协议栈建设提供有力支撑。传感器节点自身定位就是根据少数已知位置的节点（锚节点），按照某种定位机制确定自身的位置。传感器节点定位过程中，未知节点在获得对于邻近锚节点的距离或获得邻近的锚节点与未知节点之间的相对角度后，可以使用多边测量法、三角测量法或者两种方法的混合运用来计算自己的位置。

根据定位过程中是否需要测量实际节点间的距离，定位方法主要分为基于距离的定位方法和距离无关的定位方法。

1. 基于距离的定位

基于距离的定位方法需要测量相邻节点间的绝对距离和方位，并利用节点间的实际距离来计算未知节点的位置，例如 TOA 方法、TDOA 方法、AOA 方法和 RSSI 方法等。

TOA（Time Of Arrival）方法通过测量信号传播时间来测量距离。最典型的应用是 GPS（全球定位系统），GPS 系统需要昂贵的设备和较大能量消耗来达到与卫星的精确同步。基于 TOA 的定位精度相对高，但要求节点间保持精确的时间同步，因此对传感器节点的硬件和功耗提出了较高的要求。

TDOA（Time Difference Of Arrival）方法通过记录两种不同信号的到达时间差，依据信号的传播速度，直接把时间差转化为距离。TDOA 技术在有基础设施支持的系统中已经应用，近年来开始应用于无线传感器网络中，例如 AHLos 定位系统等。TDOA 技术测距误差小，有较高的精度，但要求节点有较高的硬件支持和能耗，这对于节点受限的无线传感器网络来说是一个挑战。

AOA（Angle Of Arrival）方法通过阵列天线或多个接收器结合来得到相邻节点发送信号的方向，从而确定节点的位置。同样，因为附加的定位设备成本和功耗较大，使其难于适合大规模无线传感器网络。

RSSI（Received Signal Strength Indicator）方法通过接收节点测量接收功率，计算传播损耗，使用理论或经验的信号传播模型将传播损耗转化为距离。比较典型的应用如 RADAR 和 SpotOn 定位系统。对于射频信号的传播来说，多径衰落、干扰和无规律的信号传播等特性导致难以准确测距，所以定位系统的更佳方案是采用 RSSI 技术与其他方法结合来综合测量。

2. 距离无关的定位

距离无关的定位方法无需测量节点间的绝对距离和方位，而是利用节点间的估计距离计算节点位置，例如质心算法、Dv-Hop 算法、Amorphous 算法和 APIT 算法等。

质心算法是通过未知节点接收所有在其通信范围内的信标节点的信息，并将这些信标节点的几何质心作为自己的估计位置来定位。质心算法完全基于网络连通性，无需信标节点和未知节点间的协调，比较简单和容易实现，不要求节点有附加的硬件支持。但是由于节点的无线信号传播模型并不是理想的球形，而且质心估计的精确度与信标节点的密度和分布有很大关系，导致这种算法的定位精度相对不高。

DV-Hop 算法源于传统网络中的距离向量路由机制，分为三个阶段：在第一个阶段，通过广播信标节点的自身位置信息分组，未知节点得到距离信标节点的最小跳数；在第二个阶段，信标节点计算平均每跳距离并广播给距离自己较近的未知节点，未知节点通过平均每跳距离和第一阶段收集的最小跳数估计自己到信标节点的跳段距离；在第三个阶段，未知节点利用第二阶段中记录的到各个信标节点的跳段距离，使用三边测量法或极大似然估计法计算自身坐标。DV-Hop 算法的精度比质心法高，且节点不需要附加的硬件支持，实现简单。但由于使用跳段距离代替直线距离，因此存在一定误差。

Amorphous 算法类似于 DV-Hop 算法，但需要预先知道网络的密度，并离线计算网络的平均每跳距离。

APIT（Approximate Point In Triangle）算法使用信标节点构成若干个三角形，通过测试未知节点是在每个三角形内部还是外部来达到定位的目的。APIT 算法的理论基础是最佳三角形内点测试法 PIT。未知节点首先收集其邻近信标节点的信息，然后从这些信标节点组成的集合中任意选取三个信标节点。逐一测试未知节点是否位于每个三角形内部，最后计算包含目标节点的所有三角形的重叠区域，将重叠区域的质心作为未知节点的位置。APIT 算法的定位精度高，对无线信号的传播不规则性和传感器节点随机部署的适应性强，性能稳定。同时，算法对网络的连通性提出了较高的要求。

质心算法、DV-Hop、Amorphous 和 APIT 算法是分布式算法，计算简单，通信量低，具有良好的扩展性。总的来说，距离无关的定位机制受环境因素影响小，且节点不用附加额外的测距模块，因而节点简单、费用低，适合大规模的无线传感器网络应用。

6.2.6 拓扑结构控制

对于自组织的无线传感器网络而言，网络拓扑控制对网络性能影响很大。良好的拓扑结构不仅能提高路由协议和 MAC 协议的效率，而且拓扑结构的控制还与网络整体性能的优化存在着密切的联系，为时间同步、数据融合及目标定位技术提供支撑基础。因此研究拓扑控制对无线传感器网络而言具有重要意义。

拓扑控制研究的问题是：在保证一定的网络连通质量和覆盖质量前提下，一般以延长网络的生命期为主要目标，兼顾通信干扰、网络延迟、负载均衡、简单性、可靠性及可扩展性等其他性能，形成一个优化的网络拓扑结构。无线传感器网络是与应用相关的，不同的应用对底层网络拓扑控制设计目标的要求也不相同。

拓扑控制算法从管理方式可划分为节点功率控制和分簇拓扑建型两类，其中节点功率控制机制指通过设置或动态调整节点的发射功率，在保证网络拓扑结构连通、双向连通或者多连通的基础上，使得网络中节点的能量消耗最小，延长整个网络的生存时间，同时尽量避免隐终端和暴露终端问题。分簇机制采用分层结构形成处理和转发数据的骨干网络，其中非簇头节点可通过空闲休眠策略来达到节能目的。功率控制适用于网络规模相对较小、对兴趣数据准确性和敏感度要求较高的网络环境，而分簇控制适用于部分节点能实行休眠策略的大规模网络。

在功率控制方面，已经提出了 LMA 和 LMN 等基于节点度数的算法，以及 LMST、DRNG、DLSS 等基于邻近图的算法。目前，大量的研究工作主要集中在分簇拓扑控制方面，包括 LEACH 算法、TopDisc 算法、HEED 算法和 GAF 算法等。

1. 基于节点度数的算法

本地平均算法 LMA（Local Mean Algorithm）和本地邻居平均算法 LMN（Local Mean of Neighbor Salgorithm）是两种周期性动态调整节点发射功率的算法。它们之间的区别在于计算节点度的策略不同。本地平均算法 LMA 假设开始时所有的节点都有相同的发射功率，每个节点定期广播自身的信息，邻居节点收到信息后统计出自身的邻居数。如果某节点的邻居数较小，则它在一定范围内增大发射功率；反之，减小发射功率。本地邻居平均算法 LMN 与本地平均算法 LMA 类似，只是在计算节点度的策略上采用将所有邻居节点的邻居数求平均值作为自己的邻居数。这两种算法对无线传感器节点的要求不高，可以保证收敛性和网络的连通性。

2. 基于邻近图的算法

基于临近图的功率控制算法中，所有节点都使用最大功率发射形成拓扑图，并按照一定的规则求出该图的邻近图，邻近图中每个节点以自己所邻接的最远通信节点来确定发射功率。基于邻近图的算法使节点确定自己的邻居集合，并调整适当的发射功率，可以在建立连通网络的同时，节省网络能耗。

3. 分簇拓扑控制算法

LEACH（Low-Energy Adaptive Clustering Hierarchy）算法是一种自适应分簇拓扑算法，它分为簇的建立和数据通信两个阶段，并且周期性地执行。在簇的建立阶段，相邻节点动态地形成簇，随机产生簇头，以保证各节点可以等概率地担任簇头，使得网络中的节点相对均衡地消耗能量；在数据通信阶段，簇内节点把数据发送给簇头，簇头进行数据融合并把结果发送给汇聚节点。

HEED（Hybrid Energy Efficient Distributed Clustering）算法以 LEACH 算法为基础，针对 LEACH 算法簇头分布不均匀问题进行了改进。它以簇内平均可达能量作为衡量簇内通信成本的标准，并在簇头选择标准以及簇头竞争机制上采用不同算法，提高了成簇速度。同时，把节点剩余能量作为一个参量引入算法，用于表示成簇后簇内的通信开销，使得选出的簇头更适合担当数据转发任务，网络拓扑更加合理，网络能耗更加均匀。

GAF（Geographic Adaptive Fidelity）算法是基于地理位置的分簇算法，它的执行过程包括两个阶段。在虚拟单元格划分阶段，GAF 算法根据节点的位置信息和通信半径，把监测区域划分成虚拟单元格，将节点按照位置信息划入相应的单元格，保证相邻单元格中的任意两个节点都能够直接通信；在簇头节点的选择阶段，节点周期性地进入睡眠和工作状态，从睡眠状态唤醒之后与本单元内其他节点交换信息，以确定自己是否需要成为簇头节点，只有簇头节点保持活动，其他节点为睡眠状态。

TopDisc 算法是基于图论中最小支配集问题的算法，它利用三色算法或四色算法对节点的状态进行标记，解决骨干网拓扑结构的形成问题。在 TopDisc 算法中，开始由网络中的一个节点发送用于发现邻居节点的查询消息。查询消息携带发送节点的状态信息在网络中传播，算法依次为每个节点标记颜色。根据节点颜色判别簇头节点，并通过反向寻找查询消息的传播路径在簇头节点间建立通信链路。

任务6.3　无线网络硬件平台

任务目标：

（1）掌握传感器节点硬件结构。

（2）掌握网关节点硬件结构。

（3）掌握测试平台和操作系统。

任务导航：

以智能家居为载体，熟悉无线网络硬件平台。

典型的无线传感器网络中硬件平台由传感器节点、网关节点和数据监控中心等组成。传感器节点应具有端节点和路由的功能：一方面实现数据的采集和处理；另一方面实现数据的融合和路由，对本身采集的数据和收到的其他节点数据进行综合，转发路由到网关节点。传感器节点数目庞大，通常采用电池供电，传感器节点的能量一旦耗尽，该节点就不能实现数据采集和路由功能，直接影响整个传感器网络的健壮性和生命周期。网关节点往往个数有限，而且能量常常能够得到补充。网关节点通常使用多种方式（如 Internet、Modem、卫星或移动通信网络等）与外界通信。数据管理中心主要由数据库、管理软件以及 PC 机（服务器）构成，这里不做讨论。本节重点介绍传感器节点和网关的构成、设计和开发。

6.3.1 传感器节点

传感器网络节点作为一种微型化的嵌入式系统，构成了无线传感器网络的基础层支撑平台。大部分节点采用电池供电，工作环境通常比较恶劣，而且数量大，更换困难，所以低功耗是无线传感器网络重要的设计准则之一，从无线传感器网络节点的硬件设计到整个网络各层的协议设计都把节能作为设计目标，以最大限度地延长无线传感器网络的寿命。其次，传感器节点在设计时还须考虑其他要求，如模块化、集成化和微型化等。无论从节点的软件设计到硬件开发，模块化设计是提高节点通用性、扩展性和灵活性的有效途径。集成化以满足节点集数据采集、处理和转发等功能于一身的需求。微型化可以满足大规模布撒、提高隐蔽性的应用需求。

表 6.1 是目前常用的几种无线传感器网络节点，大多数节点都采用成熟的商用器件组成。下面分别围绕处理器模块、通信模块和传感器节点设计具体讨论无线传感器网络节点的设计和开发。

表 6.1   常用无线传感器网络节点

节点名称	处理器（公司）	无线芯片（技术）	电池类型	发布日期
WeC	AT90S8535（Atmel）	TR1000（RF）	Lithium	1998
Renee	ATmega163（Atmel）	TR1000（RF）	AA	1999
Mica	ATmega128L（Atmel）	TR1000（RF	AA	2001
Mica2	ATmcga128L（Atmel）	CC1000（RF）	AA	2002
Mica2Dot	ATmega128L（Atmel）	CC1000（RF）	Lithium	2002
Mica3	ATmega128L（Atmel）	CC1020（RF）	AA	2003
Micaz	ATmega128L（Atmel）	CC2420（ZigBee）	AA	2003
Toles	MSP430F149（TI）	CC2420（ZigBee）	AA	2004
XYZnode	ML67Q500x（OKI）	CC2420（ZigBee）	NiMn Rechargeable	2005
Platform1	PIC16LF877（Microchip）	Bluetooth&RF	AA	2004
Platform2	TMS320C55xx（TI）	UWB	Lithium	2005
Platform3	ARM7TDM1 核＋Bluetooth 集成（Zeevo）		Battery	2005
Zabranet	MSP430F149（TI）	9Xstream（RF）	Batteries	2004

1. 处理器模块

处理器单元是传感器网络节点的核心，与其他单元一起完成数据的采集、处理和收发。处理器芯片的选择在传感器节点设计中至关重要。一般需要满足以下几点要求：低功耗、低成本、高效率、支持休眠和足够的 I/O 口等。此外，节点设计时还需考虑稳定性和安全性。稳定性主要指节点能在一定的外部环境变化范围内正常工作。安全性是要防止外界因素造成节点的数据修改。

目前传感器节点中常用的处理器芯片有两类：一类是以 MSP430FIXX 系列为代表的低能耗微控制器，这类芯片以卓越的低功耗性能而备受业界青睐，工作电压为 1.8V，实时时钟待机电流的消耗仅为 $1.1\mu A$，而工作模式电流低至 $300\mu A$（1MHz），唤醒过程仅需 $6\mu s$。Toles 节点和 ZebraNet 节点就是采用 MSP430 系列的微控制器，功耗徘常低。其他公司也有一些类似低功耗产品。另一类采用基于 ARM 核的处理器。该类节点的能量消耗比采用微控制器大，但多数支持 DVS（动态电压调节）或 DFS（动态频率调节）等节能策略，其处理能力比一般的微控制器强很多，适合图像等高数据量业务的应用。Mote 系列节点就使用了该系列的处理器。随着高性能 DSP 价格的降低，也有一些传感器节点开始选择性价比较好的 DSP 处理器。处理器的选择应该根据应用需求考虑系统要求，再考虑功耗等问题。

2. 通信模块

利用无线通信方式交换节点数据，首先需要选择合适的传输媒体。理论上无线通信可采用射频、激光、红外或超声波等载体。不同的通信方式有各自的优缺点。利用超声波作为通信媒质，通信距离短，方向敏感，且易被干扰。利用激光作为传输媒体，功耗比用电磁波低，更安全，但只能直线传输，易受大气环境影响，传输具有方向性。红外线传输不需要天线，但也具有方向性，距离短。超宽带（UWB）具有发射信号功率谱密度低、系统复杂度低、对信道衰落不敏感、安全性好、数据传输率高、能提供数厘米的定位精度等优点，是高精度定位要求中理想的通信方式，但其传输距离只有 10m 左右，且穿透性差。Bluetooth 工作在 2.4GHz 频段，传输速率可达 10Mbit/s，但传输距离只有 10m 左右，完整协议栈 250KB，不适合使用在无线传感器网络中。在无线传感器网络中应用最多的是基于 ZigBee 协丝的芯片和其他一些普通射频芯片。ZigBee 是一种近距离、低复杂度、低功耗、低数据速率、低成本的双向无线通信技术，完整的协议栈 32KB，可以嵌入各种设备中，同时支持地理定位功能。目前市场上常见的支持 ZigBee 协议的芯片制造商有 Chipcon 和 Freescale 等公司。Chipcon 公司的 CC2420 芯片应用较多，Toles 节点和 XYZ 节点都采用该芯片。Freescale 提供 ZigBee 的 2.4GHz 无线传输芯片有 MC13191、MC13192、MC13193。

面向应用的无线传感器网络，其通信指标各不相同，通信协议还没有标准化。因此，可以自定义通信协议的普通射频芯片是一种理想的选择。从性能、成本、功耗方面考虑，Chipcon 公司的 CC1000 和 RFM 公司的 TR1000 可以作为应用的选择。这两种芯片各有所长，CC1000 灵敏度高一些，传输距离更远，TR1000 功耗低一些。从表 6.1 可知 WeC、Rene 和 Mica 节点均采用 TR1000 芯片；Mica 系列节点主要采用 Chipcon 公司的芯片。还有一类无线芯片本身集成了处理器，例如 CC2430 在 CC2420 的基础上集成了 51 内核的单片机；CC1010 在 CC1000 的基础上集成了 51 内核的单片机，芯片集成度进一步提高。WiseNet 节点也采用 CC1010 芯片。

事实上，在无线传感器节点设计时，不同通信方式的收发芯片可以通过普通供应商购买，每种器件都有各自的优缺点，没有最优器件。在硬件设计时，应在满足需求基础上从功耗、数据率、通信范围和稳定性等角度合理选择。

3. 传感器模块

能监测各种物理量的传感器应用已经非常广泛，种类繁多。目前市场也出现了大量支持低功耗模式的传感器，从而降低了节点的能耗。实际应用根据覆盖面积要求选择合理的传感器，如何确定一个传感器覆盖面积，保证测量精度是节点设计时需要考虑的重要因素。

6.3.2　网关节点设计

在无线传感器网络应用中，通常需要将采集的信息进行远距离传输。例如在恶劣或战场环境中感知区域难以接近，或远程监控场合等。美国的 Crossbow 公司曾推出具有以太网通信功能的汇聚节点产品并得到应用。哈佛大学的科研人员在位于厄瓜多尔境内的唐古拉瓦火山附近部署了小范围的无线传感器网络，采集次声波信号并传送至汇聚节点，通过接入无线 MODEM 将数据转发到 9km 外火山监测站的一台 PC 上。国内一些大学和科研机构也提出了有关解决方案。具有这种功能的节点称之为网关节点。

比较典型的有两种网关：一种是基于以太网的有线通信网关节点；另一种是基于无线通信方式（GPRS、GSM 和 CDMA 等）的网关节点。虽然以太网通信稳定可靠，但需要具备相应的接入条件，这在许多应用情况下难以实现；无线通信移动性好，但易受到网络覆盖面的约束。这种单一通信方式的网关节点在实用性和网络可靠性方面受到限制，北京航空航天大学自主研发了一种有线与无线通信相结合，具有短消息发送功能的多通信方式复合网关节点。

网关节点接收传感器节点发送来的采集数据（如温度、湿度、加速度、坐标等信息），通过有线（串口或 USB 电缆）或无线方式与 PC 或服务器相连。网关节点的功能包括两个方面：一是通过汇聚节点获取无线传感网络的信息并进行转换；二是利用外部网络进行数据转发，总体结构如图 6.4 所示。

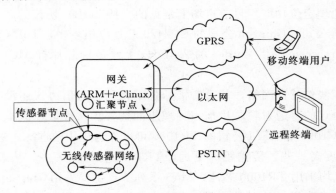

图 6.4　网关系统结构示意图

网关节点在无线传感器网络与外部网络进行数据通信的过程中，具有数据通信量大、节点要求高的特点，处于承上启下的地位，是数据传输的中枢节点。在网关节点中通信体系的设计至关重要，也是一大技术难点。一般将通信体系分为两个模块进行开发，即：①网关与汇聚节点通信模块；②网关与外部网络通信模块。

1. 网关与汇聚节点通信模块

网关节点中央处理器一般选择处理能力强，计算速度快的高档处理器，一般软件系统的设计主要为嵌入式系统，例如 μClinux 和 WinCE 等。网关与汇聚节点间的通信主要是读取汇聚节点的数据，一般采取串行通信方式。

在设计网关与汇聚节点之间的串口通信程序时，基于嵌入式操作系统的网关节点软件开发需要定义数据包的格式、长度以及每个字节所代表的意义。其次，打开串口设置硬件属性。最后，调用读取和存储函数进行数据的读取与存储。数据包读取完成后，调用相应的转换函数将这些原始数据解析为用户可知的信息，发送至缓冲区内。

2. 网关与外部网络通信

网关与外部网络的通信主要是指将无线传感器网络的数据进行转发的过程，可以灵活选择以太网、MODEM 以及 GPRS 通信方式。

（1）以太网通信方式设计。考虑到对数据传输的可靠性要求较高，一般采用面向连接的 TCP 客户机—服务器模型。利用 socket 机制设计以太网通信软件。

（2）MODEM 通信方式设计。利用公共电话网（PSTN）作为数据传输载体，与 socket 通信逻辑过程大体相似。

（3）GPRS 通信方式设计。在网关的 GPRS 通信芳式设计中，一般选用成熟的无线通信模块，如 SIMCOM 公司生产的 SIM100 是 GSM/GPRS 双频模块，主要为语音传输、短消息和数据业务提供无线接口，它集成了完整的射频电路和 GSM 的基带处理器，适合于开发一些 GSM/GPRS 的无线应用产品，应用范围十分广泛。在实际应用中，网关节点并不需要语音、传真等功能，在设计电路时将其略去，节省成本与硬件空间。

在应用软件的开发过程中，考虑到汇聚节点数据的读取、存储以及利用多通信方式转发的过程中必然涉及多任务的互斥和同步，利用多线程机制来处理，不仅能改善程序结构，还能提高系统运行效率。

网关节点开发过程类似普通节点的开发，好的网关节点在设计时还应该考虑不同网络通信时的融合质量、事件优先级、带宽分配、数据停等时间、网关上存储排队队列长度、抖动控制、业务容量、通信平均请求次数、网关自身安全性、数据容错性、负载大小以及网关移动性等问题。这也是目前无线传感器网络开发过程中面临的新问题，需要从软、硬件角度进一步综合研究。

6.3.3 WSN 测试平台

在无线传感器网络研究开发过程中，目前多依赖理论推导和计算机模拟仿真。理论分析推导虽然可以进行多个同类协议的比较，但数学模型的建立往往需要将实际问题进行大量简化，降低计算复杂度。模型的简化也降低了理论分析的可信度。仿真分析并不能考虑实际应用环境中节点状态、无线通信环境及网络的不稳定性等问题。单纯仿真存在性能缺陷，甚至是设计错误。无线传感器网络的应用大都具有不可回收性，即节点部署后，不能再次收回重新修改。因此，在无线传感器网络走向应用前，迫切需要一个能模拟实际环境的测试平台，用来验证真实环境下无线传感器网络的各种协议和算法的综合性能（通信质量、能耗分布以及误码率等），分析和测试节点状态、通信环境和网络性能等因素可能给网络质量带来的各种影响，避免因建模假设带来的理论误差，最大限度的保证通信协议和传感网络的可靠性。可见，WSN 测试平台在无线传感器网络设计中占有重要地位。

测试平台通过部署一定规模的专用节点，模拟监测环境，综合评测无线传感器网络在未来应用中可能出现的错误或故障，并加以分析和调试。为进一步量化评估网络综合性能，研究网络行为和监控技术等提供重要的软硬件基础。该平台为无线传感器网络从理论设计到大规模应用提供了重要的开发和测试手段。

无线传感器网络测试平台设计主要包括硬件和软件两部分。硬件部分主要包括：上层服务器、专用网关和数据处理终端、测试专用节点等，图 6.5 是一般无线传感器网络测试平台体系结构示意图。其中用户访问网络服务器、测试仿真服务器和数据存储服务器构成了上层服务器平台。具有多网通信功能的高速数据处理终端和网关是连接上层服务与底层节点的关键设备，其设计过程类似无线传感器网络的网关。对于测试平台中使用的节点，在常规节点基础上增加了有线通信接口和复位调试等功能。

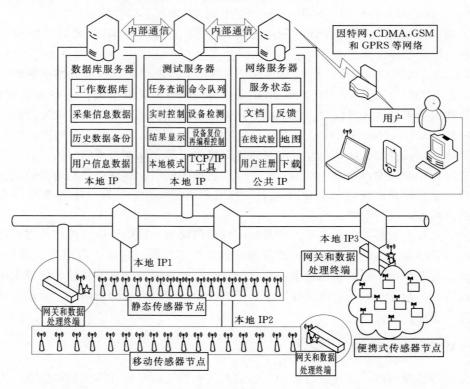

图 6.5　无线传感器网络测试平台体系结构

测试平台的重要作用就是监测并发现网络设计时的错误和故障，并指导分析和调试工作。测试平台可以监测设计过程中的故障或错误，如图 6.6 所示。Ramanathan 提出一种传感网络测试平台收集信息表，其中包括邻居表、链路表、数据包长度、路径丢失和去向。不同表格代表不同的网络信息：根据邻居表可以找出网络中的孤立节点或丢失节点；链路质量可以根据链路表进行分析等。另外测试平台还可以借助有线通信方式，可以验证无线通信方式的传输误码率、丢包率、网络负载、协议缺陷等参数。

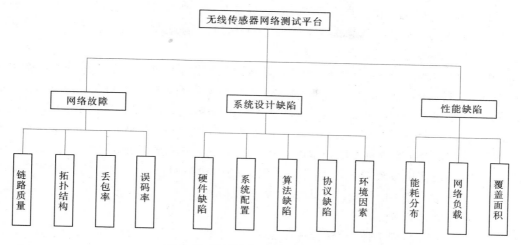

图 6.6　测试平台监测网络常见故障

相对成熟的 WSN 测试平台有：哈佛大学的 MoteWorks 平台，俄亥俄州立大学的 Kansei 平台，麻省理工学院的 MistLab 平台，加州大学洛杉矶分校 EmStar 平台和斯坦福大学的 WiSNAP 平台，台湾清华大学的 WSNTB 平台，中国科学院计算所的 SNMAP 平台，等等。

目前综合评价较好的无线传感器网络测试平台，有 MoteLab 和 Kansei 两种。MoteLab 是哈佛大学开发的一种无线传感器网络测试平台，采用全连接式体系结构，即每个节点可以单独与服务器进行通信，可以将节点内部的采集与调试信息发送到服务器，在测试不同网络时，可以实现在线重编程，免除节点回收和再部署工作。可以通过有线方式客观评价无线通信网络的综合性能。平台支持包括 Web 方式在内的多种用户访问方式，用户可以通过 Internet 对测试平台的网络进行远程操作，从而进行网络测试。MoteLab 这种支持 Web 页面的访问方式实现了开放式的平台资源共享，所提供的多种访问途经使得用户可以更为方便灵活地完成测试任务并对网络进行监控。这种 Web 访问的方式逐渐成为无线传感器网络平台搭建技术的发展趋势。MoteLab 对于系统测试评估的方法较少，测试手段有限，如对能量的测试只能通过在节点上连接万用表测电压的方法实现。另外，MoteLab 基于全连接模式的测试平台支持网络规模较小，扩展性不强。

俄亥俄州立大学开发的 Kansei 平台是面向多种应用的测试平台。为满足各种应用需求，平台霞钎于多种类型的节点，既可以模拟节点的消亡和加入，也可以模拟移动测试环境。充分考虑了对大规模应用环境的支持，选择基于 Web 的访问方式。平台采用全连模式，同时还开发了带有侦听功能的节点，使得测试平台可支持 Sniffer 模式，具有较好的通用性和可扩展性，为无线传感器网络测试平台的设计和开发提供了启发性的思路。目前 Kansei 平台还处于开发阶段，系统访问控制等功能并没有完全实现，混合模拟方法的效果也有待进一步验证。

6.3.4　操作系统

由大量带有多传感器模块的节点，通过自组网方式构成的无线传感器网络，对于能量、内存单元、处理能力和存储单元等有限的节点而言；要实现节点间的协同工作，满足多传感器数据采集、通信、计算和存储等程序的并发性要求，提高软件的重用性，开发专用的无线传感器网络操作系统具有重要意义。

操作系统作为无线传感器网络应用的一项重要支撑技术，吸引了国内外众多的优秀团队参与研究。目前国内外比较成熟的无线传感器网络操作系统有：加州大学伯克利分校的TinyOS，加州大学盗杉盟分校的 SOS，瑞士苏黎世联邦理工大学的 BTnode OS，康奈尔大学的 Magnet OS，科罗拉多大学的 MOS，汉城大学的 SenOS，欧洲 EYES 项目组研发的 PEEROS 和瑞士计算机科学院开发的 Contiki，中国科学院计算所开发的 GOS，等等。

TinyOS 系统使用最流行，已经有很多研究机构和公司进行了成功的移植和商业开发。下面以 TinyOS 为例，介绍其总体框架和调度机制。

1. TinyOS 总体框架

TinyOS 是一种基于组件的编程架构，支持模块化结构和事件驱动的程序设计。应用程序由一个或多个组件构成。组件包括两类：模块（module）和配置（configuration），组件间通过配置文件实现连接，形成可执行程序。组件提供或使用接口，这些接口是双向的并且是访问组件的唯一途径。每个接口都定义了一组函数，包括命令（command）和事件（event）两类。命令由接口的提供者实现；事件则由接口的使用者实现。组件由下到上可以分为硬件抽象组件、综合抽象组件、高层抽象组件。高层抽象组件向底层组件发出命令，底层组件向高层组件发送事件。除了操作系统提供的处理器初始化、系统调度和C 运行时库（C Run-Time）3 个组件是必需的以外，每个应用程序可以非常灵活地选择和使用操作系统组件。

TinyOS 的物理层硬件为框架的最底层，传感器、收发器以及时钟等硬件能触发事件的发生，交由上层处理，相对下层的组件也能触发事件交由上层处理，而上层会发出命令给下层处理。为了协调各个组件任务的有序处理，需要操作系统采取一定的调度机制。

2. TinyOS 调度机制

TinyOS 提供了任务和事件两级调度。事件可以看作是不同组件之间传递状态信息的信号，TinyOS 中程序的运行正是由一个个事件驱动。事件处理程序只根据本组件的当前状态做少量的工作，主要工作则由其抛出的任务完成。任务可以看作是原子操作，尽管它可以被事件处理程序暂时中断，但必须执行到底。任务实际上是一种延时计算机制，一般用于对事件要求不高的应用中。任务之间是平等的，没有等级之分。任务调度遵循 FIFO模式，即任务之间不抢占，而事件（大部分情况下事件是中断）可抢占任务，事件与事件之间也能相互抢占。

为了减少中断服务程序的运行时间，降低中断响应延迟，中断服务程序的设计应尽可能地精简，以此来缩短中断响应时间。TinyOS 把一些并不需要的中断服务程序中立即执行的代码以函数的形式封装成任务，在中断服务程序中将任务函数地址放入任务队列，退出中断服务程序后由内核调度执行。内核使用的是一个循环队列来维持任务列表。

虽然 TinyOS 被广泛应用，但在一些具体应用场合可能会因为节点发送信息过于频繁，或采集信息量过大，导致节点过载。为避免这种基于任务调度过载，在设计调度策略时，需采用修正策略加以处理，目前文献中常用的有以下 4 种处理方式。

（1）基于优先级的任务调度。即根据任务的重要程度不同，给每个任务赋予一定的优先级。调度时让处于就绪状态的任务按由高到低的顺序执行。

（2）基于时限的任务调度。根据每个实时任务的截止时间，确定任务的优先级，任务的绝对截止时间越近，任务的优先级越高；任务的绝对截止时间越远，则优先级越低。当有新的任务就绪时，任务的优先级就可能需要调整，这实质上是一种动态调度方法。

（3）基于时限的优先级调度。它是上述两种方法的结合。高优先级任务先运行，当任务的优先级相同时，由任务的时限来决定哪个任务先执行。

（4）分级调度。实质上也是一种基于优先级的调度，它把调度结构看作是一个有向非循环图，调度时采用深度遍历。

TinyOS 操作系统除使用上述调度机制外，还有内存分配、能量管理、通信机制等众多模块。另外，TinyOS 采用基于组建的类 C 编程语言，其基本思想和 C 语言类似，开发者在 C 语言基础上对硬件描述进行了封装，具体定义与语法可以参见操作系统手册及相关帮助文档。

任务 6.4　无线传感器网络应用实例

任务目标：

了解无线传感器网络的应用。

任务导航：

以智能家居为载体，了解无线传感器网络的其他应用。

无线传感器网络节点微小、价格低廉、部署方便、隐蔽性高、可自主组网，在军事、农业、环境监控、健康监测、工业控制、智能交通和仓储物流等领域具有广阔的应用前景。随着传感网络研究的深入，无线传感网络逐渐渗透到人类生活的各个领域。下面介绍几个最新的无线传感器网络应用案例。

6.4.1　军事应用

无线传感器网络研究初期，正是在 DARPA 资助下，在军事领域获得了多项重要应用。利用无线传感器网络能够实现单兵通信、组建临时通信网络、反恐作战、监控敌军兵力和装备、战场实时监视、目标定位、战场评估、军用物资投递和生化攻击监测等功能。例如，美军开展的 C4KISR 计划、Smart Sensor Web、灵巧传感器网络通信、无人值守地面传感器群、传感器组网系统、网状传感器系统 CEC 等。目前国际许多机构的研究课题仍然以战场需求为背景。利用飞机抛撒或火炮发射等装置，将大量廉价传感器节点按照一定的密度部署在待测区域内，对周边的各种参数，如震动、气体、温度、湿度、声音、磁场、红外线等各种信息进行采集，然后由传感器自身构建的网络，通过网关、互联网、卫星等信道，传回监控中心。NASA 的 Sensor Web 项目，将传感器网络用于战场分析，初步验证了无线传感网络的跟踪技术和监控能力。另外，可以将无线传感网络用作武器自动防护装置，在友军人员、装备及军火上加装传感器节点以供识别，随时掌控情况避免误伤。通过在敌方阵地部署各种传感器，做到知己知彼，先发制人。另外，该项技术利用自身接近环境的特点，可用于智能型武器的引导器，与雷达和卫星等相互配合，可避免攻击盲区，大幅度提升武器的杀伤力。

6.4.2　城市生命线

被称为城市生命线的水、电、煤气和石油等网络，纵横交错，埋在地下，出现问题很难发现，维护极其困难，泄露、爆炸等事故造成社会和经济损失巨大。2007 年，麻省理工学院和 Intel 公司的研究人员采用无线传感器网络对城市水管网进行监测，获取水压、水位以及水的质量等信息，判断水位、泄漏和污染情况。北京航空航天大学采用压力和超声传感器网络监测城市天然气管网，已完成了专用节点的开发及试验平台的构建。无线传感器网络的应用将大幅提高城市生命线的安全性。

6.4.3　健康监测

1. 人体健康监测

为更好地对冠心病、脑溢血等高危病人进行 24h 健康监测，不妨碍病人的日常起居和生活质量，无线传感器网络有广阔的应用前景。台湾无线感测网络中心对台北市的一家医院进行了远程健康监测的初步应用：通过在老年人身上佩戴血压、脉搏、体温等微型无线传感器，经过住宅内的传感器网关，将数据发送给医院，医生可以远程了解老年人的健康状况。

2004 年 Intel 公司开发了家庭健康监测无线传感器网络，直接将硅基传感器嵌入在鞋、家居或家电等设备中，在病人或老年人身上安装各种采集体温、血压、脉搏和呼吸等信息的节点，医生可以随时掌握监控对象的状态。

基于无线传感器网络的设计思想，在公寓内安装包括温度、湿度、光、红外、声音和超声等多个传感节点，根据这些节点收集的信息，实时了解人员的活动情况。采用多传感器信息融合技术，可以准确地判断出被监测人的行为，如：做饭、睡觉、看电视、淋浴等，从而对老年人健康状况进行全面监测。

2. 建筑物健康监测

建筑物健康监测是无线传感器网络应用的又一领域，包括：建筑物结构监测、古建筑物保护、楼宇和桥梁的健康监测等。日本富士通公司在建筑物上安装联网的地震传感器，为处于地震带的民居提供更好的监测预警机制。清华大学和香港科技大学把无线传感器网络节点绑定在鸟巢钢架结构上，对施工过程中钢结构进行应力、压力分析等。

对珍贵的古建筑进行保护，是文物保护单位长期以来的一个工作重点。将具有温度、湿度、压力、加速度、光照等传感器的节点布放在重点保护对象当中，无需拉线钻孔，便可有效地对建筑物进行长期监测。此外，对于珍贵文物，在保存地点的墙角、天花板等位置，监测环境的温度、湿度是否超过安全值，可以更妥善地保护展品的品质。

在桥梁监测中，利用适当的传感器，例如压电传感器、加速度传感器、超声传感器、湿度传感器等，可以有效地构建一个三维立体的防护监测网络，用于监测桥梁、高架桥、高速公路等环境。对许多老旧的桥梁，桥墩长期受到水流的冲刷，传感器能够放置在桥墩底部、用以感测桥墩结构；也可放置在桥梁两侧或底部，搜集桥梁的温度、湿度、震动幅度、桥墩被侵蚀程度等，能减少事故造成的生命财产损失。

6.4.4 环境监测

无线传感器网络给生态环境监测提供了便利的技术手段。2002 年，由 Intel 公司的研究小组和加州大学伯克利分校以及巴港大西洋大学的学者把无线传感器网络技术应用于监视大鸭岛海燕的栖息情况。位于缅因州海岸大鸭岛上的海燕由于环境恶劣，海燕又十分机警，研究人员无法采用常规方法进行跟踪观察。为此他们使用了包括光、湿度、气压计、红外传感器、摄像头在内的近 10 种传感器类型、数百个节点，系统通过自组织无线网络，将数据传输到 300 英尺外的基站计算机内，再由此经卫星传输至加州的服务器。全球的研究人员都可以通过互联网察看该地区各个节点的数据，掌握第一手的环境资料，为生态环境研究者提供了一个极为便利的平台。

2005 年，澳洲的科学家利用无线传感器网络探测北澳大利亚蟾蜍的分布情况。利用蟾蜍叫声响亮而独特的特点，选用声音传感器作为监测手段，将采集到的信息发回给控制中心，通过处理，了解蟾蜍的分布、栖息情况。

2008 年 1 月新加坡政府与哈佛大学、麻省理工学院合作，成立了环境监测与建模研究中心。计划在未来几年内，采用无线传感器网络实现新加坡国内海陆空一体化的自然环境监测。实现新加坡的国界、大气污染、海域、空气质量及空域信息监测等。

小　　结

本项目主要介绍无线传感网络组成、无线网络通信协议、无线网络平台、无线网络应用实例。

习　　题　　6

1. 试述无线传感网络的组成结构。
2. 举例说明无线传感网络的应用范围。

项目 7　测控系统设计的几个关键技术与综合实训

学习目标

学习目标

1. 专业能力目标：能根据传感器使用手册，懂得传感器的原理；能根据测控系统要求设计传感器模块；能完成测控系统的整体调试；能撰写传感器应用文档。

2. 方法能力目标：掌握常用传感器的使用方法；掌握工具、仪器的规范操作方法。

3. 社会能力目标：培养协调、管理、沟通的能力；具有自主学习新技能的能力，责任心强，能顺利完成工作任务；具有分析问题、解决问题的能力，善于创新和总结经验；具有独立思考的能力、创新意识和严谨求实的科学态度。

项目导航

本项目主要介绍测控系统的关键技术，智能家居、智能小车综合实训系统。

任务 7.1　测控系统设计的 5 个关键技术

任务目标：

(1) 掌握测控系统设计的非线性补偿技术、温度补偿技术、智能化技术、可靠技术、抗干扰技术。

(2) 掌握关键技术的算法。

(3) 掌握关键问题的解决方法。

任务导航：

以智能家居为载体，了解测控系统的优化。

7.1.1　关键技术 1——传感器的非线性补偿技术

在传感器和测控系统中，特别是传感器的输出量与被测物理量之间的关系，绝大部分是非线性的。造成非线性的原因主要有两个：①许多传感器的转换原理非线性；②采用测量的电路是非线性的。

对于这类问题的解决，常采用增加非线性补偿环节的方法。常用的增加非线性补偿环的方法有：

(1) 硬件电路的补偿方法。通常是采用模拟电路、数字电路，如二极管阵列开方器，对数、指数、三角函数运算放大器，数字控制分段校正、非线性 A/D 转换等。

(2) 微机软件的补偿方法。利用微机的运算功能进行非线性补偿。

1. 非线性补偿环节特性的获取方法

为保证传感与测控系统的输入输出具有线性关系，必须获得非线性补偿环节的输入输出关系。工程上求取非线性补偿环节特性有两种方法，分述如下。

（1）解析计算法。已知图 7.1 中所示的传感器特性解析式 $U_1 = f_1(x)$、放大器特性的解析式 $U_2 = GU_1$ 和要求整个测控仪表的输入与输出特性 $U_0 = f_2(U_2)$，将以上三式联立求解，消去中间变量可得非线性补偿环节的输入与输出关系表达式。

（2）图解法。当传感器等环节的非线性特性用解析式表示比较复杂或比较困难时，可用图解法求取非线性补偿环节的输入/输出特性曲线。图解法的步骤如下（图 7.2）：

1）将传感器的输入与输出特性曲线 $U_1 = f_1(x)$ 画在直角坐标的第一象限。

2）将放大器的输入与输出特性 $U_2 = GU_1$ 画在第二象限。

3）将整台测量仪表的线性特性画在第四象限。

4）将 x 轴分成 n 段，段数 n 由精度要求决定。由点 1，2，…，n 各作 x 轴垂线，分别与第一、四象限中特性曲线交于 1_1，1_2，1_3，…，1_n 及 4_1，4_2，4_3，…，4_n 各点。再以第一象限各点作 x 轴的平行线与第二象限中特性曲线交于 2_1，2_2，2_3，…，2_n 各点。

5）由第二象限各点作 x 轴垂线，再由第四象限各点作 x 轴平行线，两者在第三象限的交点连线即为校正曲线 $U_0 = f_2(U_2)$。这也就是非线性补偿环节的非线性特性曲线。

图 7.1　引入非线性补偿环节的测控系统示意图

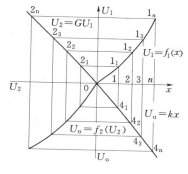

图 7.2　图解法求非线性补偿环节特性

2. 非线性补偿环节的实现方法

（1）硬件电路的实现方法。目前最常用的是利用由二极管组成非线性电阻网络运算放大器产生折线形式的输入/输出特性曲线。由于折线可以分段逼近任意曲线，从而可以得到非线性补偿环节所需的特性曲线。

折线逼近法如图 7.3 所示，将非线性补偿环节所需的特性曲线用若干个有限的线段代替，然后根据各折点 x_i 和各段折线的斜率 k_i 来设计电路。

可以看出，转折点越多，折线越逼近曲线，精度也越高，但太多则会因电路本身误差而影响精度。图 7.4 所示是一个最简单的折点电路，其中 E 决定了转折点的偏置电压，二管 VD 做开关用，其转折电压为

$$U_1 = E + U_D \tag{7.1}$$

式中　U_D——二极管的正向压降。

由式（7.1）可知，转折电压不仅与 E 有关，还与二极管的正向压降 U_D 有关。

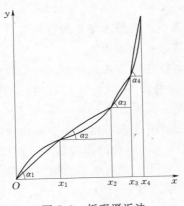

图 7.3　折现逼近法

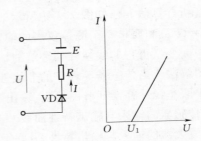

图 7.4　简单的折点电路

图 7.5 所示为精密折点单元电路，它是由理想二极管与基准电源 E 组成的。由图可知，当 U_i 与 E 之和为正时，运算放大器的输出为负，VD_2 导通，VD_1 截止，电路输出为零。当 U_i 与 E 之和为负时，VD_1 导通，VD_2 截止，电路组成一个反馈放大器，输出电压随 U_i 的变化而变化，有

$$U_0 = \frac{R_f}{R_1}U_i + \frac{R_f}{R_2}E \tag{7.2}$$

这种电路中，折点电压只取决于基准电压 E，避免了二极管正向电压 U_D 的影响，在这种密折点单元电路组成的线性化电路中，各折点的电压将是稳定的。

（2）微机软件的实现方法。采用硬件电路虽然可以补偿测量系统的非线性，但由于硬件电路复杂、调试困难、精度低、通用性差，很难达到理想效果。在有微机的智能化测控系统中，利用软件功能可方便地实现系统的非线性补偿，这种方法实现线性化的精准度高、成本低、通用性强。线性化的软件处理经常采用的有线性插值法、二次曲线插值法、查表法。

1）线性插值法。线性插值法就是先用实验测出传感器的输入输出数据，利用一次函数进行插值，用直线逼近传感器的特性曲线。假如传感器的特性曲线曲率大，可以将该曲线分段插值，用折线逼近整个曲线，这样可以按分段线性关系求出输入值所对应的输出值。图 7.6 是用三段直线逼近传感器等器件的非线性曲线。图中 y 是被测量，x 是测量数据。

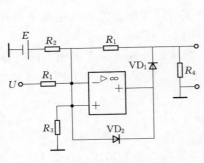

图 7.5　精密折点单元电路

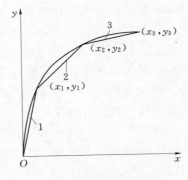

图 7.6　分段线性插值法

由于每条直线段的二个端点坐标是已知的，例如图 7.6 中直线段 2 的两端点 (x_1, y_1) 和 (x_2, y_2) 是已知的，因此该直线段的斜率也可表示为

$$K_1 = \frac{y_2 - y_1}{x_2 - x_1} \tag{7.3}$$

该直线段上的各点满足方程式

$$y = y_1 + k_1(x - x_1)$$

对于折线中任一直线段 i 可以得到

$$k_{i-1} = \frac{y_i - y_{i-1}}{x_i - x_{i-1}} \tag{7.4}$$

$$y = y_{i-1} + k_{i-1}(x_i - x_{i-1}) \tag{7.5}$$

在实际应用中，预先把每段直线方程的常数及测量数据，x_1，x_2，…，x_n 存于内存储器中，计算机在进行校正时，首先根据测量值的大小，找到合适的校正直线段，从存储器中取出该直线段的常数，然后计算直线方程式（7.5）就可获得实际被测量 y。

线性插值法的线性化精度由折线的段数决定，所分段数越多，精度越高，但数据所占内存越多。一般情况下，只要分段合理，就可获得良好的线性度和精度。

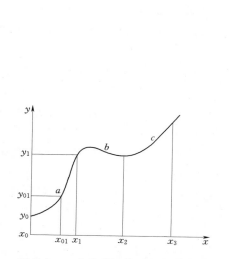

图 7.7　二次曲线插值法的分段插值

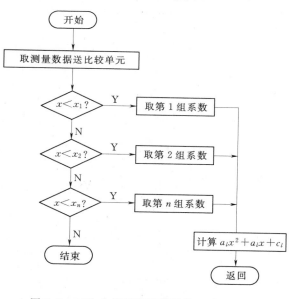

图 7.8　二次曲线插值法的计算程序流程图

2）二次曲线插值法。若传感器的输入和输出之间的特性曲线的斜率变化很大，采用线性插值法就会产生很大的误差。此时可采用二次曲线插值法，就是用抛物线代替原来的曲线，这样代替的结果显然比线性插值法更精确。二次曲线插值法的分段插值如图 7.8 所示图示曲线可划分为 a、b、c 三段，每段可用一个二次出线方程来描述，即

$$\begin{cases} y = a_0 + a_1 x + a_2 x^2 & (x \leqslant x_1) \\ y = b_0 + b_1 x + b_2 x^2 & (x_1 < x \leqslant x_2) \\ y = c_0 + c_1 x + c_2 x^2 & (x_2 < x \leqslant x_3) \end{cases} \tag{7.6}$$

式 (7.6) 中，每段的系数 a_i、b_i、c_i 可通过下述办法获得，即在每段中找出任意三点，如图 7.7 中的 x_0、x_{01}、x_1，其对应的 y 值为 y_0、y_{01}、y_1，然后解联立方程：

$$\begin{cases} y_0 = a_0 + a_1 x_0 + a_2 x_0^2 \\ y_{01} = b_0 + b_1 x_{01} + b_2 x_{01}^2 \\ y_1 = c_0 + c_1 x_1 + c_2 x_1^2 \end{cases} \qquad (7.7)$$

就可求得系数 a_0、a_1、a_2，同理可求得 b_0、b_1、b_2，然后将这些系数 x_0、x_1、x_2、x_3 等值预先存入相关的数据表中。图 7.8 为二次曲线插值法的计算程序流程图。

3）查表法。通过计算或实验得到测控值和被测值的关系，然后按一定的规律把数据排成表格，存入内存单元。微处理器根据测控值大小通过查表从内存单元中读取被测值的大小。方法有顺序查表法和对分搜索法等。查表法一般适用于参数计算复杂、所用算法编程较繁并且占用 CPU 时间较长等情况。

7.1.2　关键技术 2——温度补偿技术

为了满足自动测控系统性能在温度方面的要求，需要自动测控系统在设计、制造过程中采取一系列具体的技术措施，以抵消或削弱环境温度变化对自动测控系统特性的影响，从而保证其特性基本上不随环境温度而变化。人们统称这些技术措施为温度补偿技术。

1. 并联式温度补偿原理

并联式温度补偿原理就是人为地附加一个温度补偿环节，该补偿环节与被补偿自动测控系统（或组成环节）并联，目的是使被补偿后的自动测控系统静特性基本上不随环境温度变化。

采用并联式温度补偿，虽然从理论上可以实现完全补偿，但是实际上只能近似补偿。也就是说，特性曲线上的温度只能做到两点或三点是全补偿，而其他点不是"过补偿"就是"欠补偿"。

并联式温度补偿在自动测试系统设计中已获得较广泛的应用。例如，热电偶冷端温度补偿、直流放大器的差分对输出级的温度补偿等。

2. 反馈式温度补偿原理

反馈式温度补偿是利用反馈原理，通过自动调整过程，保持自动测控系统的零点和灵敏度不随环节的温度而变化。

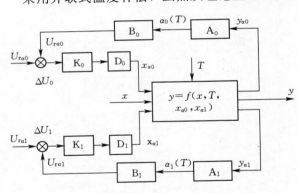

图 7.9　反馈式温度补偿原理框图

图 7.9 为反馈式温度补偿原理框图。图中，$\alpha_0(T)$、$\alpha_1(T)$ 是测控环节 A_0、A_1 的输出；B_0、B_1 是信号变换环节；U_{ra0}、U_{ra1} 是恒定的参比电压；K_0、K_1 是电子放大器；D_0、D_1 是执行环节；$y = f(x, T, x_{a0}, x_{a1})$ 是自动测控系统被补偿部分特性。

反馈式温度补偿的关键问题有以下两个：

（1）如何将自动测控系统输出零点 $\alpha_0(T)$、灵敏度 $\alpha_1(T)$ 通过 A_0、A_1、B_0、B_1 测量出来，并且变换成电压信号 U_{fa0}、U_{fa1}。

（2）如何用 K_0、K_1 输出，通过 D_0、D_1 产生控制作用，自动改变 $\alpha_0(T)$、$\alpha_1(T)$，以达到自动补偿环境温度 T 对 $\alpha_0(T)$ 和 $\alpha_1(T)$ 的影响。

在采用反馈式温度补偿时，应通过理论分析找出自动测控系统显式方程的表达式，进而通过显式方程找出能反映 $\alpha_0(T)$ 和 $\alpha_1(T)$ 值变化的参数，最后确定控制 $\alpha_0(T)$ 和 $\alpha_1(T)$ 的手段。

通过前面的分析可以看出：①并联式温度补偿适用于自动测控系统中温度敏感参数的单一温度补偿，在自动测控系统中已获得了广泛应用；②反馈式温度补偿适用于自动测控系统中复杂温度敏感参数的综合温度补偿，反馈式温度补偿是一种很有发展前途的综合补偿方法。

7.1.3 关键技术 3——智能化技术

1. 智能化的基本概念

目前人们习惯用智能传感器这个词来称呼用传感器与微型计算机组成的新一代自动测控系统。这种新型的自动测控系统具有下列三方面的突出特征。

（1）提高了测量精度。

1）利用微型计算机操作多次测量和求均值的办法可削弱随机误差的影响。

2）利用微型计算机进行系统误差补偿。

3）利用辅助温度传感器和微型计算机进行温度补偿。

4）利用微型计算机实现线性化，可以减少非线性误差。

5）利用微型计算机进行测量前的零点调整、放大系数调整和数据采样周期调整，可以提高测量精度。

（2）增加了功能。

1）利用记忆功能对被测量进行最大值和最小值测量。

2）利用计算功能对原始信号进行数据处理，可获得新的量值。

3）利用多个传感器和微型计算机数据处理功能，可以测量场和空间等的新量值。

4）用软件的办法完成硬件功能，经济并减小体积。

5）对数字显示有译码功能。

6）可用微型计算机对周期信号特征参数进行测量。

7）对诸多被测量有记忆存储功能。

（3）提高了自动化程度。

1）可实现误差自动补偿。

2）可实现测控程序自动化操作。

3）可实现越限自动报警和故障自动诊断。

4）可实现量限自动变换。

5）可实现自动巡回测控。

传感器和微型计算机的结合构成智能化传感器，为其应用开辟了极其广阔的前景，它是现代自动测控技术主要发展方向之一。

2. 单片微机的选择

按对传感器智能化具体内容的要求，可以进行单片微机的选择。选择的原则是：在满足技术要求的情况下，价格最低、结构最简单、性能价格比最高。在选择过程中要注意下列问题：

（1）单片机的位数要和传感器所能达到的精度一致。

（2）所选的单片机运算功能要满足智能传感器对数据处理运算能力的要求。

（3）软件编程数量与内存容量要适应。

（4）单片机所提供的 I/O 接口形式与数量要满足智能化要求。

（5）要考虑到数字显示形式和位数。

（6）对便携式的智能化传感器要考虑到单片机电池供电简单及液晶数字显示的应用。

7.1.4 关键技术 4——可靠性技术

1. 自动测控系统可靠性的计算

随着科学技术的发展，对自动测控系统的可靠性要求愈来愈高。所谓可靠性，是指在规定工作条件和工作时间内，自动测控系统保持原有技术性能的能力。传感器结构的小型化、微型化和复杂化，在一定程度上影响它的可靠性。近年来已研究出确定结构和个别零件寿命的实验方法，用这种方法获得的数据可以求出整个传感器或自动测控系统的概率寿命，这种寿命称为达到第一次损坏时工作等待时间。下面给出一些结构和传感器的寿命：

小尺寸电位器式压力传感器：2000h。

电容器压力传感器：3000h。

压电传感器：3500h。

振动器：1500h。

快速动作继电器：2000h。

步进电机：1000h。

实验证明：自动测控系统损坏率随着系统中的零件数目呈指数规律增加。传感器损坏原因分析结果为：①不正确的设计（不合理的结构、不恰当地选择测量元件和材料以及其他），35％；②错误的操作，30％；③产品的缺陷，25％；④材料老化及其他缺陷，10％；⑤总计，100％。

周围介质温度、湿度增加，或处于震动和加速状态时，零件的寿命会降低。半导体器件和无线电零件在核辐射下，寿命会大大减少。受能量足够强的中子辐射后，锗、硅晶体管会全部损坏，即使在微弱辐射下，它们的寿命也降低很多。同样，辐射使带有云母、陶瓷、塑料、电木和其他绝缘材料的零件寿命缩短，并且这些材料寿命降低的速度与辐射源强度和距离有关。

对于零件的寿命，通常理解为保持产品原有特性所允许的极限工作小时数。不能正常工作的产品，在开始工作最初 100h 内，含有大量损坏的零件。

通常，损坏零件的百分数是在 1000h 实验下确定的。设该值为 λ_a，用 n_a 表示每种类型零件的零件数，m 为以千小时计的自动测控系统的概率寿命，λ_k 为在 1000h 工作中损坏装置的百分数，它可用下式算出：

$$\lambda_k = 1/m\% = \sum \lambda_a n_a$$

对于基本装置和元件的 λ_a 平均值在表 7.1 中给出。

表 7.1　　　　　　　　　　　　　　**基本装置和元件的 λ_a 平均值**

基本装置和元件	λ_a	基本装置和元件	λ_a
陀螺电动机	5	电动机	0.17
电子管	2.35	小信号灯	0.2
信号装置	1	插件	0.085
高压变压器	0.8	电阻	0.02～0.2
静止的机械零件	0.01～0.1	电容	0.016
运动的机械零件	0.1～0.5	振动器	0.1
电位器	0.5	印刷电路	0.1
磁放大器	0.5	晶体管	0.1
继电器	0.27～1.5	半导体二极管	0.1
开关	0.092～0.5	粘贴后的半导体应变片	5～10
电力变压器	0.2		

　　表中数值是在实验室条件下取得的。工作在荷重条件下时这些数字可增大 10 倍。若自动测控系统工作在恒温及没有震动的情况下，给出的数值可减小 10 倍。

　　若算出的自动测控系统的寿命大于要求值，则可靠性计算圆满完成，否则要采取措施。

　　2. 可靠性的措施

　　(1) 采用可靠性更高的元器件代替原系统中故障率较大的元器件。

　　(2) 提高工艺质量，如加工质量、焊点质量，提高文明生产水平和清洁度等。

　　(3) 利用元件本身产生故障的规律来提高可靠性。大量试验数据表明，故障率凡随时间的变化近似地符合如图 7.10 所示的曲线规律。在 $0 \sim t_1$ 早期阶段中，故障率变化较大，故以尽量避开这一阶段为好。方法有二：①在出厂之前，人为地使自动测控系统工作

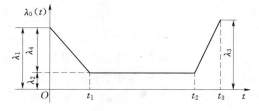

图 7.10　元件故障规律曲线

一段时间，让不可靠元件暴露出来，以便进行淘汰和更换；②为了避免早期故障期间的影响，采用人工老化筛选，使选配在自动测控系统中的元器件保证处于稳定工作期。

　　如图 7.10 所示，$t_2 \sim t_3$ 末期阶段的故障率提高很快，主要是由于磨损、疲劳强度、老化等都达到界限，应避免元件在此阶段工作。为此，应对自动测控系统进行定期检修和更换元件。自动测控系统的实际寿命就是在 $t_1 \sim t_2$ 这段稳定工作期。

（4）采用重复备用系统以提高可靠性。在采用上述措施后仍不满足要求时，可以采用此法来提高系统的可靠性。并联重复备用系统的总可靠性可以得到提高，备用系统相当于并联系统，二者不同时开动，只有当一台有故障时，另一台才立即投入工作。

7.1.5　关键技术 5——抗干扰技术

干扰在自动测控系统中是无用信号，它会在测量结果中产生误差。要获得良好的测量结果，就必须研究干扰来源及抑制措施。

1. 电子测量装置的两种干扰

各种噪声源产生的噪声，必然要通过各种耦合通道进入仪表，对测量结果引起误差。根据干扰进入测量电路的方式不同，可将干扰分为差模干扰与共模干扰两种。

（1）差模干扰。差模干扰是使信号接收器的一个输入端子的电位相对另一个输入端子的电位发生变化，即干扰信号与有用信号叠加在一起。

常见到的差模干扰有：外交变磁场对传感器的一端进行电磁耦合；外高压交变电场对传感器的一端进行漏电流耦合等。针对具体情况可以采用双绞线信号传输线、传感耦合端加滤波器、金属隔离线、屏蔽等措施来消除差模干扰。

（2）共模干扰。共模干扰是相对于公共的电位基准地（接地点），在信号接收器的两个输入端子上同时出现的干扰。虽然它不直接影响测量结果，但是当信号接收器的输入电路参数不对称时，将会引起测量误差。

常见的共模干扰耦合有：在自动测控系统附近有大功率电气设备，因绝缘不良漏电，或三相动力电网负载不平衡，零线有较大的电流时，存在着较大的地电流和地电位差，这时，若自动测控系统有两个以上接地点，则地电位差就会形成共模干扰。当电气设备的绝缘性能不良时，动力电源会通过漏电阻耦合到自动测控系统的信号回路，形成干扰。在交流供电的电子测量仪表中，动力电源会通过电源变压器的一次、二次绕组间的杂散电容、整流滤波电路、信号电路与地之间的杂散电容构成回路，形成工频共模干扰。

总之，为了消除共模干扰，可以采用对称的信号接收器的输入电路和加强导线绝缘的办法。对于工频共模干扰的防护，将在下面内容阐述。

2. 外来干扰的防止及抑止

当传感器将被测量转换成信号（以下称信号源）的位置与测量电路、显示系统相距很远时，外来干扰就显得特别严重。此时，外来干扰会通过各种途径耦合进线路里来，如电磁耦合、静电耦合、电阻耦合（地回路电位差）及电火花等。抑制外来干扰的方法有：削弱或消除干扰源；减弱由干扰源到信号回路的耦合；降低放大器对干扰的灵敏度。比较起来，消除干扰源是最有效，最彻底的。但是实际上不少干扰源是不可能消除的，因此还要采用另外的办法。常用的方法有：

（1）屏蔽与接地。所谓屏蔽，就是用一个金属罩将信号源或测量电路包起来，使信号不受外界电磁信号的干扰。但是，只加一个罩子还不能起到屏蔽的作用，只有正确地解决屏蔽与接地问题，才能使干扰的影响大为减少。

从实践归纳出屏蔽的规则是：静电屏蔽罩要使之有效，就要在屏蔽内信号源接地处与零信号基准电位相连接。

为了减少这种外来干扰，通常将测量电路浮接（图 7.11）。测量电路的信号线不与屏蔽罩相接，信号线及信号屏蔽线相接在信号源的同一接地点（一点接地）。屏蔽线必须与零信号基准电位相接，而零信号的基准点是以传感器信号的零位基准为标准。如果信号接地或接大地，屏蔽也就接地或接大地，如果信号不接地或大地，则屏蔽接地或接大地便毫无意义。

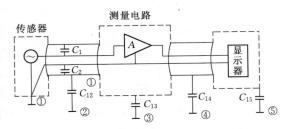

图 7.11 测量电路浮接示意图

图 7.11 所示的接法其优点在于：若屏蔽线连接传感器、测量电路和显示器时沿槽路、管道、板壁、机架等处有较长的敷设线段，被称为大地（槽路、管道、机架、板壁）的电位是不同的。这些地电位差通过电容流过电流，沿着①—②—③—①或①—③—④—⑤—①回路，电流并未经过信号线，而只在屏蔽层内流通，从而使干扰减少许多。这个措施保证寄生电流只在屏蔽层中流动，所以屏蔽可以看做是寄生电流流回接地点泄漏通道。

（2）"保护"屏蔽。上面谈到"浮接"形式，虽然可使寄生信号不流经信号线，有力地抑制了干扰，但寄生电流在屏蔽层中产生的电位差，通过电容还会耦合到信号线中去。要想减少这部分影响，可以采用所谓"保护"屏蔽。保护屏蔽就是将整个测量电路的输入部分浮接，并外加一保护罩（见图 7.12），然后将保护屏蔽及所有屏蔽线、屏蔽层（包括信号线）一起接到信号源接地点。这样，就使自动测控系统输入屏蔽线与信号线分别屏蔽起来，防止干扰源流进信号源。

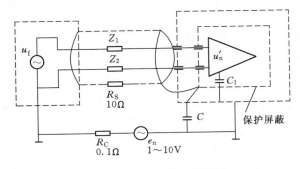

图 7.12 仪表的保护屏蔽

（3）采用合适的连接电缆线。采用绞扭导线可使干扰电压大为减少，这是因为绞扭导线使同方向的电流互相抵消。

为了减少干扰，尽量减少信号线敷设长度。传感器的输出线及它与测试系统之间的连线最好不用同轴电缆，而用双芯电缆线。

（4）滤波法。所谓滤波法，就是用电容和电感线圈的电容和电阻组成滤波器接在测量电路输入端、放大器输入端或测量桥路与放大器之间，以阻止干扰信号进入放大器，使干扰信号衰减。常用 RC 型、LC 型及双 T 型等形式的滤波器。

为防止无线电干扰，要尽量避免产生火花。这可通过在开关或触头（如继电器）两端加熄火花电路（如并联电容）或在电源端加滤波器。

3. 内部干扰及其消除

内部干扰主要来源于自动测控系统中的电源变压器。其绕组中存在着分布电容（约为 100～1000pF），漏电流可达 8～70μA，由它引起的干扰在某些电路中的干扰电压可达 1～10V，消除这个干扰电压是十分重要的，下面介绍一些常用的方法。

（1）采用隔离措施。将变压器一次绕组进行屏蔽，并将屏蔽接地，二次绕组也应同时屏蔽，如图 7.13 所示。二次绕组屏蔽接点应使漏电流不经测量电路、信号源及输入线路部分。采用中间抽头的二次绕组，因为屏蔽头放在中间抽头上，漏电流经分布电容闭合到中间抽头而不流经负载。

（2）采用隔离变压器供电。隔离变压器供电原理如图 7.14 所示。使用隔离变压器应将一次、二次绕组屏蔽，二次绕组屏蔽与中间抽头相连接，隔离变压器与线路之间的相互连接线包括屏蔽线必须完全封闭（因为这些屏蔽线是处在信号屏蔽的延伸之中），在此条件下，可使一次与二次绕组间的电容减少到 0.01pF，二次绕组与一次侧屏蔽之间的电容也能达到同样的数值。如果封闭不严密，则隔离变压器的屏蔽受到影响，若用配线管，则必须进行屏蔽处理，不允许与其他的地接触，这点要特别注意，因为隔离变压器往往为了方便而设存轮远的挑方。

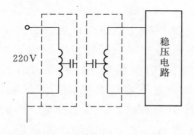

图 7.13　变压器一次侧、二次侧
同时屏蔽的示意图

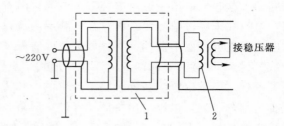

图 7.14　隔离变压器供电的示意图
1—隔离变压器；2—仪用变压器

任务 7.2　智能家居系统

任务目标：

（1）掌握智能家居系统及结构。

（2）掌握所使用传感器的调试方法。

（3）掌握智能家居系统的测试方法，撰写设计报告。

任务导航：

以智能家居为载体，了解测控系统的设计与调试。

智能家居系统依托于亿道电子已经搭建好的实训平台，教师引导学生设计与制作传感器模块，学生注重传感器模块的设计与调试，最终将所做的传感器模块在实训平台上组合，作为智能家居系统测试。

本任务为智能家居系统的集成与测试。

1. 系统功能

智能家居系统通过温度传感器、振动传感器、红外传感器、光照传感器、烟雾传感器、火焰传感器等采集环境变量，并根据所采集的数据分析，是否启动相应的控制对象，初步实现了一个智能家庭安全控制的产品雏形，为学生实训提供产品开发的系统概念和实际锻炼。智能家居结构图如图 7.15 所示。

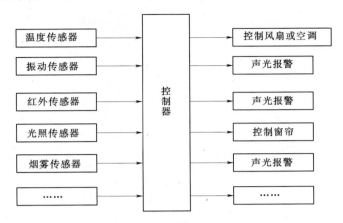

图 7.15 智能家居结构图

2．系统硬件介绍

（1）系统主控板。采用 ARM11 处理器，提供 256M SDRAM，1G Flash，800×480 LCD 液晶显示屏触摸屏，2 路 USB 接口，1 路以太网接口，1 路串口，1 路 WiFi 模块。

（2）传感器与控制模块。传感器检测模块：光照传感器模块、火焰传感器模块、温度传感器模块、红外传感器模块、烟雾传感器模块等。

控制模块：继电器传感器模块、灯光控制模块、风扇控制模块、蜂鸣器模块等。

3．实训步骤

（1）将前面章节中设计完成的传感器模块集成到智能家居系统中。

（2）通过系统屏幕观测传感器模块是否正常工作。

（3）检测与调试工作部正常的模块。

（4）整个系统调试。如图 7.16 所示。

（5）撰写设计报告。

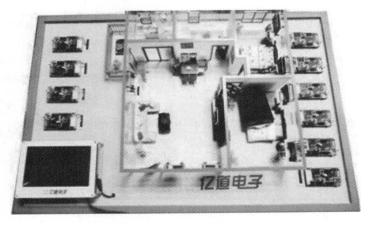

图 7.16 智能家居系统

任务 7.3   智能小车系统

任务目标：

(1) 掌握智能小车系统及结构。

(2) 掌握所使用传感器的调试方法。

(3) 掌握智能小车系统的测试方法，撰写设计报告。

任务导航：

以智能小车为载体，了解测控系统的设计与调试。

1. 任务

综合温湿度传感器、霍尔传感器、光电传感器、接近开关传感器、烟雾传感器等，设计一智能小车系统，该系统具有以下功能：

(1) 实时显示现场的温湿度。

(2) 实时显示小车的速度。

(3) 智能小车按照预定的轨迹运行。

(4) 终点精确停车功能。

(5) 具有运行环境烟雾探测功能。

(6) 其他扩展功能（避障、人体探测、光线检测等）。

2. 系统结构

智能小车系统集传感器、控制器、控制对象为一体，通过传感器检测环境变量，数据分析后，控制电机驱动车轮执行相应的动作，该系统注重传感器的设计与调试，其他部分不予考虑，系统框图如图 7.17 所示。

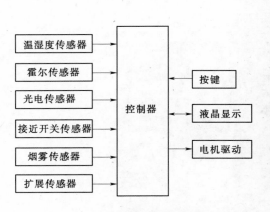

图 7.17   智能小车结构图   图 7.18   智能小车系统

3. 实训步骤

(1) 将前面章节中设计完成的传感器模块集成到智能小车系统中。

(2) 通过系统屏幕观测传感器模块是否正常工作。

（3）检测与调试工作不正常的模块。

（4）整个系统调试，如图 7.18 所示。

（5）撰写设计报告。

小　　结

本项目主要介绍测控系统设计的几个关键技术问题，给出了综合实训智能家居、智能小车，可以根据学校具体情况选择一个实训来做。

习　题　7

1．试述测控系统设计的 5 个关键技术。

2．试述智能家居系统的结构。

3．试述智能小车系统的结构。

附录 《传感器与测控技术》课程标准

1. 基本信息

课程编码：

适用专业：电子信息工程技术

课程类别：必修

计划学时：56 学时

编制单位：广西水利电力职业技术学院信息工程系、深圳市亿道电子技术有限公司联合开发

编写执笔人及编写日期：张存吉 2013.6.25

审定负责人及审定日期：

2. 课程性质

《传感器与测控技术》是电子信息工程技术专业的一门重要的专业必修课程。本门课程的学习基础是《电路分析》、《模拟电子技术》、《数字电子技术》等。本课程主要研究测控系统的结构以及各种传感器的原理、应用等。通过本课程的学习，使学生基本掌握测控系统的组成及传感器的使用方法，为今后从事智能仪器开发、系统集成、设备维护等工作打下基础。把学生培养成为理论知识与实践技能相结合的技术技能型人才。

3. 课程目标

本课程主要使学生掌握测控系统的组成结构及传感器的使用方法，培养学生对测控系统所需要的传感器具有选择、正确使用的能力，具体如下。

3.1 专业能力

（1）能根据应用要求正确设计测控系统框图。

（2）能根据具体的使用范畴，正确选择合适的传感器。

（3）能根据传感器使用手册，懂得传感器的原理。

（4）能根据测控系统要求设计传感器模块。

（5）能使用仪器仪表调试传感器模块。

（6）能完成测控系统的整体调试。

（7）能撰写传感器应用文档。

3.2 方法能力

（1）掌握绘制测控系统框图的要点。

（2）掌握常用传感器的使用方法。

（3）掌握工具、仪器的规范操作方法。

3.3 社会能力

（1）培养协调、管理、沟通的能力。

（2）具备良好的职业道德修养和良好的心理素质，能遵守职业道德规范。

（3）具有自主学习新技能的能力，责任心强，能顺利完成工作任务。

（4）具有分析问题、解决问题的能力，善于创新和总结经验。

（5）具有独立思考的能力、创新意识和严谨求实的科学态度。

4．课程内容（56 学时）

设计思路：通过讨论、分析研究，确定了《传感器与测控技术》核心课程的学习内容，采取"项目载体、过程导向、任务驱动"的教学模式，培养学生的职业能力和职业素质。

课程建设以测控系统以及传感器模块的设计为主线，贯穿整个课程教学的各个环节。以智能家居或智能小车为项目载体，按照测控系统设计的工作过程，安排认识传感器与测控系统、热工量传感器及应用、机械量传感器及应用、光学量传感器及应用、环境量传感器及应用、无线传感器网络、测控系统设计的几个关键技术与综合实训 7 个项目。

5．教学组织设计

根据测控系统设计的特点，对各学习项目中的工作任务进一步分析细化——划分为具体的学习性工作任务。按照测控系统所需要的传感器模块来安排教学内容，同时考虑学生的认知水平，由浅入深地组织学生学习各个部分的内容，以实现自身能力的递进。

6．课程实施条件

6.1 教学团队

本课程教学团队由专职教师、实训教师和企业专家组成，职能分工如下。

（1）专职教师。负责课程的总体规划，各领域、各情境的具体细化设计；理论与实践课程的教学；学习效果的评价等。

（2）实训教师。配合专职教师与企业专家完成各教学项目内容的设计，配合专职教师和企业专家完成实训环节教学。

（3）企业专家。配合专职教师进行课程的总体规划，各领域、各情境的具体细化设计与实施；负责课程的实训环节教学；企业实际工作环境、设备软件技术要求与支持等方面的信息反馈，为学院与企业牵线搭桥，与专职教师共同组织学生去企业实践、观摩，开展一定规模的实践性实训。

6.2 实训软硬件条件

（1）设施建筑面积：1500m^2。

（2）校内主要实训基地：电子信息综合实训基地。

（3）实训指导教师 1 名；职称要求：工程师；工作经历要求：承担过电子产品的开发工作。

6.3 教材

宁爱民、张存吉主编的《传感器与测控技术》（中国水利水电出版社 2014 年出版）

6.4 课程资源开发与利用

（1）主要参考文献。

［1］柳桂国．传感器与自动检测技术．北京：电子工业出版社，2011.

［2］林玉池．现代传感技术与系统．北京：机械工业出版社，2009.

［3］田裕鹏．传感器原理．北京：科学出版社，2007.

（2）学习资料资源：实训指导书和讲义。

（3）信息化教学资源：教材配套光盘、多媒体课件、网络课程、多媒体素材、电子图书和专业网站的开发与利用。

7. 教学方法与手段

7.1 主要教学方法

实施项目教学法。

7.2 主要教学手段

分组讨论、演示和启发引导。

8. 主要考评方式

表1和表2仅供参考，可根据课程情况选择其中之一或作调整。

表1   **项 目 考 评 方 式 分 值**

项目	考评方式	过程考评（实训项目考评）		笔试考评
		平时考评	实训考评	
	考评实施	由指导教师根据学生表现集中考评	由主要指导老师结合学生完成的实训任务进行考评	按照教考分离原则，由学院集中组织安排考试
	分值	10分	40分	50分
项目1				
项目2				
项目3				
项目4				
项目5				
项目6				
项目7				
总评成绩	总成绩＝分值平均值			

表2   **项目考评方式分值总评**

项目	考评方式	过程考评			期末知识考评
		企业考评	教师考评	学生互评	
	分值	$X\%$	$Y\%$	$K\%$	$Z\%$
项目1					
项目2					
项目3					
⋮					
总评成绩					

分值＝企业评价 $X\%$＋教师评价 $Y\%$＋学生互评 $K\%$＋期末知识评价 $Z\%$
总成绩＝分值平均值

参 考 文 献

[1] 林玉池，曾周末．现代传感技术与系统［M］．北京：机械工业出版社，2009.
[2] 马西秦．自动检测技术［M］．北京：机械工业出版社，2000.
[3] 田裕鹏，姚恩涛，李开宇．传感器原理［M］．北京：科学出版社，2007.
[4] 杨利军．传感器原理及应用［M］．长沙：中南大学出版社，2007.
[5] 何希才，薛永毅．传感器及其应用实例［M］．北京：机械工业出版社，2004.
[6] 柳桂国．传感器与自动检测技术［M］．北京：电子工业出版社，2010.
[7] 孙传友，孙晓斌，李胜玉，张 一．测控电路及装置［M］．北京：北京航空航天大学出版社，2002.